工程建设科技创新成果及应用
2024

中国施工企业管理协会 主编

中国建筑工业出版社

图书在版编目（CIP）数据

工程建设科技创新成果及应用. 2024 / 中国施工企业管理协会主编. -- 北京：中国建筑工业出版社，2025.2. -- ISBN 978-7-112-30881-1

Ⅰ. TU-53

中国国家版本馆CIP数据核字第2025RH2480号

责任编辑：周娟华
责任校对：赵　菲

工程建设科技创新成果及应用 2024
中国施工企业管理协会　主编

*

中国建筑工业出版社出版、发行（北京海淀三里河路9号）
各地新华书店、建筑书店经销
北京科地亚盟排版公司制版
北京圣夫亚美印刷有限公司印刷

*

开本：787毫米×1092毫米　1/16　印张：15¼　字数：376千字
2025年3月第一版　2025年3月第一次印刷
定价：**88.00**元
ISBN 978-7-112-30881-1
（44547）

版权所有　翻印必究
如有内容及印装质量问题，请与本社读者服务中心联系
电话：（010）58337283　QQ：2885381756
（地址：北京海淀三里河路9号中国建筑工业出版社604室　邮政编码：100037）

《工程建设科技创新成果及应用 2024》
学术委员会

主　任：李清旭

副主任：李建斌　张东晓　龚　剑

委　员：方宏伟　孔　恒　王瑞军　王　英　刘建廷　刘齐辉
　　　　陈彦君　陈　健　李　松　李　迪　杨基好　杨薛亮
　　　　张太清　张燕飞　金仁才　金德伟　周　智　周柏睿
　　　　胡兆文　胡建国　唐孟雄　曹玉新　董燕囡　董江平
　　　　董德兰　曾小超　谭忠盛　谢木才　戴连双

编辑委员会

主　编：李醒冬

副主编：孙　鹤

编　委：丁　宇　马利刚　尹向程　申卢晨　刘浩兵　刘佳明
　　　　刘　瑾　刘培玉　刘贯飞　祁　琪　朱帅帅　陈富翔
　　　　陈桂林　狄彤栋　李　娜　李　鑫　吴　标　杨　凯
　　　　杨腾添　张海亮　张瑞宜　周　红　周健楠　党正霞
　　　　崔鹏飞　龚晋德　康　宁　董海龙　韩　靖　曾庆元

前　　言

广大工程建设企业深入贯彻落实创新驱动发展战略，持续完善科技创新体系，不断提升自主创新能力，创造了众多具有世界领先水平的科技成果，建造了一大批举世瞩目的伟大工程。

为加快实现行业高水平科技自立自强，响应习近平总书记"把论文写在祖国大地上"号召，鼓励广大工程建设科技人员把论文写在工程一线，将科研成果转化为实际生产力，为行业发展注入新的动力，中国施工企业管理协会深入开展工程建设科学技术论文征集活动。2024年，共征集到论文1100篇。协会邀请众多行业资深专家和知名学者组成学术委员会，从中选出31篇特别优秀的论文形成本论文集。

本论文集的编纂旨在鼓励原始创新和自由探索，传播工程建设行业最新科技创新思维，推广优秀科技创新成果，助力工程建设行业新质生产力发展。入选论文均来自工程建设一线，涉及工业与民用建筑、市政、桥梁、隧道、铁路、水利水电、化工、新能源等行业（专业），涵盖建设、设计、施工、运维等工程建设全生命周期，展现了行业在工业化、数字化、绿色低碳等方面的创新与实践，为今后类似工程的建设提供了有益参考。

科技兴则民族兴，科技强则国家强。中国施工企业管理协会将继续携手广大工程建设科技工作者，共同推动行业科技创新与进步，努力书写新时代赋予行业科技工作的光辉未来。最后，向所有为本论文集编辑出版提供帮助的专家、学者、编辑和出版界人士表示感谢！

《工程建设科技创新成果及应用2024》编辑委员会

2025年2月

目 录

大跨度钢屋架轨行式运架一体台车吊装施工技术

                     张海亮 1

施工循环荷载作用下桩周砂土动力特性研究

           曾庆元，丁海建，李盛伟，贾敏才，孟祥宝 6

ICE高频免共振桩施工环境扰动效应研究

           曾庆元，李盛伟，丁海建，贾敏才，高畅 14

缆索吊转体法安装悬索桥宽幅混凝土加劲梁关键技术

                    马利刚 20

坐底式海上风电安装船地基适应性分析

                刘浩兵，吴宁宁，谢启智 26

基于有限元法的无机结合料稳定铁尾矿砂基层损伤演化规律的研究

                    周健楠 34

复杂地层敞开式TBM大规模塌方成因及处理方案研究

            杨腾添，李恒，耿翱鹏，孙吴宏，张杰 39

超低能耗建筑关键施工技术应用研究

          狄彤栋，熊锐，杨宇成，郑清，周琦，李涵宇 47

超高层整体钢平台装备核心筒复杂结构斜墙转换施工技术

           刘佳明，汪钲东，孙笛，万松岭，刘瑾 58

整体爬升钢平台模架强台风期间监测及加固技术研究

              刘瑾，张鑫鑫，刘佳明，洪诚 63

基于PLAXIS软件对某桥梁桩基"跳作法"施工引发土体扰动的验证及研究

           尹向程，李春阳，凌瀚，卢凤云，王怡超 69

既有桩基侵限时基坑围护结构设计与施工技术研究

           董海龙，王胜，张志奇，夏华华，高世宇 76

超大型锚碇基础十字形钢箱接头施工关键技术研究

                    陈富翔 84

装配式建筑质量风险因素分析研究

                  康宁，许英立 92

引水隧洞软岩变形处理技术

                    崔鹏飞 97

BIM 协同平台在超高层项目施工中的应用研究

祁琪，李博迪，赵刚，袁潇，陶星 101

冻融作用下嘉北污水处理厂深基坑粉质黏土蠕变特性试验研究

杨凯，汤腾飞，芦文文 107

供暖、空调水系统定压补水若干问题研究

韩靖，屈月月，李会芳 112

体育场悬挑钢网架保护性拆除施工技术

陈桂林，邓江鹏，黄国红，蔡云，周志鑫 117

临海暗埋大直径 J-PCCP 管顶进安装技术研究与应用

李鑫，曹涯温 124

考虑土体三维强度的干成孔灌注桩钻孔收缩问题理论解

刘贯飞，董亮，王志军，周作文，杨科 131

垃圾焚烧发电厂垃圾池有机物变化特性研究

周红，解昶，李晨琨，瞿鹏，冯佳子，董建锴 138

浅谈大跨度双曲面钢网架整体顶升施工技术

龚晋德，王宇明，许素环，冉茂旺 144

新型多用途移动模块化组合式大件吊装技术

吴标，陈小平，王朱勤，谢嘉诚 154

车载钢轨激光除锈系统研制与应用

丁宇 161

超埋深、长距离钻爆隧洞大体积大吨位钢管安装施工技术

刘培玉，尚天丽，李文龙 168

火灾下的建筑室内环境升温曲线模型探讨

李娜，钟亚军，王雪婷，徐彬，付波 175

深基坑钢支撑与混凝土支撑混合支撑体系交叉施工工艺研究

申卢晨，韩玉博，赵祎斐，李干，蔡耀 182

关于灌入式半柔性复合路面的应用探讨

党正霞，孙现波 188

浅埋地铁长距离共线段路基换填施工技术研究

朱帅帅，曾庆元，许柏园，陈志，刘凤军 194

双曲异形镂空超高性能混凝土浇筑工艺控制要点

张瑞宜，田厚仓，李俊楠 201

附录 207

大跨度钢屋架轨行式运架一体台车吊装施工技术

张海亮

(中铁一局集团建筑安装工程有限公司,陕西 西安 710043)

摘 要：针对大跨度钢屋架吊装时需使用大吊重吊机,并不断调整吊机位置带来成本高、安全风险大的技术难题,通过理论研究、设计计算与实践检验等方法,研发一种轨行式运架一体台车,将分段拼装好的钢屋架吊装并固定放置在台车上,然后对台车施加水平外力,使台车带着钢屋架沿着铺设好的轨道匀速行驶到指定位置,最后通过台车上的电动葫芦装置将钢屋架放落在牛腿上,与支座连接固定,依此类推,完成吊装。该技术安全可控,成本低,具有较高的推广价值。

关键词：钢屋架；吊装；轨行式；大跨度

Lifting Construction Technology of Large-Span Steel Roof Truss Rail-Line Transportation and Erection Trolley

Zhang Hailiang

(China Railway First Group Building & Installation Engineering Co., Ltd., Xi'an Shanxi 710043)

Abstract: Using large crane and adjusting the crane position constantly which bring such high cost and high security risks, are necessary when hoisting large-span steel roof truss. Considering the above problems, a technical solution needs to be found as soon as possible. A rail-mounted carriage on which the steel roof truss sections are assembled and fixed has been developed by means of theoretical research, design calculation and practical test. Then horizontal external forces are applied to the carriage to make the carriage drive with the steel roof truss along the laid track at a constant speed to the designated position. Finally, the steel roof truss is placed on the ox leg through the electric hoist device on the carriage. It is connected and fixed with the support, and so on to complete the lifting. This technology is safe and controllable, low cost, and has high popularization value.

Key words: steel roof truss; hoisting; rail line type; large span

钢结构是与生俱来的装配式绿色建筑,是传统建筑向新型建筑工业化转型升级的重要内容。施工中,精准吊装是关键环节,由于钢结构构件自身重量大、跨度大,施工过程中容易出现高空坠落、构件碰撞、起重机械事故、人员操作安全等问题,直接影响施工工效,威胁施工人员安全。关志鹏[1]、李兵兵[2]等人都曾提出施工前应结合施工方案对设计图纸进行优化。郑军委[3]对大跨度钢结构吊装施工技术及应用场景进行总结,特别是高空原位单元安装法、滑移安装法及整体提升法；曾新明[4]、曹爽秋[5]等人分别对大跨度钢结构吊装中吊索受力、安全注意事项及吊装平面外稳定的内力控制方法进行研究；朱星[6]等人提出采用卷扬机滑轮组吊装和牵引，实现超长超重大型钢结构在狭窄空间内的吊装；张同波[7]等人针对青岛香格里拉大饭店倒悬式钢屋架设计了一套基于双机抬吊的拼装滑移装置，他们都成功解决了所从事项目面临的技术难题。但大跨度钢结构的设计类型与施工工况不同，使用的施工工艺及所需的施工装置就不同，本文针对某洁净厂房大跨度钢结构吊装难题，设计一款轨行式运架一体台车，在保障安全的情况下，低成本完成吊装作业，为同类工程施工提供技术参考。

一、工程概况

西安某研究所 1 号晶闸管工艺厂房框架结构，层数地上 2 层，屋面采用梯形钢屋架结构，位于厂房②～⑧轴与Ⓑ～Ⓛ轴对应区域，轴线间距均为 8.4m，钢屋架为东西方向布置，跨度 42m，自身最大高度 4.5m，重约 18t，屋架顶标高 15.640m，钢屋架上面敷设镀锌压型钢板作为承压屋面板。南侧与 2 号楼相连，北侧第一榀钢屋架距外墙外侧 17.35m，西侧牛腿距西侧外墙 9.5m，东侧距外墙外侧 54.85m，如图 1 所示。

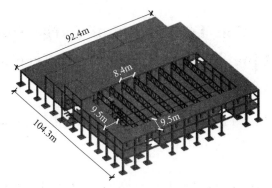

图 1　晶闸管工艺厂房效果图

二、施工难点及方案选择

钢屋架整体吊装法在本项目应用中存在多个技术痛点：一是整体吊装施工需要较大的作业面，榀数较多，需不断调整吊机位置，周期长；二是在厂房西侧吊装时，外围护脚手架尚未拆除，一次将钢屋架吊装就位，吊车吊重大，成本高，安全风险大。三是现场需部署拼装场地，增加场地安拆成本，不符合绿色施工理念。

结合滑移安装法的技术原理，研发一款运架一体台车，在屋架下层结构上安装轨道，钢屋架运至现场后，由厂房北侧吊至二层楼面进行钢屋架拼装，后吊至台车上固定，然后对台车施加水平外力，使台车带着钢屋架沿着铺设轨道的路线均衡移动到指定位置，最后通过台车上的电动葫芦装置将钢屋架落在结构牛腿上，与支座连接固定。

三、台车设计

根据台车自重、钢屋架重量和钢次梁型号（利用钢次梁设计组装台车，减少采购费用），进行轨行式运架一体台车设计，保证台车结构稳定、受力合理。台车包括走行系统、存架系统、架梁系统三大系统，如图 2 所示。

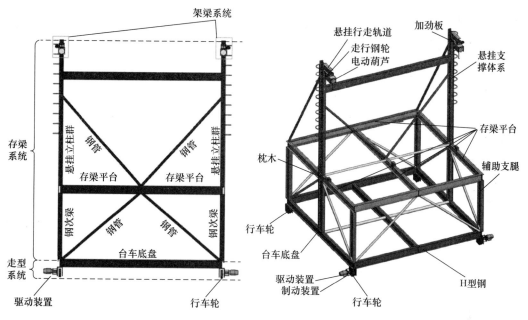

图 2 运架一体台车结构设计示意图

（一）承载力验算

台车设计完成后，利用盈建科 YJK4.3.0 结构计算软件对行车线路上框架结构承载力、运架一体台车自身承载力等进行验算。因台车属于临时构筑物，验算时可不考虑地震作用及风荷载，恒荷载分项系数取 1.3，活荷载分项系数取 1.5，动力系数取 1.05，验算合格后方可投入使用。

（二）走行系统

走行系统为台车底盘及动力装置，主要包括不少于两组蓄电池的驱动装置、制动装置、行车轮和金属结构组成的台车底盘；在钢轨上安装走行系统，按照行车轮、制动装置及驱动装置顺序，调整位置后临时固定，安装台车底盘，调整底盘水平，误差控制在 5mm 内。目的是保证台车能承受上部所有荷载重量，且能沿着已铺设的轨道安全可靠地运行，根据不同荷载类型调整行走梁尺寸及驱动设备功率。

（三）存架系统

存架系统为台车主体骨架结构，包括辅助支腿、存梁平台（含 20cm 高枕木）、悬挂支撑体系，采用钢屋架的钢次梁制作支腿和横梁，构成台车受力构件，根据结构力学设计原理，增加钢管斜撑，保证台车主体受力均匀合理。在最后一榀钢屋架吊装完成后，拆下存架系统的钢次梁并安装到设计图纸所示位置。

（四）架梁系统

架梁系统为台车吊装钢屋架，主要包括悬挂行走轨道、走行钢轮和电动葫芦（图 2），其作用是将吊放在台车上的钢屋架进行短距离提升和水平位移，将钢屋架落在牛腿上。

四、施工关键技术

（一）工艺流程

结合运架一体台车运行原理，本技术的主要工艺流程是：轨道锚栓预留预埋→安装轨道→台车组装调试→钢屋架拼装→钢屋架固定到台车→台车试运行→正式运输→钢屋架就位安装→钢次梁临时固定。

（二）安装轨道

在轨道层框架梁钢筋绑扎过程中预埋固定轨道用地脚螺栓，两条轨道轨距误差控制在±4mm，同一截面轨道高度差小于10mm，轨道接头间隙小于2mm，保证台车能在轨道上安全、平稳地运行，端部设置限位装置。

（三）钢屋架拼装

在轨道层放出钢屋架拼装线，放置枕木作为拼装台座，按照先中间段、后两端段的顺序，组装钢屋架。每段摘掉吊车挂钩前，应设抛撑临时固定。

（四）台车架存钢屋架

采用双机抬吊，将钢屋架吊至台车存梁平台枕木上，将钢屋架通过钢丝绳与电动葫芦的吊钩相连接，通过收紧电动葫芦吊钩来拉紧钢丝绳，保证钢屋架与牛腿连接的钢板下表面要高于牛腿上预埋地脚螺栓；同时，将钢屋架两端通过钢丝绳与台车四角四个支腿连接固定，如图3所示。

图3 钢屋架固定

（五）台车试运行与正式运输

钢屋架与台车连接固定后，开始试运行。速度控制在 6m/min 以内，试运行 1m 后，经检查无任何问题，方可正式运输。

（六）钢屋架就位安装

同步控制两个上吊点上的电动葫芦并缓慢下放钢屋架，用紧固螺母将屋架与牛腿连接。之后将屋架两端及中间四分点处的上下弦钢梁安装完毕并保证屋架的稳定后，断开台车与钢屋架的连接，进行下一榀钢屋架吊装。在确定钢屋架位置在允许误差范围内，可进行剩余钢梁及屋面板的安装。

五、结语

本技术与吊车吊装法相比，避免了使用大吨位吊车及大面积拼装场地硬化，工效高，成本低。通过电动葫芦（或捯链）微调安装钢屋架，精度高。通过台车运输吊装，减少了高空吊装风险，安全可控。利用钢次梁加工台车，完成吊装后，拆卸台车恢复为钢次梁，电控设备等可租可周转，降低了安装成本。

利用本技术原理，制作运架一体台车可用于地铁车辆段内检修钢平台的安装，也可用于火车站钢结构站台雨棚吊装施工等，为类似工程的施工提供了参考。

参 考 文 献

[1] 关志鹏, 罗昆. KEBBI 机场航站楼钢屋架吊装方案 [J]. 工程建设与设计：工程施工技术, 2014 (1): 142-144.
[2] 李兵兵. 狭小施工空间下大跨度钢结构施工技术研究 [J]. 建筑科技：施工技术, 2024 (1): 84-87.
[3] 郑军委, 桑兆龙, 孙治民, 等. 大跨度钢结构吊装施工技术研究与应用 [J]. 工程建设与设计, 2023 (20): 210-212.
[4] 曾新明, 梅昊, 刘晨辉. 平面大跨度钢结构吊装中吊索受力计算及注意事项 [J]. 机械研究与应用, 2020, 33 (6): 192-193.
[5] 曹爽秋. 大跨度钢屋架吊装平面外稳定的内力控制方法 [J]. 天津建设科技, 2016, 26 (4): 20-21.
[6] 朱星, 周海棣, 姚国弟, 等. 超长超重大型钢结构在狭窄空间内的吊装技术 [J]. 建筑施工, 2023, 45 (11): 2205-2207, 2214.
[7] 张同波, 曲成平, 张学辉. 大跨度钢屋架吊装技术 [J]. 施工技术, 2002, 31 (11): 23-24.

施工循环荷载作用下桩周砂土动力特性研究

曾庆元[1]，丁海建[1]，李盛伟[1]，贾敏才[2,3]，孟祥宝[1]

(1. 五冶集团上海有限公司，上海 201900； 2. 同济大学 土木工程学院，上海 200092；
3. 同济大学岩土工程与地下结构教育部重点实验室，上海 200092)

摘 要：施工过程中，外荷载由远及近传播使得桩周土体经历了不同加载阶段的幅值组合效应影响。为探究正常加载和极限加载阶段之间阶段振幅比（A_r）的影响且分析过境前后砂土动力响应变化，本文采用多向循环单剪（VDDCSS）系统进行了三组应力水平、五个幅值比的双向单剪试验。试验结果表明，循环应变、孔隙水压力比和循环强度受阶段振幅比和循环应力比（CSR）的影响：在相同的 CSR 下，阶段振幅比与循环应变及孔隙水压力正相关，而与循环强度负相关。对比循环应力比（CSR）的试验数据发现，CSR 的增加会加速应变累积，加快动强度衰减。

关键词：阶段幅值比；循环剪应力比；循环应变；动强度

Effect on Dynamic Behaviors of the Sand Surrounding Piles under Cyclic Loading of Construction

Zeng Qingyuan[1]，Ding Haijian[1]，Li Shengwei[1]，Jia Mincai[2,3]，Meng Xiangbao[1]

(1. CHINA MCC5 GROUP CORP. LTD.，Shanghai 201900； 2. School of Civil Engineering，Tongji University，Shanghai 200092； 3. Key Laboratory of Geotechnical Engineering and Underground Strures，Ministry of Education，Tongji University，Shanghai 200092)

Abstract：The external loads propagate from far to near, making subsoil experience various loading stages with different amplitudes. In order to investigate the coupling effects of the cyclic shear stress ratio (CSR) and the stage amplitude ratio (A_r) between normal and extreme loading stages on the dynamic behavior of reconstituted sand, a series of bi-directional simple shear tests with five different A_r and three CSR values are conducted using the variable-direction dynamic cyclic simple shear (VDDCSS) apparatus. Test results indicate that the cyclic strain, pore water pressure ratio and cyclic strength are significantly determined by the value of stage amplitude ratios and the CSR: at the same CSR, cyclic strains and pore water pressure increase while cyclic strength decreases with the A_r. Comparing the test data between various cyclic stress ratios finds that the CSR can accelerate shear strains and pore pressure accumulation and cyclic strength attenuation.

Key words：stage amplitude ratio；cyclic shear stress ratio；cyclic strain；dynamic strength

一、引言

工程施工过程中，不同幅值的外荷载由远及近传播使得建（构）筑物遭受不同加载阶段的幅值组合效应，进而使建（构）筑物桩基的桩周土体受到不同荷载幅值组合的耦合作用并发生灾难性事件。近年来国内外报道的多起建（构）筑物坍塌事件［Ishihara（2005）[1]、Riso（2008）[2]、Li（2013）[3]、Chen（2015）[4]、Chen（2016）[5]、PEI（2017）[6]］均表明：不同荷载幅值组合会导致结构破坏并造成重大事故。针对这一现状，相关学者开展了大量试验研究和数值模拟研究[1-6]，详细地分析了建（构）筑物发生坍塌破坏的原因，并提出了土体动力特性相关计算公式。但上述研究主要集中在上部结构或基础的响应，并未涉及桩基土体的响应。因此，本文对土体在极端荷载（最不利条件）作用下的动力响应规律进行了分析研究。通过预设三个剪切阶段，分别对应于极端荷载过境前、过境中以及过境后的加载阶段，并提出"阶段振幅比"（A_r）来判断极端加载条件下土体的影响，深度分析了阶段振幅比对土体动应变、动孔压和动强度的影响。

二、试验材料及步骤

本文试验采用英国 GDS 动态循环剪切仪（VDDCSS），以重塑砂土为试验材料，土样直径 50mm，高度 25mm，相对密实度 55％，基本物理参数见表 1。装样完成后，对土样施加 100kPa 的竖向应力，并在试样的变形稳定后（垂直位移变化小于 0.001mm/h）进行常体积剪切试验。

砂土基本物理参数　　　　　　　　　　　　　　表 1

N_0	D_{50}	C_u	C_s	G_s	ρ_{max}(g/cm³)	ρ_{min}(g/cm³)
S1	0.22	4.17	1.5	2.66	1.70	1.27

本次试验循环荷载的加载波形采用正弦波形（图 1）；不同阶段振幅比下的应力路径如图 2 所示；通过应力控制的方法同时在 x 和 y 方向施加双向剪切应力。

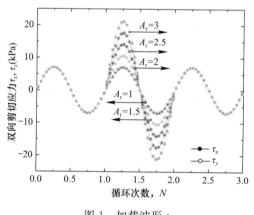
图 1　加载波形 t

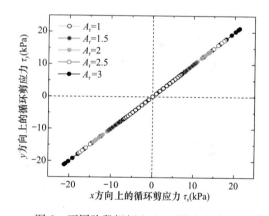
图 2　不同阶段振幅比 A_r 下的应力路径

本次试验共分 A、B、C 3 组，每组 5 个样本，共 15 个样本试验，分别对应了不同的循环应力比（CSR）和阶段振幅比（A_r），每组中，不同样本的 A_r 差值为 0.5，具体的试验方案示例见表 2。

试验方案　　　　　　　　　　　　　　表 2

Set N_0	N_0	τ_{d1} (kPa)	τ_{d2} (kPa)	τ_{d3} (kPa)	σ_0 (kPa)	A_r	f	CSR
A	A1	10	10	10	100	1	0.2	0.1
	An	10	15	10	100	1+0.5(n−1)	0.2	0.1

续表

Set N_0	N_0	τ_{d1} (kPa)	τ_{d2} (kPa)	τ_{d3} (kPa)	σ_0 (kPa)	A_r	f	CSR
B	B1	15	15	15	100	1	0.2	0.15
	Bn	15	22.5	15	100	1.5	0.2	0.15
C	C1	20	20	20	100	1	0.2	0.2
	Cn	20	30	20	100	1.5	0.2	0.2

注：τ_{d1}：第一阶段剪切幅值；τ_{d2}：第二阶段剪切幅值；τ_{d3}：第三阶段剪切幅值；σ_0：初始有效应力；f：双向加载频率。

三、结果分析与讨论

（一）应变路径

不同阶段振幅比 A_r 和不同循环应力比 CSR 下的应变路径的典型曲线如图 3 所示。从图中结果可以看出：当 $CSR=0.1$ 时，所有样本的应变路径形状均为直线；当 A_r 为 1 或 1.5 时，双向剪切应变发展缓慢。然而，当 $A_r>1.5$（2、2.5 和 3）时，双向剪切应变和阶段应变差迅速累积，并且土样均在 $N=600$ 之前破坏。此外，随着 A_r 的增加，应变路径也开始稀疏。由于应力水平的增加，除了 $A_r=1$ 以外，所有土样在 $CSR=0.15$ 时都达到了破坏标准，并且阶段应变差随着 A_r 值的增加而增加。第三阶段的应变出现回弹现象。随着循环应力比（$CSR=0.2$）的持续增加，所有土样在第一阶段破坏，第一阶段和其他阶段之间的应变差减小。值得注意的是，第二和第三阶段之间的应变差随着 CSR 值的增加而增加，这主要是因为第二和第三阶段之间的应力差值随着 CSR 值的增加而增加。

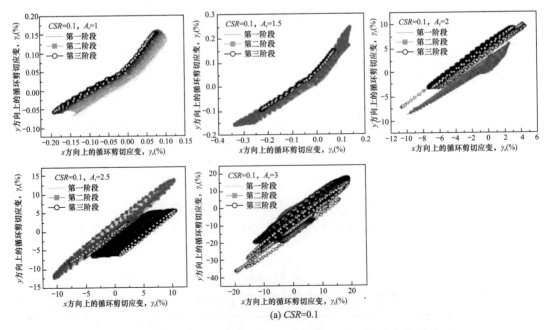

(a) $CSR=0.1$

图 3　不同循环应力比 CSR 与不同阶段振幅比 A_r 下的应变路径（一）

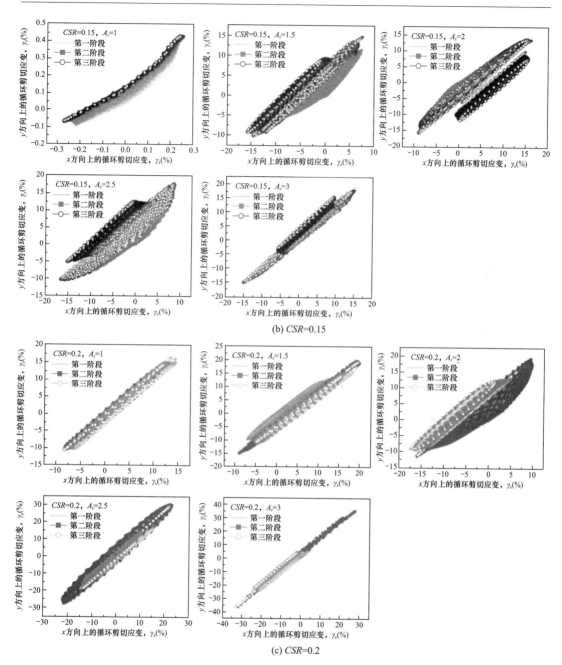

图 3 不同循环应力比 CSR 与不同阶段振幅比 A_r 下的应变路径（二）

（二）循环应变

不同循环应力比 CSR 值的 x 和 y 方向应变随循环圈数的发展如图 4 所示。通常，在 CSR 为 0.1 的情况下，双向应变累积率随着阶段振幅比（A_r）的增加而增加［图 4 (a)］。当 $A_r=1$ 时，x 和 y 方向剪切应变在三个阶段中都有较小的差异；当 $A_r=1.5$ 时，第一阶段的双向剪切应变最小；受第二阶段影响，第三阶段双向应变值略大于第一阶段。

当$A_r=2$时，正常剪切阶段（第一阶段）双向应变值较小。然而，在进入第二阶段后，双向应变迅速累积，并在$N=260$时达到10%，导致提前进入第三阶段。当A_r为2.5和3时，第一阶段的双向应变值接近于其他A_r值下的双向应变值。随着CSR值的增加，A_r值对双向应变的影响变得更加显著。除了$A_r=1$条件下未破坏的试样外，其他A_r值下的所有试样均在第二阶段失效，并且当$CSR=0.15$时，失效循环的数量随着A_r的增加而减少[图4（b）]。第三阶段的双向应变发展模式是"先增大后减小"，这些现象表明A_r影响双向剪切应变率的累积和随后的累积模式。当$CSR=0.2$时[图4（c）]，由于剪

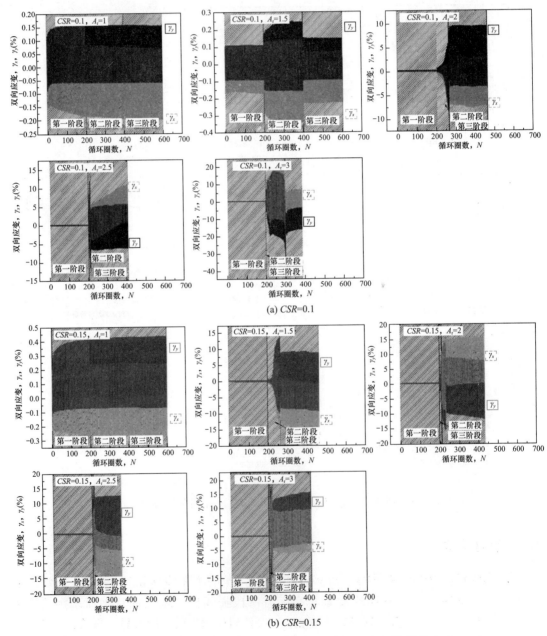

图4 不同循环应力比CSR双向应变随循环圈数的发展模式图（一）

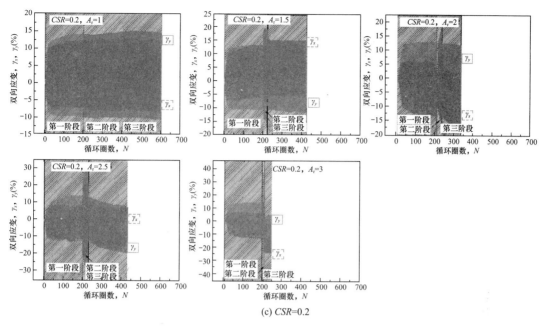

(c) $CSR=0.2$

图 4 不同循环应力比 CSR 双向应变随循环圈数的发展模式图（二）

切应力增加,所有试样在第一阶段均失效。除 $A_r=1$ 的样品外,其他样品的双向剪切应变在第二阶段达到 15%,第三阶段的应变累积模式为"先增大后减小",类似于 $CSR=0.15$ 时的变化情况。值得注意的是,第三阶段试样的应变回弹值也随 A_r 值的增加而增加,这与剪切应力增加导致的第二和第三阶段之间的应力差增加有关。

将不同的循环应力比 CSR 值下的总应变数据对比发现,CSR 值的增加将导致更大的总剪切应变。当 $CSR=0.2$ 时,所有试样在第一阶段早期达到破坏标准;第二和第三阶段的应变值大于 15%;在第三阶段,即使应力降低,总剪切应变也会持续增加,不同阶段振幅比 A_r 值下的应变累积速率也不同:A_r 越大,应变累积速率越快。不同 CSR 下的剪切应变发展曲线与阶段振幅比（A_r）的关系表明,A_r 显著影响砂的变形特性,表现为加快动应变的累积速率,改变阶段应变的发展模式。这种效应随着 CSR 值的增加而逐渐增强。

（三）孔压比

常体积条件下的不排水循环剪切试验结果表明,循环剪切应力导致竖向有效应力 σ_v 降低。孔隙水压力比（U_r）与不同循环应力比 CSR（为 0.1、0.15 和 0.2）的循环次数之间的关系如图 5 所示。当 $CSR=0.1$ 时,未破坏试样对应的孔压缓慢发展,导致 $A_r=1$ 和 $A_r=1.5$ 的最终孔压比分别仅为约 0.25 和 0.4。破坏试样（$A_r \geqslant 2$）的孔压比迅速增加,进入第二阶段（$N \geqslant 200$）后达到 1,液化循环随 A_r 值的增加而减少。当 $CSR=0.15$ 时,除了 $A_r=1$ 的样品以外,其他试样孔压比在液压循环 500 圈前达到 1,并且液化循环的次数与 A_r 值成反比。当 $CSR=0.2$ 时,所有试样在几个循环后破坏,因此不同阶段振幅比下的孔压比均在循环开始时就达到 1。孔隙压力比曲线下降段的出现与第二阶段过渡到第三阶段时应力降低导致的孔隙压力消散有关。

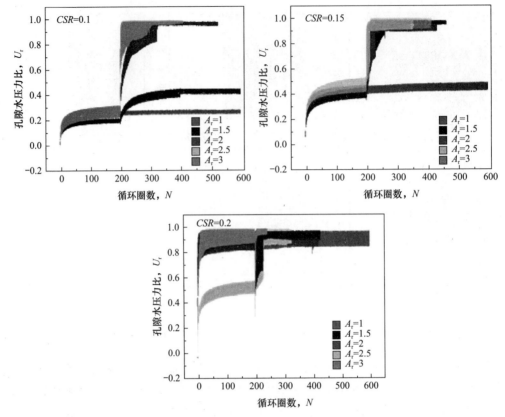

图 5 孔压随循环圈数发展模式图

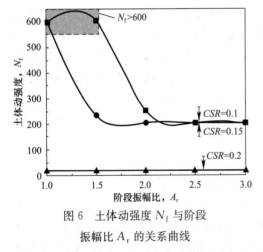

图 6 土体动强度 N_f 与阶段振幅比 A_r 的关系曲线

（四）动强度

本文定义土体动强度为与试验中达到 10% 总应变幅值对应的循环次数。动强度 (N_f) 和阶段振幅比 (A_r) 之间的关系如图 6 所示。对比不同循环应力比 CSR 值下的曲线发现，除了未破坏试样外，土体动强度随阶段振幅比而降低。此外，$CSR=0.1$ 和 $CSR=0.15$ 之间的微小差异表明，当剪切应力较小时，A_r 对动强度起关键作用。然而，A_r 对土体动强度的影响随着 CSR 的增加而逐渐减弱，这主要是因为较大的应力导致样品在第一剪切阶段破坏。CSR 值的增加并没有改变动强度随阶段振幅比增大而减小的趋势，反而加速了土体动强度的衰减速度。

四、结论

（1）阶段振幅比（A_r）显著影响砂的应变路径：A_r 值的增加将导致应变路径形状变

形,且这种趋势随着循环应力比 CSR 值的增加而增强。

(2) 除了加快循环应变累积速率外,阶段振幅比 A_r 还改变了土体应变累积模式,使土体应变呈现先增加后减少的趋势。

(3) 阶段振幅比 A_r 和循环应力比 CSR 与循环应变和孔压比呈正相关,而与动强度呈负相关。CSR 值越大,相关性越强。

(4) 第一阶段和第三阶段的土体具有相同的应力条件,但具有不同的动响应表明:阶段振幅比 A_r 显著影响土体的动力特性,循环应力比 CSR 值将增强这种影响。

参 考 文 献

[1] Ishihara T, Yamaguchi A, Takahara K, et al. An analysis of damaged wind turbines by typhoon Maemi in 2003 [C]//Proceedings of the sixth asia-pacific conference on wind engineering. 2005: 1413-1428.

[2] Riso D T U. Final Report on Investigation of a Catastrophic Turbine Failures [D]. Copenhagen Technical: University of Denmark, 2008.

[3] Li Z, Chen S, Ma H, et al. Design defect of wind turbine operating in typhoon activity zone [J]. Engineering Failure Analysis, 2013, 27: 165-172.

[4] Chen X, Li C, Xu J. Failure investigation on a coastal wind farm damaged by super typhoon: A forensic engineering study [J]. Journal of Wind Engineering and Industrial Aerodynamics, 2015, 147: 132-142.

[5] Chen X, Li C, Tang J. Structural integrity of wind turbines impacted by tropical cyclones: A case study from China [J]. Journal of Physics, 2016, 753 (4): 42-53.

[6] P E I. Collapse of wind turbine under investigation [M]. USA Tulsa: Power Engineering international Publishing, 2017.

ICE 高频免共振桩施工环境扰动效应研究

曾庆元[1]，李盛伟[1]，丁海建[1]，贾敏才[2,3]，高畅[1]

(1. 五冶集团上海有限公司，上海 201900；2. 同济大学 土木工程学院，上海 200092；
3. 同济大学 岩土工程与地下结构教育部重点实验室，上海 200092)

摘　要：基于上海市宝山区陆翔路市政道桥新建项目 ICE 桥梁桩基工程，采用 FLAC 3D 有限差分法对高频免共振法沉桩过程进行数值分析，借助密度放大法提高计算效率，并结合室内试验与现场试验结果，探究高频免共振沉桩对周围土体环境的影响。结果表明：高频免共振沉桩对周围土体环境的影响与沉桩频率、水平距离、土体深度和沉桩深度相关。地表振动加速度普遍呈现前期逐渐增大、后期接近稳定的趋势；沉桩频率对土体加速度有显著影响；土体振动加速度随水平距离的增加而减小，在水平距离 3 m 以上时土体加速度趋于稳定。

关键词：沉桩；高频免共振法；环境扰动；数值模拟

Effects of ICE High-Frequency and Resonance-Free Pile Driving on Surrounding Soil

Zeng Qingyuan[1], Li Shengwei[1], Ding Haijian[1], Jia Mincai[2,3], Gao Chang[1]
(1. CHINA MCC5 GROUP CORP. LTD., Shanghai 201900; 2. School of Civil Engineering, Tongji University, Shanghai 200092; 3. Key Laboratory of Geotechnical Engineering and Underground Structures, Ministry of Education, Tongji University, Shanghai 200092)

Abstract: Based on the bridge pile foundation project using ICE Located in Baoshan District, Shanghai, FLAC 3D software is used in the numerical simulation of high-frequency and resonance-free (HFRF) pile driving. The density scaling method is used to improve the computational efficiency, and indoor and on-situ test results are combined to explore the effects of HFRF pile driving on surrounding soil. The results show that: The impact of HFRF pile driving is related to piling frequency, horizontal distance, soil depth and pile depth. The acceleration of ground surface gradually increase in the early stage and approach stability in the later stage. The acceleration of soil decreases with the increase of horizontal distance.

Key words: pile driving; high-frequency and resonance-free technology; surrounding soil effect; numerical simulation

一、引言

振动沉桩是一种通过振动锤在桩顶施加周期性荷载，使桩以一定频率和振幅沉入土体的方法[1]。与锤击沉桩相比，高频振动沉桩具有贯入性强、沉桩速度快、沉桩质量好、操作简便等突出优点[2]，目前已在路基、桥梁、轨道交通及机场等领域广泛应用。然而大量的工程实践表明：振动锤在施工过程中会在桩周土体中产生弹性波，使地面发生振动，当振动超过规定要求时，会对桩周附近建（构）筑物产生偏移、开裂甚至破坏等不利影响[3-5]。因此，诸多学者针对高频免共振沉桩可能产生的危害展开了一系列研究[1-7]，相关研究结果对于现场施工也发挥了一定的积极作用。但是，对于高频免共振桩施工产生扰动的关键影响因素和影响范围的相关研究较少，其对周围环境的扰动机理也尚不明确。基于上述现状、结合背景工程，本文通过有限差分法（FLAC 3D）对高频免共振沉桩过程进行了数值模拟，系统分析了各类工程因素对桩周土体加速度产生的影响，重点探究了高频免共振沉桩施工对周围土体环境的水平、竖向影响范围，相关研究结论可为类似工程施工及方案优化提供参考。

二、数值模型

（一）背景工程

陆翔路（鄱阳湖路—杨南路）市政道桥新建工程项目位于上海市宝山区罗店镇，施工总长度2451.87m，与上海地铁7号线共线总长度1672.1m。其中，共线桥梁4座，桥梁中线与下卧地铁隧道中线基本重合。共线段内的桥梁桩基紧邻盾构隧道，桩侧距离地铁隧道外轮廓线2.8～5m、最近处仅有2.8m，如图1所示。因此，桩基施工扰动对既有地铁7号线的运营安全、结构安全至关重要。为减小桥梁桩基施工对地铁7号线隧道的不利影响，工程中采用了ICE高频免共振沉桩施工技术。

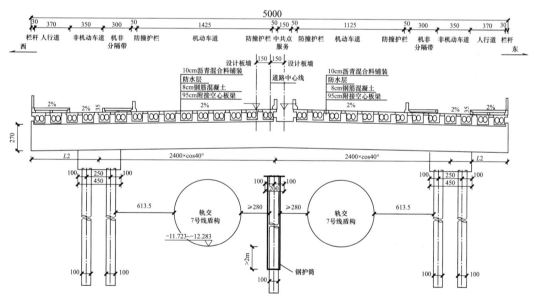

图1 桩基与地铁隧道位置关系图

（二）几何模型

本文使用FLAC 3D进行几何建模与数值模拟计算，模型如图2所示。通过在桩体正

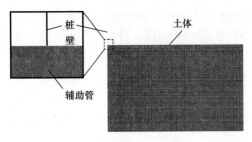

图 2 模型几何示意图

下方土体中预先设置直径1mm的辅助管,假设辅助管与土体间无摩擦,沉桩时辅助管固定不动,管桩桩壁沿着辅助管贯入土体,同时生成相应的桩土接触单元来模拟整个沉桩过程。根据薄壁钢管桩特性,在垂直方向限制位移,建立二维模型,钢管桩外径 D 为700mm,壁厚为14mm,模型桩长为5.0m,研究沉桩过程的土体动力响应。为减弱动力分析中地基模型边界处反射波的影响,设置较大尺寸地基模型,模型宽度为30.0m,深度为20.0m,厚度取0.70m。

(三)模型参数

根据地层条件及施工特点,采用不排水分析法建立饱和黏土均质土体模型。土体本构模型选用经典的 Mohr-Coulomb 弹塑性模型,桩壁与辅助管采用线弹性模型,本模型所有单元均为实体单元,相关参数取值见表1。桩壁与土体之间及辅助管与土体之间均设置接触面,接触面参数见表2。

隧道模型尺寸参数   表 1

土层	层底深度(m)	c(kPa)	φ(°)	γ(kN/m³)	E(MPa)	μ
①填土	2.22	8	10	17.5	18.00	0.30
②粉质黏土	4.21	22	19	18.6	18.00	0.30
③淤泥质粉质黏土	8.84	12	16.5	17.5	15.38	0.35
④淤泥质黏土	16.40	11	11.5	16.8	21.67	0.35
⑤黏土	20.00	15	13	17.6	42.97	0.30

接触面参数   表 2

接触面	法向强度(GPa·m)	切向强度(GPa·m)	摩擦角(°)
桩壁与土体	4	0.04	10
辅助管与土体	8	8.00	0

三、数值模型结果分析

(一)地表振动时程曲线

为反映连续沉桩过程中地表振动特征,取工作频率为30Hz时地表距离沉桩中心1m、2m、4m和8m处竖直方向振动加速度绘制时程曲线,如图3所示。计算结果表明:对于不同水平位置处的土体,地表振动加速度普遍呈现前期逐渐增大、后期接近稳定的趋势,振动加速度在后续阶段高于初始阶段。振动加速度的峰值可反映沉桩过程对地表振动影响的强烈程度,以该峰值为指标,描述土体在高频免共振沉桩过程中受到的影响程度。

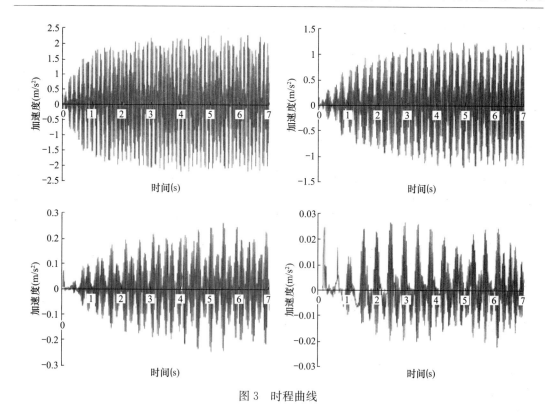

图 3 时程曲线

（二）振动加速度与水平距离关系分析

为探究高频免共振沉桩对地表不同距离土体的影响，取 30Hz 工作频率下不同水平距离土体的最大加速度作为典型数据绘制曲线，如图 4 所示。由图 4 曲线分析可知：在水平距离 1m 处，土体加速度大小为 $2.61m/s^2$；在 1~2m 之间，土体加速度快速衰减，在 2m 处加速度为 $1.24m/s^2$；在 2~3m 之间，土体加速度保持在较低水平，同时衰减速度有所减小；在 3m 处加速度为 $0.49m/s^2$，在水平距离 3m 以上时，土体加速度缓慢衰减；在 4m 处加速度为 $0.26m/s^2$，在 5m 处加速度为 $0.17m/s^2$。依据《建筑工程抗震设防分类标准》GB 50223—2008[8]，0.1g 以下的土体加速度对临近的隧道结构几乎无任何影响，因此，可以认为高频免共振沉桩在距离桩体中心位置水平距离 2m 范围内对地表土体影响较大，在 2~3m 之间影响较小，对水平距离 3m 以上的土体几乎无影响。

（三）振动加速度与土体深度关系分析

为进一步探究高频免共振沉桩对不同深度土体的影响，取 30Hz 工作频率下沉桩深度 0.5m 时不同深度土体最大加速度作为典型数据绘制曲线，如图 5 所示。从图 5 中的数据结果可知：在地表位置，土体加速度大小为 $2.61m/s^2$；在深度 3m 内，土体加速度

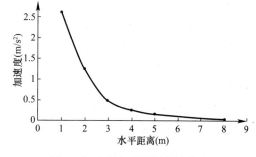

图 4 加速度与水平距离的关系

快速衰减,在1m处加速度为1.54m/s²,在2m处加速度为0.92m/s²,在3m处加速度为0.36m/s²;在深度3m以上时,土体加速度缓慢衰减,在5m处加速度为0.16m/s²。考虑此时沉桩深度0.5m,可以认为高频免共振沉桩对沉桩深度以下0.5m范围内土体的影响较大,对深度0.5m至1.5m之间土体的影响较小,对深度1.5m以上的土体几乎无影响。

(四)振动频率与水平距离影响范围关系分析

为阐释高频免共振沉桩相比低频沉桩的优势,探究不同沉桩频率与土体水平距离影响范围的关系,取频率为1Hz与10Hz计算结果作为不同频率工作条件的典型结果,与高频免共振沉桩30Hz工作频率对比,将三者在不同水平距离下土体最大加速度绘制为曲线,如图6所示。可以看出:沉桩频率对地表土体振动加速度有显著影响。在地表水平距离8m范围内,1Hz与10Hz工况下的土体加速度均高于30Hz工况。在水平距离1m时,1Hz与10Hz工况下的土体加速度显著高于30Hz工况,三者加速度分别为3.90m/s²、3.13m/s²和2.61m/s²;三种工况下的土体加速度均在水平距离3m内快速衰减,但在水平距离3m以外时,1Hz与10Hz工况下的加速度衰减幅度显著小于30Hz工况。

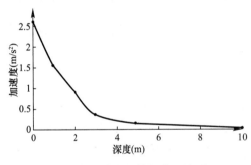

图5　加速度与土体深度的关系

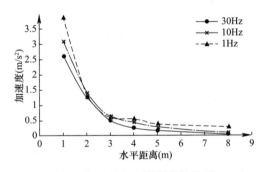

图6　加速度与水平距离的关系

(五)沉桩深度与水平距离影响范围关系分析

为探究不同沉桩深度与土体水平距离影响范围的关系,对比沉桩深度为0.5m和5.0m时的地表土体加速度,结果如图7所示。由图7的曲线图结果可知:沉桩深度对地表土体振动加速度有显著影响。在水平距离1m处,沉桩深度0.5m时土体加速度显著高于沉桩深度5.0m,前者为2.61m/s²,后者为1.52m/s²。两者土体加速度均在水平距离3m内快速衰减,同时两者加速度差异有所缩小,在水平距离3m处,沉桩深度0.5m时土体加速度为0.49m/s²,沉桩深度5.0m时土体加速度为0.32m/s²。在水平距离3m以上时土体加速度衰减趋势减小,不同沉桩深度对土体加速度的影响较为接近。不同沉桩深度下土体加速度随水平距离衰减趋势较为接近,均为在3m范围内快速衰减,在3m范围以外趋于稳定;在水平距离较近处,沉桩深度0.5m时土体加速度显著高于沉桩深度5.0m,而在水平距离较远处两者较为接近。沉桩深度5m时,沉桩过程对地表水平距离2m以外的土体几乎无影响。

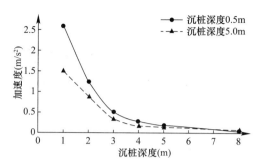

图 7 加速度与沉桩深度的关系

四、结论

（1）沉桩频率对土体加速度有显著影响，在水平距离 1m 时，1Hz 与 10Hz 工况下土体加速度显著高于 30Hz 工况。三种工况下土体加速度均在水平距离 3m 内快速衰减，但在水平距离 3m 以外时，1Hz 与 10Hz 工况下加速度衰减幅度显著小于 30Hz 工况。

（2）高频免共振沉桩对周围环境的影响与水平距离、土体深度和沉桩深度相关。土体振动加速度随水平距离的增加而减小，在 1~2m 之间，土体加速度快速衰减，在 2~3m 之间，土体加速度保持在较低水平，在水平距离 3m 以上时土体加速度趋于稳定。土体振动加速度随深度增加而减小，深度在 3m 以内时，土体加速度快速衰减，深度在 3m 以上时，土体加速度缓慢衰减并趋于稳定。

（3）在 30Hz 工作频率下，高频免共振沉桩在距离桩体中心位置水平距离 2m 范围内对地表土体影响较大，水平距离在 2~3m 之间影响较小，水平距离 3m 以上范围对土体几乎无影响；沉桩深度以下 0.5m 范围内对土体影响较大，在 0.5~1.5m 之间影响较小，1.5m 以上对土体几乎无影响。

参 考 文 献

[1] Rajapakse R A. Pile design and construction rules of thumb [M]. Malaysia Penang：Butterworth-Heinemann Publishing，2016.
[2] 李操，张孟喜，周蓉峰，等. 免共振沉桩原位试验研究 [J]. 长江科学院院报，2020，37（9）：122-127.
[3] 王卫东，魏家斌，吴江斌，等. 高频免共振法沉桩对周围土体影响的现场测试与分析 [J]. 建筑结构学报，2021，42（4）：131-138.
[4] 陈岱杰，陈龙珠，郑建国. 高频振动打桩机理的试验研究 [J]. 铁道建筑，2006，54（7）：49-51.
[5] 徐军彪. 钢管桩高频免共振沉桩在桥基施工中的应用 [J]. 建筑施工，2017，39（7）：1074-1076.
[6] 施耀锋. 紧邻地铁隧道高频免共振液压锤沉桩施工技术 [J]. 建筑科技，2018，12（2）：30-33.
[7] 罗强强. 毗邻地铁盾构免共振振动锤钢护筒施工技术 [J]. 城市道桥与防洪，2019，34（10）：142-144.
[8] 中华人民共和国住房和城乡建设部. 建筑工程抗震设防分类标准：GB 50223—2008 [S]. 北京：中国建筑工业出版社，2008.

缆索吊转体法安装悬索桥宽幅混凝土加劲梁关键技术

马利刚

(中交建筑集团有限公司，北京 100022)

摘　要：中、小跨径悬索桥采用预应力混凝土加劲梁具有工程造价省、结构自重刚度大、后期使用维护费用低等优势，通常先工厂预制节段，再桥位吊装成形，但在山区建设悬索桥，由于混凝土梁自重集度大，采用宽幅式的主梁与桥面板合一的构造，给加劲梁的运输、安装带来了困难。本文根据施工现状，对混凝土加劲梁节段的运输过塔、缆索吊转体安装、临时连接施工技术进行阐述。

关键词：悬索桥；宽幅；混凝土加劲梁；缆索吊；转体安装

Key Technology of Installing Wide Concrete Stiffened Girder of Suspension Bridge by Cable Suspension Rotating Body Method

Ma Ligang

(CCCC Construction Group Co., Ltd., Beijing, 100022)

Abstract: The use of prestressed concrete stiffened girders for medium and small span suspension bridges has the advantages of saving engineering cost, large structural self-weight stiffness, and low cost of late use and maintenance. It is usually prefabricated in the factory before hoisting and forming at the bridge position. However, in the construction of suspension bridges in mountainous areas, due to the large self-weight concentration of concrete girders, a wide-width structure combining the main girder with the bridge panel is adopted. It brings difficulties to the transportation and installation of the stiffening girder. In this paper, according to the current construction situation, the construction technology of the concrete stiffened beam segment transport tower, cable suspension rotating body installation and temporary connection is described.

Key words: suspension bridge; wide; concrete stiffened beams; cable hoisting; rotary mounting.

一、工程概况

云南永善县月亮湾大桥为 1～465m 双塔单跨简支体系悬索桥，采用纵、横双向预应力混凝土加劲梁，C55 混凝土，哑铃形 PC 板式梁断面（图1），主梁全宽 13m（含两侧风嘴），梁截面中央厚 70cm，两端吊索锚固区厚 95cm，标准梁段长 6m，预制梁段长 5.5m，安装后每梁段采用 1 对吊索悬吊，相邻梁段间现浇横向湿接缝。

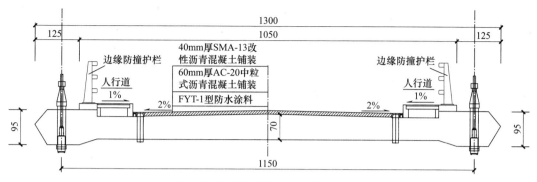

图 1 加劲梁标准横断面（单位：mm）

本工程预应力混凝土加劲梁技术参数见表 1。

加劲梁技术参数表　　　　　　　　　　　　　　　表 1

序号	项目	标准梁段	端梁	备注
1	长度（cm）	550	365	端部主梁承受支反力，加厚设计设置 21 束通长束，桥梁中部采用短束加强
2	宽度（cm）	1300	1300	
3	厚度（cm）	70（吊索锚固区 95）	100（吊索锚固区 110）	
4	纵向预应力钢束	37	21	
5	吊装质量（t）	130	88	

二、加劲梁安装思路

本桥共 78 个吊装节段（编号为 0～77 号），分为中部 76 个标准节段和端部 2 个变厚节段，加劲梁节段运输、吊装工艺是控制工程质量、施工安全和制约工期的关键因素。施工区地质条件差，出梁码头建设费用高；采用船运受水深、风速、浪高的影响大；而从引桥上运梁受塔肢间净宽限制，需高空平转 90°，并搭设梁段起吊平台。

现从临时工程、工期、成本、安全方面对两种安装方法进行综合比选，见表 2。

安装方案对比表　　　　　　　　　　　　　　　表 2

序号	项目	水运垂直起吊安装	陆运转体法安装	备注
1	临时工程	时间长	时间较长	
2	加劲梁安装时间	78d	50d	陆运安装受环境影响小，工期可控
3	施工成本	费用高	费用低	
4	安全风险	高	较高	船运安装受风浪影响大，陆运安装法高空转体风险大

综上因素，月亮湾大桥加劲梁安装采用陆运缆索吊转体安装的施工方法。

三、安装方案设计

混凝土加劲梁缆索吊转体法安装立面见图 2，其安装流程：第一，在 3 号索塔前搭设起吊平台；第二，将梁段经云南岸引桥顺桥向运输通过 3 号索塔，到达前方起吊平台；第三，采用缆索吊机起吊、纵移梁段到安装位置，平转 90°后提升安装；第四，后续安装梁段逐片与上一相邻梁段纵向临时连接。安装过程总体遵循先由跨中向两索塔方向对称吊装中间梁段，同步顶推主索鞍，再安装近索塔处的各3个梁段，最后安装合龙段的原则。

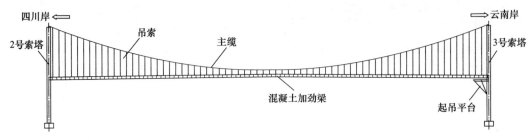

图 2　加劲梁安装立面示意

（一）梁段安装步骤

1. 在3号索塔前搭设起吊平台，长21m、宽7.4m，主梁采用标准型贝雷梁，下方设置横托梁，钢绞线斜拉索锚固于横托梁上方的拉耳板上。

2. 运梁车顺桥向运输38号梁段（跨中梁段）通过3号索塔，到达起吊平台，缆索吊机垂直起吊梁段后向跨中安装位置纵移，接近安装位置后转体90°、提升、连接吊索安装到设计位置。同时在主缆上临时挂设4根φ32钢丝绳，维持梁段平衡。

3. 同样方法安装跨中39号梁段，并与38号梁段临时连接，2片跨中梁段安装完成后，从跨中开始对称向两端安装梁段，数量差不得超过一段，并及时与相邻加劲梁进行纵向临时连接，采用后装梁段侧固接、先装梁段侧铰接的方式。

4. 采用同样的方式安装到4号、73号加劲梁，并与相邻的梁段临时连接，同时监测塔偏情况，根据监控指令逐步顶推主索鞍。

5. 在2号索塔前设置三角型钢支撑架，将0号梁段运输上平台，缆索吊机纵移梁段至2号索塔前方15~20m，采用缆索吊机自带"旋转吊具"平转90°，再连接2号索塔后方反拉绳，反拉绳采用2根φ36mm钢丝绳，启动卷扬机慢慢收紧钢丝绳，同时缆索吊机继续向2号索塔方向行走，荡移安装0号梁段。

6. 循环步骤（5）依次完成1号、2号梁段的安装，并与相邻的加劲梁临时连接。

7. 安装3号索塔处77号梁段，工艺同0号梁段；再依次完成76号、75号梁段安装。

8. 吊装合龙段3号、74号梁段，顶推主索鞍到设计位置。

9. 现浇湿接缝、张拉纵向预应力，卸落0号、77号梁底支撑，完成体系转换。

（二）起吊平台设计

起吊平台主纵梁采用贝雷梁，横断面共设置16组，每8组作为运梁车受力主梁，在轮迹下方位置加密，在距贝雷桁梁前端1.5m位置处设置横托梁，上托纵向贝雷梁，后端放置在索塔下横梁的垫梁上，贝雷纵梁上铺设20a工字钢横向分配梁（间距35cm）及2cm厚钢板行车体系，主锚横托梁与索塔上预埋锚箱采用钢绞线连接，上端张拉后锚固，采用2-12Φ^{j}15.2钢绞线，左右侧各一束，贝雷梁在横托梁支撑点、下垫梁支撑点分别采用14号槽钢竖杆进行加强，改善局部杆件受力。

(三)缆索吊机设计

1. 缆索吊装系统组成

本缆索吊机充分利用悬索桥锚碇与索塔,作为缆索吊机的锚碇、吊塔,跨径组合为(142.55+465+152.55)m,采用2套125t固定式起重机。主要设计参数:容许荷载250t,计算跨径465m,设计垂度32.07m,设计垂跨比1/14.5。

2. 旋转吊具专项设计

根据工程需要专项设计旋转吊具,可完成:①起吊及纵向吊运梁段;②带梁高空平转90°。旋转吊具由钢梁平台、动力卷扬机、分配箱梁、旋转轴及轴承、万向铰及姿态调整装置、挂钩组成。缆索吊机起重绳连接钢箱梁平台,旋转轴穿过钢箱梁平台中部的轴承孔,下端连接万向铰,万向铰下方安装挂钩,挂钩下方悬挂吊架,连接吊绳起吊加劲梁,总体吊运立面见图3。旋转轴上端缠绕钢丝绳,通过收紧安装在钢梁平台的卷扬机钢丝绳上,实现高空转体,每一旋转行程设计为90°。

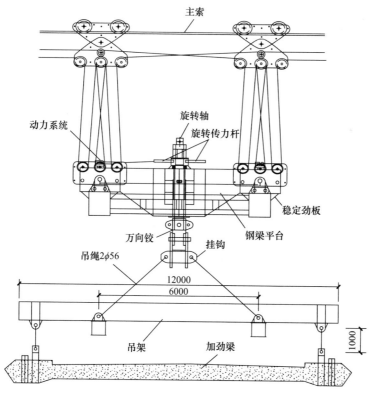

图3 加劲梁节段吊运立面(单位:mm)

(四)梁段临时连接设计

每一梁段安装后需与上一梁段临时连接(图4),以保持平衡。本工程利用吊装梁段的25a工钢吊环(梁顶外露40cm)作为梁顶面临时连接用耳板,在第$n+1$片梁段左右侧各焊接1组28b槽钢,每组2根,每根长1.90m,梁段安装后,栓接在第n片梁段上,形成铰接构造,并可适应梁段间的微量转动。

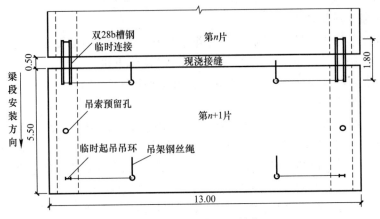

图 4 梁段间临时连接布置(单位:mm)

四、关键控制措施

(一)合龙段安装控制

1. 合龙段为最后吊装梁段,需要考虑梁段旋转空间,合龙段平转到最不利位置时梁段端头距已安装相邻梁段吊索仅 1.04m,需要安排 2 名专职人员看护梁端与吊索位置,指挥员与缆索吊操作员密切配合,保证指令畅通、反应敏捷、执行到位。

2. 缆索吊机吊运合龙段到安装位置上方后平转 90°,待下落至合龙段底面与相邻梁段顶面平齐时,需慢速下落梁段,同时手拉葫芦等配合调整合龙段纵向位置,防止合龙段与相邻梁段碰撞而损坏梁段端口,直至梁段就位与吊索连接。

(二)高空转体施工控制

1. 旋转吊具材质、加工要求:旋转轴、万向铰、连接销轴均为集中受力构件,旋转轴采用 45 号碳素结构钢锻造,钢箱梁、万向铰均采用 Q345b 钢,连接销轴采用 40Cr 钢,其材质、制造加工精度均须符合相关规范要求,并经无损检测合格后方可使用。

2. 严格执行转体工序的操作:旋转吊具设计为每 90°一个行程,旋转时,事先需确认旋转方向,指挥员与操作司机必须密切配合,执行到位,严禁过转或反复旋转。

(三)缆索吊主索预张拉

缆索吊系统的主索为几何可变体系,且架设状态与使用状态有显著差异,未经预张拉的钢丝绳在满载吊装时伸长量若超过允许值,会增大主索垂度,导致梁段不能通过桥梁跨中。预张拉对钢丝绳施加 60%抗拉强度的张拉力,循环张拉 3~4 次,每次持荷时间 60min。预张拉宜采用整根钢丝绳通长张拉(长度大于 300m 时尤应严格控制)。

五、结语

随着山区交通大发展,悬索桥跨越能力强的优势明显,且该桥型随着跨径越大越经济。悬索桥采用混凝土加劲梁具有造价省、抗风稳定性好、运维费用低等特点，本工程采用的缆索吊转体法安装宽幅混凝土加劲梁技术顺利实现了安全、高效吊装的目的，提高了加劲梁的安装质量，可在类似工程施工中推广应用。

参 考 文 献

[1] 中华人民共和国交通运输部. 公路桥涵施工技术规范：JTG/T 3650—2020 [S]. 北京：人民交通出版社，2020.

[2] 石国彬，吴清发，张文忠，等. 汕头海湾大桥悬索桥加劲梁施工技术 [J]. 华南理工大学学报（自然科学版），1999（11）：83-87.

[3] 中华人民共和国交通运输部. 公路悬索桥设计规范：JTG/T D65-05—2015 [S]. 北京：人民交通出版社，2016.

[4] 李伟. 钢丝绳预张拉的有效应用 [J]. 金属制品，2009，35（2）：13-14，25.

坐底式海上风电安装船地基适应性分析

刘浩兵,吴宁宁,谢启智

(中国电建集团中南勘测设计研究院有限公司,湖南 长沙 410014)

摘 要:船舶坐底风机安装方式是目前越南海上风电主要的安装方式,同时也是潮间带海上风电场常用的风机安装方式,但该安装方式受地质条件、海洋环境的影响较大,安全风险高。越南薄寮三期海上风电项目使用的3艘不同类型风机安装船舶进行坐底风机安装,坐底安全风险高,所以在施工前对坐底船舶地基适用性的分析非常有必要。从地基承载力、船舶的抗倾覆稳定性和抗滑移稳定性等方面分别对3艘坐底船舶进行分析和计算,得到了分析结论,并提出了操作建议,对项目坐底风机安装施工具有指导意义,同时也可作为类似海上风电项目船舶坐底风机安装施工的参考。

关键词:海上风电;坐底安装;潮间带;地基承载力;抗倾覆稳定性

Case Study on Foundation Adaptability of Offshore Wind Turbine Bottom Installation

Liu Haobing, Wu Ningning, Xie Qizhi

(Power China Zhong Nan Engineering Corporation Limited, Changsha Hunan 410014)

Abstract: The bottom installation method of offshore wind turbines is currently the main installation method for offshore wind power in Vietnam, and it is also a commonly used installation method for wind turbines in intertidal offshore wind farms. However, this installation method is greatly affected by geological conditions and the marine environment, and has high safety risks. This article analyzes the applicability of the seabed foundation for three different types of wind turbine installation vessels, which used in the Vietnam Bac Lieu Phase III offshore wind power project. The analysis and calculations are carried out in terms of foundation bearing capacity, stability against overturning, and anti-sliding stability of the vessels. The conclusions of the analysis are obtained, and operational suggestions are put forward, which are of great significance for the implementation of offshore wind power projects for wind turbine bottom installation.

Key words: offshore wind turbines; the bottom installation; intertidal; foundation bearing capacity; anti-overturning stability

一、引言

越南正在全力开发潮间带海上风电场,船舶坐底风机安装方式是目前越南海上风电的主流安装方式,也是潮间带海上风电场常用的风机安装方式,在国内外潮间带海上风电工程中有很多应用。越南薄寮三期海上风电项目拟采用3条不同类型的船舶+履带吊机进行坐底风机安装,在船舶坐底作业和自存等工况下,地基承载力、船舶的抗倾覆稳定性和抗滑移稳定性是否满足要求,以及船舶作业施工平台沉降情况和作业完成后起浮可行性等问题，是本次研究的重点和难点。

二、工程概况

越南薄寮三期海上风电场项目位于越南南端的薄寮省沿海地区，总装机容量141MW。场址为南北长约6.0km、东西宽约9.0km的长方形区域，面积约为46.0km²。场址离岸距离2~8km，按越南国家高程平面计算场区水深−2.5~−8.0m，风电场拟安装47台单机3MW的风电机组，风机基础采用6桩高桩承台基础。

三、计算分析方法确定

（一）地基的承载力分析方法

1. 地基允许承载力计算

地基承载力特征值可由载荷试验或其他原位测试、公式计算、结合工程实践经验等方法综合确定。本次计算参考《建筑地基基础设计规范》GB 50007—2011 中的地基允许承载力计算公式，见式（1）。

$$f_a = M_b \gamma b + M_d \gamma_m d + M_c c_k \tag{1}$$

式中：f_a——由土的抗剪强度指标确定的地基承载力特征值（kPa）；

M_b、M_d、M_c——承载力系数，根据土的内摩擦角标准值取值确定；

b——基础底宽，大于6m时按6m计算，对于砂土小于3m时按3m取值；

d——基础埋置深度（m）；

c_k——基底下一倍短边宽度的深度范围内的黏聚力标准值（kPa）；

γ——基础底面以下土的重度（kN/m³），地下水位以下取浮重度；

γ_m——基础底面以上土的加权平均重度（kN/m³），位于地下水位以下的土层取有效重度。

2. 地基稳定性判断依据

地基稳定性判断依据为轴心作用于船底的压应力不超过地基允许承载力值，判断公式见式（2）。

$$P_k = N_{CK}/(B_C L_C \times 0.8) \leqslant f_a \tag{2}$$

式中：P_k——轴心作用于船底的压应力（kPa）；

N_{CK}——船舶不同工况时的除去浮力的作用力（kN）；

B_C、L_C——分别为船舶接触底泥的宽和长（m）。考虑坐底面积按最不利情况丧失20%来计算。

（二）抗倾覆稳定性分析方法

1. 作用于船舶底的弯矩计算

（1）船舶底面的力矩计算

$$M_q = M_B + M_F + M_l + M_D \tag{3}$$

式中：M_q——作用在船舶底面的力矩值（kN·m）；

M_B——波浪力作用在船舶底面的力矩值（kN·m）；

M_F——风荷载作用在船舶底面的力矩值（kN·m）；

M_l——海流作用在船舶底面的力矩（kN·m）；

M_D——吊车对船舶底面的力矩值（kN·m）。

（2）波浪力作用在船舶底面的力矩计算

$$M_B = 0.5 \times F_B \times \frac{B \times l}{3} \tag{4}$$

（3）风荷载作用在船舶底面的力矩计算

$$M_F = F_f H_F \tag{5}$$

式中：A_F——风垂直作用在船舶的投影面积（m²）；

H_F——风垂直作用在船舶的有效高度（m）。

（4）海流作用在船舶的力矩计算

$$M_l = 0.5 F_l H_L \tag{6}$$

式中：H_L——海流垂直作用在船舶的有效高度（m）。

（5）吊车对船舶底面的力矩计算

$$M_D = N_D l_D \tag{7}$$

式中：M_D——吊车对船舶底面的力矩值（kN·m）；

N_D——吊车满载吊装时的载重量（kN）；

l_D——距离底面中心的距离（m），作用方向是长边方向。

2. 抗倾覆分析的计算方法

（1）平台坐底时抗倾覆力矩

$$M_K = F_K l_K \tag{8}$$

式中：M_K——平台坐底时抗倾覆力矩（kPa）；

F_K——平台坐底时抗倾覆力（kN）；

l_K——平台坐底时抗倾覆力作用距离（m）。平台的装载量取最小值。

（2）平台坐底时倾覆力矩

$$M_q = F_q l_q \tag{9}$$

式中：M_q——是平台坐底时倾覆力矩（kPa）；

F_q——平台坐底时倾覆力（kN）；

l_q——平台坐底时倾覆力作用距离（m）。考虑风荷载、波浪荷载和流荷载的最不利叠加的影响。

（3）判断抗倾覆稳定性依据

$$M_K / M_q = K_q \tag{10}$$

式中：K_q——抗倾覆安全系数，中国船级社（CCS）对着底抗倾覆稳定性的要求：坐底式平台正常作业时，$K_q \geq 1.6$，自存工况时，$K_q \geq 1.4$。

（三）抗滑移稳定性分析方法

1. 平台坐底时抗滑力

朱亚洲等对风电安装平台坐底稳定性进行了研究，并提出平台抗滑力的计算公式，见式（11）。

$$F_{抗滑力} = F_{对地压力} \times C_f + A_{bott} C_v \tag{11}$$

式中：$F_{对地压力}$——平台总重与排水量差值（t）；

C_f——摩擦力系数，取为 0.12；

C_v——粘结力系数，取为 0.09；

A_{bott}——距基线 300mm 水线面面积。

2. 平台坐底时滑动力

$$F_H = F_f + F_B + F_L \tag{12}$$

式中：F_H——正常作业工况下或自存工况下，作用在平台上所有的水平力（kN）。

其他同上所示。

3. 判断抗滑移稳定性依据

$$F_{抗滑力} / F_H = K_H \tag{13}$$

式中：K_H——抗滑移安全系数，中国船级社（CCS）对着底抗倾覆稳定性的要求：正常作业模式时应不小于 1.4，自存模式时应不小于 1.2。

（四）坐底作业地基的沉降量分析方法

地基沉降量分析方案采用分层总和法，其中地基沉降的计算公式见式（14）。

$$S = \psi_s \sum_{i=1}^{n} \frac{p_0}{E_{si}} (z_i \bar{\alpha}_i - z_{i-1} \bar{\alpha}_{i-1}) \tag{14}$$

式中：S——地基总沉降量（m）；

ψ_s——沉降计算经验系数，软土的参考范围为 1.1～1.4；

n——地基沉降计算深度范围内所划分的土层数；

p_0——相应于作用准永久组合时基础底面处的附加应力（kPa）；

E_{si}——基础底面以下第 i 层土的压缩模量（MPa）；

z_i、z_{i-1}——地基底面至第 i 层土、第 $i-1$ 层土底面的距离（m）；

$\bar{\alpha}_i$、$\bar{\alpha}_{i-1}$——底面范围内平均附加应力系数，可针对不同应力情况进行查找。

（五）坐底作业结束后起浮时的可行性分析方法

马骏等学者对潜坐结构吸附力计算模型进行了研究，包括吸附力的成因、影响因素等，并对吸附力的几种计算模型进行了比较分析，目前较常见的吸附力计算模型有以下 3 种。

1. 斯肯普顿（Skempton）计算模型

由于模型的对称性，极限提升力可以通过令屈服面上的剪切应力对结构体下边缘的总力矩与提升力对同一点的总力矩之代数和为零求得，底质对结构体的理论吸附力计算如下：

$$P_{cr} - M_s - M_B = F_t = 5AS \left(1.0 + 0.2 \frac{D}{B}\right) \times \left(1.0 + 0.2 \frac{B}{L}\right) \tag{15}$$

式中：P_{cr}——底质极限承载情况下的提升力；

S——底质的抗剪强度；

A——结构体与底质接触的水平投影面积；

D——结构体在底质中的潜深（等同于沉降量）；

B——结构体的宽度；

L——结构体的长度；

M_s——结构体浸没在底质中所排开的底质重量；

M_B——结构体的水下自重。

2. 长畸作治计算模型

通过薄层软黏土极限承载力推导得到的薄层软黏土极限承载力长畸作治计算公式：

$$P_{cr} - M_s - M_B = F_t = \left(5.7 + \frac{D}{H}\right)S \tag{16}$$

式中：H——模型地板下软土厚度（其他符号同上说明）。

3. 太沙基（Terzaghi K.）计算模型

考虑了结构体几何特性和潜深等因素，对太沙基承载公式进行了修改，得到吸附力的估算公式：

$$F_t = 5AS\left(1.0 + 0.2\frac{De^{\sqrt{D}}}{B}\right) \times \left(1.0 + 0.2\frac{B}{L}\right)\sin\left(\frac{\pi S_R}{2S_P}\right) \tag{17}$$

式中：S_R——结构体潜在淤泥中的接触面积；

S_P——结构体潜在淤泥中的多向投影面积。

综合以上3种吸附力公式，长畸左治吸附力公式适用于薄层软黏土对吸附力的影响分析。斯肯普顿吸附力公式和太沙基吸附力公式类似，太沙基公式考虑了浸没深度以及结构物自身等因素对吸附力的影响，准确度更高。但是，如果长宽比较大的情况下，会出现较大的差异，所以本文选择斯肯普顿作为吸附力的计算公式。

四、计算工况设置

（一）风压荷载

按照中国船级社标准要求，风荷载计算公式如下：

$$P = 0.613 \times 10^{-3} v^2 \tag{18}$$

式中：v——设计风速（kPa），自存工况为51.5m/s，正常作业工况为36m/s。

$$F_f = C_h C_S SP \tag{19}$$

式中：F_f——风压荷载（kN）；

P——风压（kPa）；

S——平台在正浮或倾斜状态时，受风构件的正投影面积（m²）；

C_h——受风构件的高度系数，其值可根据构件高度 h（构件形心到设计水面的垂直距离）由查表可得；

C_S——受风构件形状系数，其值可根据构件形状查表可得。

（二）波浪压力

$$F_B = \gamma H \tag{20}$$

式中：F_B——静水面处波浪压力强度（kPa）；

γ——水的重度（kN/m³），淡水取 10.0，海水取 10.25；

H——建筑物所在处进行波的波高（m）。

（三）海流荷载

$$F_l = \frac{1}{2}C_D\rho_w v^2 A \tag{21}$$

式中：F_l——当只考虑海流作用时，作用在平台水下部分构件的海流荷载（kN）；

C_D——曳力系数，取大值 1.2；

ρ_w——海水密度，取 1.025t/m³；

v——设计海流流速（m/s）。

（四）各座底船舶在自存工况下的静荷载与正常作业施工荷载

本项目中所选用 3 艘坐底作业船舶的自存工况下的静荷载与正常风机安装作业施工荷载情况见表1。

海上安装作业主要船舶的信息一览表　　　　　　　　　　表1

序号	船舶名称	船底尺寸			船体重量	附加荷载	施工荷载	潮位变化	作业水深
		长	宽	面积	kN	kN	kN	m	m
1	驳38	76	24	1824	28320	16300	1100		−0.8～−4.5
2	14000t 平板驳	78.5	31.5	2473	36350	22750	1500	2～−2	−0.8～−5.5
3	半潜驳	66.4	38.6	2563	80000	15150	9000		−5.5～−8.1

五、计算结果分析

（一）地基承载力分析结果

经计算，当坐底平台处于正常作业工况和自存工况时，地基承载力分析结果均满足要求。

（二）抗倾覆稳定性分析结果

不同船舶在不同工况下的抗倾覆稳定性分析结果均满足要求。

（三）抗滑移稳定性分析结果

在 $F_{对地压力}$ 等于船体重量＋附加荷载＋施工荷载的情况下（压载水等于浮力），船舶抗滑移稳定性分析结果中，驳38、14000t 平板驳在正常作业工况下不满足要求，结果见表2和表3。

1. 驳 38 正常作业工况

驳 38 的抗滑移稳定性分析结果 表 2

F_f kN	F_s kN	F_l kN	F_h kN	$F_{抗滑力}$ kN	K_H	是否满足要求
2372.5	4151.3	65.8	6589.6	7128	1.08	不满足

2. 14000t 平板驳正常作业工况

14000t 平板驳的抗滑移稳定性分析结果 表 3

F_f kN	F_s kN	F_l kN	F_h kN	$F_{抗滑力}$ kN	K_H	是否满足要求
2927.1	5073.8	80.4	8081.3	9497.7	1.18	不满足

（四）沉降分析结果

驳 38 平板驳在正常作业工况下的沉降量为 320.7mm；14000t 平板驳在正常作业工况下的沉降量 474.6mm；半潜驳在正常作业工况下的沉降量为 235.3mm。

（五）起浮作业分析结果

根据计算，在未进行压舱水压载的情况下，3 艘坐底船舶起浮作业极限临界吃水深度见表 4。

3 艘坐底船舶起浮作业临界吃水深度 表 4

序号	安装船舶型号	临界吃水深度 m
1	驳 38	1.43
2	14000t 平板驳	2.54
3	半潜驳	3.43

六、结论及建议

（一）结论

（1）通过本次计算分析的结果，越南朔庄、薄辽的海上风机坐底安装选用的 3 条船舶作业稳定性满足相关规范要求。

（2）通过本次计算分析的结果，船舶坐底作业时，驳 38 可能发生的沉降量为 0.32m，14000t 平板驳可能发生的沉降量为 0.47m，半潜驳可能发生的沉降量为 0.24m，均不会发生不均匀沉降过大的情况。

（3）通过本次计算分析的结果，在 $F_{对地压力}$ 等于船体重量＋附加荷载＋施工荷载（压舱水等于浮力)的情况下,驳 38 及 14000t 平板驳在作业工况均不满足中国船级社对抗滑移安全系数的要求,所以需要根据计算结果,制定潮汐变化情况下的船舶压舱水调节方案,以确保抗滑移安全系数满足要求,方可进行风机安装作业。半潜驳船虽然满足要求,但如果在深水区作业、吃水深度较深的情况下,也需要制订相应的船舶压舱水调节方案,以确保抗滑移安全系数满足要求。

(4) 考虑抗滑移安全系数不满足要求的情况,船舶站位需在潮流方向远离机位的一侧。

(5) 当抗滑移安全系数不满足安装作业要求,且无法继续加载压舱水的情况下,需要立即停止作业,并做好船舶起浮的各项准备,包括启用锚舶系统并确保与安装机位的安全距离等。

(6) 通过本次计算分析的结果,在未进行任何压舱水调节的情况下,船舶坐底作业结束后起浮作业时,驳 38 的临界吃水深度约为 1.43m;14000t 平板驳的临界吃水深度约为 2.54m;半潜驳的临界吃水深度约为 3.43m。为增加可作业时间,建议根据不同机位的水深情况,每艘船都单独制定可行的压舱水调节方案。

(二) 建议

(1) 建议在项目实施前,进行现场承载力试验,以便对以上结果进行验证。

(2) 吸附力由黏着力、负孔隙水压力和测摩阻力组成。当船舶与淤泥分离时,测摩阻力变为零,吸附力仅由黏着力和负孔隙水压力组成。可在坐底前在船舶底部采用铺设砂垫层、碎石垫层、土工布垫层等措施减少吸附力,或者在船底增设喷冲系统,减少负压孔隙水压力,增加起浮作业的可行性。

(3) 驳 38 及 14000t 平板驳的临界吃水深度较浅且抗滑移能力差,深水区作业可施工时间较短,如需要在深水区进行风机安装作业,需要综合考虑压舱水调节方案,并明确可作业水深范围值。

(4) 船舶坐底前,需要对海床面进行扫海检查,防止存在弧石或地质不均的情况,同时船舶坐底的位置应尽量选择平缓的区域,以确保船舶的水平度满足要求。

(5) 船舶坐底时间需要严格控制,建议每 48h 起浮并重新换位坐底,防止因流沙出现船体脱空或长时间坐底沉降导致船舶起浮困难的情况发生。

参 考 文 献

[1] China Classification Society. Rules for Classification of The Offshore Mobile Units [S]. 2012.
[2] 韩丽化,姜萌,张日向. 海洋结构物沉箱吸附力的试验模拟 [J]. 港工技术,2009,46 (6):43-45.
[3] 马骏,杨公升,李涛. 潜坐结构吸附力计算模型研究 [J]. 中国海洋平台. 2007 (1):20-23.
[4] 黄致兴. 考虑软土侧向变形的简化沉降计算方法研究 [D]. 广州:华南理工大学,2016 (2).
[5] 朱亚洲,吕宏伟,张晓宇,等. 风电安装平台坐底稳性评估技术 [J]. 造船技术,2015,324 (2):34-38.

基于有限元法的无机结合料稳定铁尾矿砂基层损伤演化规律的研究

周健楠

(辽宁省交通科学研究院有限责任公司,辽宁 沈阳 110015)

摘 要：通过在半刚性基层水泥稳定碎石混合料中掺入不同掺量的铁尾矿砂并结合有限元模型的构建,开展了对水泥稳定铁尾矿砂基层损伤演化规律的研究,探讨了铁尾矿砂基层在环境及荷载作用下的性能变化情况。试验结果表明：在不同环境和荷载作用下基层层底最大拉应力随之改变,尾矿砂的掺入对减小基层层底最大拉应力起到了积极作用,路面损坏的可能性随之降低。

关键词：无机结合料；有限元模型；半刚性基层；铁尾矿砂；损伤演化规律

Research on the Damage Evolution Law of Inorganic Binder Stabilized Iron Tailings Sand Base Based on Finite Element Method

Zhou Jiannan

(Liaoning Transportation Research Institute Co., Ltd., Shenyang Liaoning 110015)

Abstract: By adding different amounts of iron tailings sand to the semi-rigid base cement stabilized crushed stone mixture and combining it with the construction of a finite element model, the damage evolution law of the cement stabilized iron tailings sand base is studied, and the performance changes of the iron tailings sand base under the action of environment and load are explored. The experimental results show that: under different environments and loads, the maximum tensile stress at the bottom of the base layer changes accordingly; the addition of tailings sand has a positive effect on reducing the maximum tensile stress at the bottom of the base layer, and the possibility of road damage is reduced accordingly.

Key words: inorganic binders; finite element model; semi rigid base layer; iron tailings sand; damage evolution law

沥青路面在使用过程中,经受着环境和交通荷载的双重影响,在半刚性基层水泥稳定碎石混合料中掺入不同比例的铁尾矿砂后,对半刚性基层在环境及荷载的作用下性能有无改变以及如何改变的,是一个有待解决的关键问题。为此,本文结合了有限元模型的建立,开展了水泥稳定铁尾矿砂基层损伤演化规律的研究。

一、有限元模型的建立

(一) 模型几何尺寸和单元划分

以普通公路典型路面结构为研究对象,选取材料20℃下材料的弹性模量,选用双圆垂直竖向均布接地荷载建立模型。有限元模型的轮胎接地形状采用与《公路沥青路面设计规范》JTG D50—2017 相同的圆形，单圆半径为 106.5mm，两圆中心距 319.5mm。为了满足模型尺寸规范化的要求，同时也尽可能地消除边界效应带来的误差，各模型中的车轮边缘距离模型边缘尺寸相等。选用的单轴双轮组为 4800mm×2800mm×5000mm。

文中非边界位置均采用了 C3D8R（三维八节点减缩积分单元）单元进行划分。在确保计算精度的前提下，本文对于模型的网格实施了过渡处理。生成的网格在荷载区域密，远离荷载区域则很疏。荷载圆面积 35632mm^2，在这一平面中共划分 800 个单元网格（图1a）；荷载外影响区域面积 102080.25mm^2，在这一平面中共划分 1200 个单元网格（图1b）；其他区域平均 200mm 布种。路基深度方向共有 10 个结构层，各个结构层沿深度划分为 4 层网格。由于土基深度较大，所以沿深度方向设置了 10 层网格。单轴双轮组网格数量为 157680 个。

（二）荷载

为全面考虑道路上重型车辆给路面结构带来的响应，选用了常见的单轴双轮组，相邻轴间距 1350mm。荷载分布形式：竖向均布荷载，0.7MPa。

以单轴双轮组下结构模型为例，给出模型的划分细节。

（三）沥青路面响应分析

单轴双轮组下结构水平应变如图 1 所示。

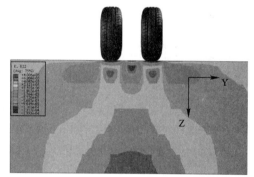

(a) 单轴双轮组纵向拉应变　　　　　　　(b) 单轴双轮组横向拉应变

图 1　单轴双轮组下结构水平应变云图

二、外界环境因素对尾矿砂道路基层的影响研究

外界环境对基层的影响见表 1。

外界环境对基层的影响　　表 1

环境条件	尾矿砂掺量（%）	弹性模量（MPa）	基层层底			
			竖向压应力（kPa）	竖向压应变（×10^{-6}）	最大拉应力（kPa）	最大拉应变（×10^{-6}）
正常	0	1249.7	25.383	129.263	75.987	69.395

续表

环境条件	尾矿砂掺量（%）	弹性模量（MPa）	基层层底			
			竖向压应力（kPa）	竖向压应变（$\times 10^{-6}$）	最大拉应力（kPa）	最大拉应变（$\times 10^{-6}$）
清水浸水	0	975.5	19.808	138.913	82.988	95.437
盐水冻融	0	443.5	22.482	158.314	119.483	109.695
正常	15	1106.7	25.682	132.59	80.267	73.218
清水浸水	15	1293.1	18.389	127.614	74.247	85.006
盐水冻融	15	742.6	20.914	147.372	114.096	102.642
正常	20	1006.5	25.917	135.15	76.842	76.224
清水浸水	20	1561.5	17.629	121.521	62.971	79.427
盐水冻融	20	813.7	20.215	141.893	105.205	97.952
正常	25	1125.5	25.641	132.13	76.743	72.686
清水浸水	25	1456.3	17.911	123.784	70.906	81.511
盐水冻融	25	903.2	20.126	141.362	88.041	97.565

从表1中可以看出，基层层底最大拉应力随着环境（正常、清水浸水、盐水冻融）的变化而变化，在盐水冻融条件下，最大拉应力最大。掺加尾矿砂（15%、20%、25%）后，清水浸水条件下的最大拉应力减小，盐水冻融条件下的最大拉应力增大。随着尾矿砂掺量的增加，盐水冻融条件下，基层层底最大拉应力逐渐减小，清水浸水条件下，基层层底最大拉应力呈现先减小后增大的趋势。

三、荷载对尾矿砂道路基层的影响研究

荷载对基层的影响见表2~表4。

荷载对基层的影响（正常） 表2

荷载情况	尾矿砂掺量（%）	弹性模量（MPa）	基层层底			
			竖向压应力（kPa）	竖向压应变（$\times 10^{-6}$）	最大拉应力（kPa）	最大拉应变（$\times 10^{-6}$）
正常	0	1249.7	25.383	129.263	75.987	69.395
超载30%	0	1249.7	32.998	168.042	91.951	90.213
超载50%	0	1249.7	38.075	193.891	114.329	104.092
正常	15	1106.7	25.682	132.593	74.267	73.218
超载30%	15	1106.7	33.387	172.365	85.348	95.183
超载50%	15	1106.7	38.524	198.882	110.198	109.834
正常	20	1006.5	25.917	135.155	72.842	76.224
超载30%	20	1006.5	33.692	175.734	79.215	99.092
超载50%	20	1006.5	38.875	202.731	102.982	114.347
正常	25	1125.5	25.641	132.135	66.743	72.686
超载30%	25	1125.5	33.333	171.774	77.347	94.492
超载50%	25	1125.5	38.461	198.193	94.923	109.036

从表2中可以看出，基层层底最大拉应力、最大拉应变随着荷载（正常、超载30%、超载50%）的增加，基层层底最大拉应力、最大拉应变不断增大。随着尾矿砂掺量的增加，基层底最大拉应力不断减小。

荷载对基层的影响（清水浸水） 表3

荷载情况	尾矿砂掺量（%）	弹性模量（MPa）	基层层底			
			竖向压应力（kPa）	竖向压应变（$\times 10^{-6}$）	最大拉应力（kPa）	最大拉应变（$\times 10^{-6}$）
正常	0	975.5	19.808	138.913	82.988	95.437
超载30%	0	975.5	25.753	180.594	107.882	124.073
超载50%	0	975.5	29.712	208.375	124.485	143.164
正常	15	1293.1	18.389	127.614	74.247	85.006
超载30%	15	1293.1	24.237	168.683	96.522	113.385
超载50%	15	1293.1	27.962	194.622	111.374	130.812
正常	20	1561.5	17.629	121.521	62.971	79.427
超载30%	20	1561.5	23.211	160.482	77.692	105.853
超载50%	20	1561.5	26.774	185.163	96.566	122.124
正常	25	1456.3	17.911	123.784	70.906	81.511
超载30%	25	1456.3	23.284	160.923	89.526	105.964
超载50%	25	1456.3	26.867	185.675	103.303	122.272

从表3中可以看出，在清水浸水环境下，掺加不同尾矿砂的基层层底最大拉应力、最大拉应变随着荷载（正常、超载30%、超载50%）的增加，基层底最大拉应力、最大拉应变不断增大。在不同荷载条件下，基层层底最大拉应力、最大拉应变随着尾矿砂掺量的增加，呈现先减小后增大的趋势，尾矿砂掺量为20%的基层层底最大拉应力、最大拉应变最小。

荷载对基层的影响（盐水冻融） 表4

荷载情况	尾矿砂掺量（%）	弹性模量（MPa）	基层层底			
			竖向压应力（kPa）	竖向压应变（$\times 10^{-6}$）	最大拉应力（kPa）	最大拉应变（$\times 10^{-6}$）
正常	0	443.5	22.482	158.314	119.483	109.695
超载30%	0	443.5	29.805	210.332	159.292	147.054
超载50%	0	443.5	34.391	242.695	183.794	169.673
正常	15	742.6	20.914	147.372	114.096	102.642
超载30%	15	742.6	26.736	187.914	148.323	129.715
超载50%	15	742.6	30.853	216.825	171.148	149.676
正常	20	813.7	20.215	141.893	105.205	97.572
超载30%	20	813.7	26.284	184.452	140.392	126.844
超载50%	20	813.7	30.323	212.835	161.986	146.362

续表

荷载情况	尾矿砂掺量（%）	弹性模量（MPa）	基层层底			
			竖向压应力（kPa）	竖向压应变（$\times 10^{-6}$）	最大拉应力（kPa）	最大拉应变（$\times 10^{-6}$）
正常	25	903.2	20.126	141.362	88.041	97.565
超载30%	25	903.2	26.164	183.767	114.454	126.845
超载50%	25	903.2	30.184	212.024	132.062	146.341

从表4中可以看出，在盐水冻融环境下，掺加不同比例尾矿砂的基层层底最大拉应力、最大拉应变随着轴载（正常、超载30%、超载50%）的增加不断增大。在不同荷载条件下，基层层底最大拉应力、最大拉应变随着尾矿砂掺量的增加，呈现逐渐减小的趋势。

四、环境和荷载综合作用下尾矿砂基层结构力学分析

从表2~表4中的数据可以看出，在环境和荷载的综合作用下，掺加不同尾矿砂的基层层底最大拉应力与正常情况相比，不断增大，在最不利情况下（盐水冻融、超载50%），未掺加尾矿砂的基层层底最大拉应力是原来的2.419倍，掺加15%尾矿砂的是原来的2.304倍，掺加20%尾矿砂的是原来的2.224倍，掺加25%尾矿砂的是原来的1.979倍，从而说明掺加尾矿砂后，在环境和荷载的综合作用下，尾矿砂的掺入对降低基层层底最大拉应力起到了一定的积极作用，能够有效降低半刚性基层的疲劳开裂，其中，以掺加25%尾矿砂的基层路用效果最佳。

五、结语

通过对基层掺加不同尾矿砂的沥青路面结构力学响应有限元分析，在不同环境和荷载作用下基层层底最大拉应力随之改变，尾矿砂的掺入对减小基层层底最大拉应力起到了积极作用，路面损坏的可能性随之降低。

参 考 文 献

[1] YNMAN I O, HEARN N AKTAN H M. Active and non-active porosity in concrete, Part Ⅱ: Evaluation of existing models [J]. Materials and Structure, 2002, 35 (3): 110-116.
[2] 白卫峰，陈健云，孙胜男. 孔隙湿度对混凝土初始弹性模量影响 [J]. 大连理工大学学报，2006.
[3] 杨青. 无机结合料稳定铁尾矿砂的路用性能研究 [D]. 大连：大连理工大学，2008.
[4] 杨红辉，唐娴. 半刚性基层材料抗裂性评价方法 [J]. 长安大学学报，2022，22 (4).
[5] 林绣贤. 半刚性基层材料组成设计和质量控制 [M]. 北京：人民交通出版社，1991.

复杂地层敞开式 TBM 大规模塌方成因及处理方案研究

杨腾添，李恒，耿翱鹏，孙吴宏，张杰

（中国铁建大桥工程局集团有限公司，天津 300300）

摘 要：为探究隧道大规模塌方原因及处理方案，本文以新疆某引水隧洞敞开式 TBM 发生 1246m³ 塌方为研究背景，采用室内试验和现场踏勘等方式，找出破碎带岩体遇水软化并在刀盘切削振动作用下出现围岩大面积失稳坍塌的原因。为此，特提出了"加固—回填—掘进通过"三步处理方案，并采用数值计算对围岩变形及结构受力特征进行分析，验证了方案的安全性，处理方案成功应用到施工中，形成了从塌方处理到掘进通过一套完整的塌腔处理方案。

关键词：引水隧洞；敞开式 TBM；塌方处理；数值模拟

Research on Causes and Treatment Scheme of Large-Scale Collapse of Open-Type TBM in Complex Strata

Yang Tengtian, Li Heng, Geng Aopeng, Sun Wuhong, Zhang Jie

(China Railway Construction Bridge Engineering Bureau Group Co., Ltd., Tianjin 300300)

Abstract: In order to investigate the causes and treatment schemes for large-scale tunnel collapses, This paper focuses on a 1246m³ collapse incident in an open-type TBM tunnel within a diversion project in Xinjiang, China. The research employs laboratory experiments and on-site surveys. It is concluded that the rock mass in the fracture zone is softened by water and under the action of cutting vibration of the cutter head, a large area of surrounding rock is unstable and collapsed. Therefore, a three-step treatment scheme of "strengthening, backfilling and driving through" is proposed, and the deformation of surrounding rock and the structural stress characteristics are analyzed by numerical calculation, which verifies the safety of the scheme and forms a complete caving treatment scheme from collapse treatment to driving through.

Key words: diversion tunnel; open-type TBM; collapse treatment; numerical simulation

一、引言

随着社会经济的高速发展，为有效缓解土地资源和环境压力，在公路、铁路运输和输水工程中，隧道工程的占比在不断提高[1]。TBM 以其快速、优质、安全、环保、经济等诸多优点，在隧道施工领域得到了推广与应用。

近年来，我国隧道建设逐渐向"长、大、深、群"方向发展，在更为复杂的地质条件下，TBM 的掘进难度不断攀升，经常出现塌方、刀盘卡死等情况，严重影响施工安全[2,3]。众多学者围绕 TBM 卡机机理、卡机预警及 TBM 卡机脱困技术等方面开展研究。温森等[4]基于 Hoek-Brown 准则圆形隧道围岩流变变形理论，建立了考虑围岩流变效的停机和连续掘进两种工况下卡机状态判断模型。刘泉声等[5]采用自动化任务处理程序和光纤通信技术，成功在兰州水源地引水工程中实现了TBM卡机预警。颉芳弟等[6]基于动态贝叶斯网络，建立了TBM卡机风险预测模型，并成功应用于北疆供水二期工程的建设。杨继华等[7]针对CCS水电站引水隧洞TBM卡机情况，提出采用扩大拱顶的方法，成功脱困并通过了断层破碎带。

上述研究为TBM在不同卡机环境下的脱困提供思路。但利用塌腔结构对TBM塌方区进行处理，实现TBM快速脱困的处理技术鲜有报道[8]。针对敞开式TBM穿越大规模塌腔的技术难题，本文依托新疆阿勒泰地区某引水隧洞工程，结合塌方空腔结构特点，提出快速、灵活的TBM塌方处置技术，并利用有限元仿真技术分析了方案的可行性。最终，本方案成功地应用于塌腔段的施工，形成了从塌方处理到掘进通过一套完整的塌腔处理方案。

二、隧洞工程概况及塌方情况

（一）工程概况

新疆阿勒泰地区某引水隧洞线路起讫桩号为2+370m～29+187m，线路总长度为26817m，其中敞开式TBM施工段长度为23737m，TBM刀盘直径为7830mm。隧址为低山丘陵地貌，整体上地势东、北高，西、南低，隧洞高程为730～1400m，隧洞最大埋深达668m，塌方段隧洞埋深约86m，地形起伏，沿线冲沟较发育。

（二）工程地质及水文特点

隧洞穿越地层主要为奥陶系黑云母石英片岩强、弱风化层（浅灰色～深灰色）、变质花岗岩，层面中等发育，裂隙面起伏，绢云母化强烈[9-10]。引水隧洞塌方段地质纵断面如图1所示。隧洞埋深为23～668m，穿越沿线发育的次级小断层13条，破碎带最大宽度为8～10m，破碎带内以糜棱岩及碎裂岩为主。掘进至6+843m时，隧道发生大规模塌方，此处隧道埋深84m。

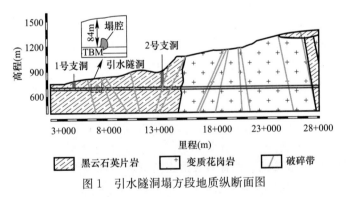

图1 引水隧洞塌方段地质纵断面图

（三）隧洞塌腔情况

自2018年7月12日掘进至6+837m，TBM护盾顶部出现第一条裂隙开始，大块石渣比例明显增加，逐步出现裂隙延伸、局部塌腔及碎块掉落等现象，如图2所示。当2018年7月13日掘进至6+843m时，拱顶岩石塌落加剧，最终形成了约1246m³的大型塌方。

图 2 隧洞塌腔发展情况

（四）隧洞塌方原因分析

为探究塌方段围岩的力学性能，在塌方掌子面后 10m 范围内，钻取 30 个岩样试件，分别采用点荷载试验和渗透水试验进行分析。由图 3（a）可以看出，随着取件位置逐渐靠近的塌方区域，岩石的单轴抗压强度逐渐减低。由图 3（b）可以看出，塌方段黑云母石英片岩在地下水的浸泡下，黑云母石英片岩内胶结物质极易发生水解反应[11]，黏聚力

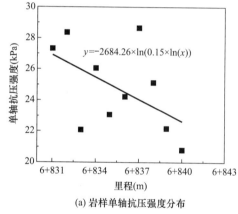

(a) 岩样单轴抗压强度分布

(b) 岩样渗透试验结果分布

(c) 揭露围岩性状

图 3 隧洞塌方原因分析

和内摩角产生明显衰减，表现出明显的遇水软化特性。

根据现场勘查结果，塌方区域节理裂隙发育，岩石受构造挤压，岩层间揉皱强烈，见图3（c）。岩石破碎，层间结合差。岩体本身呈碎块结构，加之刀盘切削作用和振动影响，致使岩体沿节理面和裂隙面松动错落，最终导致大面积失稳和坍塌。通过清理发现，塌腔内部轮廓由围岩节理面控制，在塌腔边界后方的围岩较为稳定、完整。

三、塌方段处理方案及分析

（一）塌方段处理方案

针对本引水隧洞塌腔经人工清渣处理后，可形成稳定塌腔的特点，提出"加固—回填—掘进通过"三步走的处理方案。

（1）加固阶段：塌腔加固，清渣结束后，为保证塌腔岩体的稳定，对护盾上方2m范围内的岩壁进行喷混加固；初期支护强化，将钢护盾尾部6m范围型钢由HW125增强为HW150型钢，且型钢间距由1.8m加密至0.45m，全环采用槽钢焊接加固。

（2）回填阶段：以"方木＋型钢＋钢板"的方式在塌腔内建立护盾顶部防护平台（预留施工孔）；借助防护平台及施工人孔，向TBM刀盘前方喷射1m厚细砂，形成刀盘缓冲层；采用混凝土输送泵，向塌腔内分层回填C30混凝土，待混凝土填充至护盾上方2m后，改用轻型泡沫混凝土，直至塌腔填充完毕。

（3）掘进通过阶段：调整敞开式TBM掘进参数，以低转速、低贯入度模式，缓慢掘进通过塌方段。塌方段的初期支护，采用中心间距为45cm的加强型HW150型钢拱架支护，逐步跟进。

（二）方案安全性分析

采用midas GTS有限元分析软件，建立数值仿真模型对处理方案的加固效果进行分析。

1. 数值模型

引水隧洞隧道中心距地表87.9m，为深埋隧洞，不考虑浅层覆盖层土体的局部起伏情况。隧道及塌腔三维有限元模型如图4所示。引水隧洞黑云母石英片岩采用实体单元模拟，TBM钢护盾及初期支护喷混层采用板单元模拟，型钢拱架采用梁单元模拟[12]。模型侧边界设水平方向约束，底面设竖直及水平方向约束，上表面为自由面。结合现场勘察钻孔试验数据及塌腔处理方案相关材料要求，得到模型物理力学参数表，见表1。

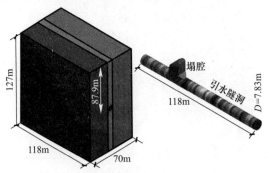

图4　隧道及塌腔三维有限元模型

模型物理力学参数表　　　　　　　　　　　表1

类别	E (GPa)	ν	γ (kN·m^{-3})	c (MPa)	φ (°)
围岩	27	0.35	23	0.7	40
轻型混凝土	25.5	0.3	13	—	—
喷射混凝土	29	0.3	25	—	—
钢护盾	206	0.2	75	—	—
型钢拱架	107	0.25	60	—	—

2. 结果与分析

（1）围岩竖向位移变形

图5为塌腔处理方案三个特征施工步骤作业完成后的围岩变形云图。TBM钢护盾尾部6m范围内钢拱架加密及初期支护喷射混凝土加固施工完成后，TBM钢护盾与初期支护结构形成统一支撑体系，塌腔区围岩变形峰值为3.58mm，达到整个处理方案施工过程中的最大值。在初期支护加强等辅助措施施工完成后，进行塌腔体回填及隧洞继续掘进等一系列施工过程中，围岩位移变形基本稳定，本方案加固措施对围岩变形的控制效果显著，可保证TBM施工安全。

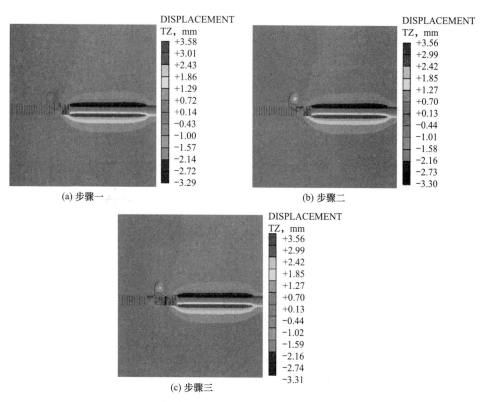

图5　围岩变形分布图（单位：mm）

（2）TBM钢护盾应力

图6为塌腔处理方案三个施工步骤作业完成后，TBM钢护盾受力分布云图。通过塌

腔前，TBM钢护盾为承担塌方区集中应力的主要受力结构，压应力分布范围及大小受塌腔影响明显。同时，因TBM钢护盾与拱架加密段的结构刚度发生突变，导致在TBM护盾尾部形成压应力集中区，盾尾顶部应力远高于盾尾底部，峰值压应力为6.96MPa。

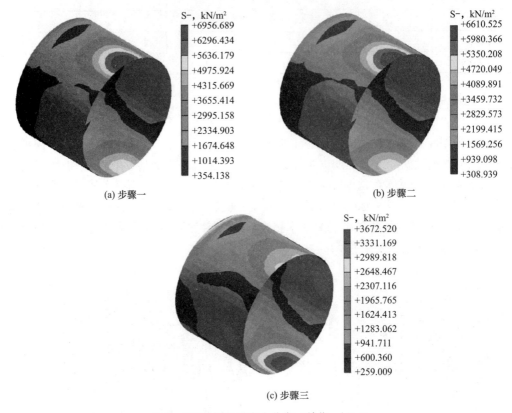

图6 TBM钢护盾应力分布（单位：kPa）

塌腔回填轻型混凝土增加了钢护盾和支护体系的上部荷载，同时，填充后的混凝土修复了塌腔引起的拱顶缺陷，使隧洞形成拱部效应，优化了围岩应力分布。TBM掘进通过塌方段后，护盾进入完整岩体内，塌方区域的集中应力由加密段拱架结构承担，TBM钢护盾拉应力显著降低，最大压应力降至3.67MPa；同时，最大压应力由盾尾顶部转移至盾尾底部。基于TBM钢护盾在三个特征阶段的受力可知，护盾体峰值压应力均低于材料强度，说明按照本塌腔处理方案进行施工，护盾体强度满足要求。

综上所述，在塌腔处理方案施工阶段中，围岩位移变形稳定，钢护盾体强度满足要求，按照本方案处理敞开式TBM塌腔，可以保证围岩稳定及支护结构的安全。

四、处理方案应用效果

"加固—回填—掘进通过"三步处理方案通过计算与验证后，便立即应用到隧道塌腔的修复施工，如图7所示。稳定塌腔修复方案的施工步骤依次为塌腔加固、支护结构强化，建立盾顶防护平台、施工刀盘缓冲层、分步回填塌腔，调整掘进参数、加强支护缓步。数值计算的最大围岩变形量仅为3.58mm，采用强化加固方案后，月掘进进尺开始稳步提升,施工至今,各项控制指标均在安全范围内,取得了良好的效果。

(a) 塌腔喷射混凝土

(b) 强化钢拱架布设

(c) 竖向支撑架设

(d) 刀盘缓冲层施工

图 7　处理方案施工图

五、结论

对新疆阿勒泰地区的引水隧道 TBM 在开挖过程中的大规模塌方进行了研究。通过借助室内岩石点荷载试验、渗透水试验及现场踏勘等多种手段,探明了大规模塌方的成因,并在此基础上,提出了"加固—回填—掘进通过"三步处理方案,得到以下结论:

(1) 针对塌方段形成稳定塌腔的特点,提出了"加固—回填—掘进通过"三步处理方案。并基于数值仿真计算,加固阶段采用加固腔壁岩体、强化支护结构措施,形成由 TBM 护盾和加密钢拱架共同组成的支撑结构体系后围岩变形为 3.58mm,达到处理方案施工中围岩变形的最大值,塌腔回填、掘进通过阶段围岩变形未出现突变,再次出现卡机的风险较小。

(2) 修复方案经过计算验证后,成功应用于塌方段处治。其中,充分利用稳定塌腔体内部空间施工作业平台,将处理时间由 28d 压缩至 13d,极大地提高了刀盘缓冲层及塌腔回填的施工效率,对处理具有稳定腔内空间的塌方具有较强的参考意义。

参 考 文 献

[1]　洪开荣,冯欢欢. 近 2 年我国隧道及地下工程发展与思考(2019—2020 年)[J]. 隧道建设(中英文),2021,41(8):1259-1280.

[2]　朱学贤,吴俊,苏利军,等. 香炉山深埋长隧洞 TBM 法及钻爆法施工方案研究[J]. 人民长江,2021,52(9):167-171,177.

[3]　周建军,杨振兴. 深埋长隧道 TBM 施工关键问题探讨[J]. 岩土力学,2014,35(S2):299-305.

[4]　温森,杨圣奇,董正方,等. 深埋隧道 TBM 卡机机理及控制措施研究[J]. 岩土工程学报,2015,37(7):1271-1277.

[5]　刘泉声,刘鹤,张鹏林,等. TBM 卡机实时监测预警方法及其应用[J]. 岩石力学与工程学报,2019,38(S2):3354-3361.

[6]　颉芳弟,翟强,顾伟红. 基于动态贝叶斯网络的 TBM 卡机风险预测[J]. 浙江大学学报(工学版),2021,55(7):1339-1350.

[7]　杨继华,杨风威,姚阳,等. CCS 水电站引水隧洞 TBM 断层带卡机脱困技术[J]. 水利水电科技进展,2017,37(5):89-94.

[8]　秦银平,孙振川,陈馈,等. 复杂地质条件下 TBM 卡机原因及脱困措施研究[J]. 铁道标准设计,2020,64(8):92-96,123.

[9]　杨腾添,李恒,周冠南,等. 软弱地层敞开式 TBM 超前注浆加固技术研究[J]. 隧道建设(中英

文），2021，41（5）：858-864.

［10］丁传全. 软弱地层敞开式 TBM 大规模塌方成因及处理措施研究［J］. 铁道建筑技术，2020（1）：97-101.

［11］范雪凯. 基于微观试验的石英片岩区变质岩力学特性影响因素机理分析［J］. 中国锰业，2018，36（5）：24-27.

［12］宋彦军. 基于 Hoek-Brown 相关联流动法则的隧道稳定性分析［J］. 西安建筑科技大学学报（自然科学版），2020，52（2）：248-256.

超低能耗建筑关键施工技术应用研究

狄彤栋,熊锐,杨宇成,郑清,周琦,李涵宇

(中建海峡建设发展有限公司,福建 福州 350000)

摘 要:面对大量新建建筑带来的能耗刚性增长,超低能耗建筑应运而生。发展超低能耗建筑被视为建筑领域实现碳达峰的重要路径之一,也是实现建筑领域碳中和的基础和必要条件。本文主要以华东地区的某超低能耗住宅项目为例,从被动式保温系统施工技术、主动式节能设备及可再生能源应用技术和建筑热桥与气密性控制三个方面,对超低能耗建筑关键施工技术应用进行研究。

关键词:超低能耗建筑;关键施工技术;应用

Research on the Application of Key Construction Technologies for Ultra-Low Energy Consumption Buildings

Di Tongdong, Xiong Rui, Yang Yucheng,
Zheng Qing, Zhou Qi, Li Hanyu

(CSCEC Strait Construction Development Co., Ltd., Fuzhou Fujian 350000)

Abstract: Facing the rigid increase in energy consumption brought by a large number of new buildings, ultra-low energy consumption buildings have emerged. The development of ultra-low energy consumption buildings is regarded as one of the crucial paths in the construction field to achieve carbon peak, as well as a fundamental and necessary condition for achieving carbon neutrality in the construction sector. This paper takes a residential project with ultra-low energy consumption in East China as an example to explore and analyze the practical application of ultra-low energy consumption technologies, focusing on three aspects: passive insulation system construction technology, active energy-saving equipment and renewable energy application technology, and control of building thermal bridges and air tightness.

Key words: ultra-low energy consumption buildings; key construction technologies; practical application

一、引言

为实现我国经济社会绿色可持续发展,践行大国责任和担当,中国政府提出"2030年实现碳达峰,2060年实现碳中和"[1]。建筑行业相较于其他行业碳排放量较大,在这样的背景下,超低能耗建筑应运而生。超低能耗建筑是指根据不同地区环境气候和地理条件,在当地生态环境不被破坏的前提下,并在确保建筑内部环境舒适度的情况下,依靠建筑内部的构造和设计,降低能源消耗量,提高资源利用率,加强可持续能源利用的新型绿色建筑技术[2]。近些年来,我国超低能耗建筑设计和施工技术不断发展和逐步完善,在我国大力倡导建设低碳环保舒适的居住家园的大环境下,本文以华东地区的某超低能耗住

宅项目为例，从被动式保温系统施工技术、主动式节能设备及可再生能源应用技术和建筑热桥与气密性控制三个方面对超低能耗建筑关键施工技术进行研究，为后续相关研究提供理论和实践依据。

二、依托工程概况

本文研究对象为华东地区的某超低能耗项目，用地面积约1.4万m^2，总建筑面积3.5万m^2。建筑主要为装配整体式剪力墙结构，主要预制构件为预制剪力墙、预制凸窗、预制楼梯及叠合板。

项目通过采用被动式节能＋主动式节能＋可再生能源三种节能技术相结合的方式，预期每年可节约用电35.83万kWh，节约天然气3.4万m^3。以标准煤耗计算，项目累计每年可节约标准煤147.96t，预期每年可减少CO_2排放356.58t。

三、技术应用

（一）被动式保温系统施工技术

项目采用内外组合保温形式（图1）。外保温采用预制混凝土夹心保温外墙系统和现浇混凝土免拆保温模板外墙系统；内保温采用无机保温膏料和真空绝热板。外墙加权平均传热系数$K \leqslant 0.4 W/(m^2 \cdot K)$。

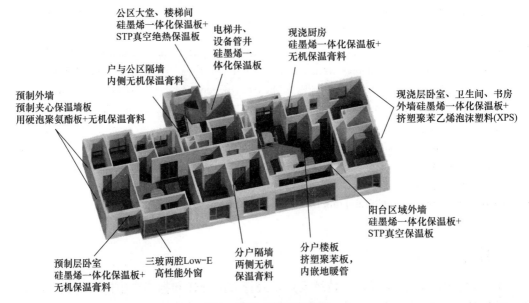

图1 被动式保温布置图

1. 现浇混凝土硅墨烯免拆保温板施工技术

硅墨烯免拆保温板在本项目作为外侧的模板与保温板使用，配合专用锚固连接件与混凝土结构一次浇筑成型，永久免拆除，从而形成保温与结构一体化的外墙保温系统。基本结构如图2所示。

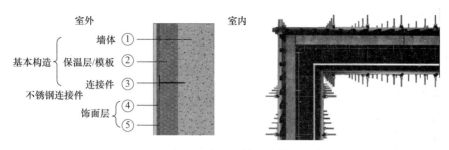

图2 硅墨烯免拆保温系统基本构造示意图

现浇混凝土硅墨烯免拆保温系统施工主要流程为施工准备→弹线定位→硅墨烯板安装→限位卡件安装→板间拼缝处理→锚固件安装→对拉螺栓及背楞安装→硅墨烯免拆模板系统成型。流程示意图如图3所示。其中免拆模板应根据建筑立面设计和外围护现浇构件的具体尺寸进行排版设计,为避免楼板位置处漏浆及泛浆等现象发生,免拆保温模板顶面宜高出楼面50mm左右。

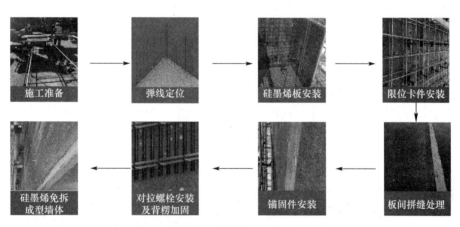

图3 硅墨烯免拆保温系统施工流程图

2. 预制混凝土夹心保温外墙施工技术

本项目采用的预制混凝土夹心保温外墙主要由外叶板、保温层和内叶板组成。其中,外叶板为60mm厚钢筋混凝土板,保温层为70mm厚硬泡聚氨酯板[导热系数为0.024W/(m·K),B_1级],内叶板为200mm钢筋混凝土板。基本构造如图4所示。

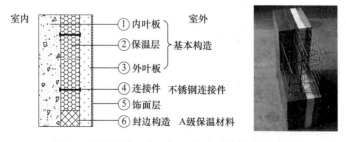

图4 预制混凝土夹心保温外墙系统构造示意图

预制混凝土夹心保温外墙系统主要施工流程为外叶板浇筑→保温板弹线切割→硬泡聚氨酯保温板安装→硅墨烯保温板封边及附框预埋→预制墙体完成→现场吊装→竖向缝浇筑→墙体套筒灌浆。流程示意图如图5所示。

图5 预制混凝土夹心保温外墙系统施工流程图

3. 内保温STP板系统施工技术

项目采用的真空绝热板是导热系数为0.008W/(m·K)，A级、Ⅱ型的真空绝热板。其主要用于公区外墙。在实际施工过程中，粘贴工序由下至上，按水平线进行施工，粘贴时应均匀挤压，板缝采用保温浆料进行封堵，同时保温板从接缝处进行固定，板上不应打钉。具体施工流程如图6所示。

图6 内保温STP板系统施工流程图

(二) 主动式节能设备及可再生能源应用技术

1. 空调-地暖两联供系统

两联供系统具有双功能性，夏季将室内的热量搬运到室外，冬季将室外的热量搬运到室内，这与直接采用电能加热水有着一定的区别[3]。两联供系统能效比普遍在3.0以上。

本项目采用整体式天氟地水两联供系统，如图7所示。其主要包含中央空调和地暖两种功能，系统能效比为4.80以上。各户型机组夏季制冷能效系数$PF \geqslant 5.0$、冬季制热$COP \geqslant 3.20$，可以兼具夏季制冷和冬季制热的能力，具有良好的稳定性、舒适性、节能性、环保性、寿命长等特点。

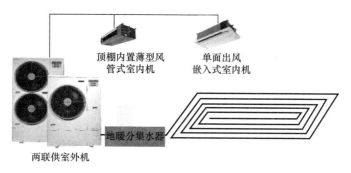

图 7 整体式天氟地水系统示意图

2. 全热交换式新风系统

新风气流和从室内排出的混浊气流在热交换核心处进行能量交换，降低新鲜空气对室内舒适度、空调负荷的影响。旁通功能在过渡季或室内外焓差（温差）较小时，新风直接经旁通管进入室内或空气处理装置，可减少阻力损失，消除室内冷负荷[4]。

本项目采用的机组标准风量≥30m³/(h·人)，均带全热回收装置，制冷、制热工况焓效率均达到70%；具备风量可调节、旁通功能；单位风量耗功率≤0.45W/(m³/h)；新风除湿机单位输入功率除湿量≥2.3kg/(h·kW)。本项目所有新风机组的取风口及排风口间隔均≥5m。项目新风系统示意图和主机实物图分别如图8和图9所示。

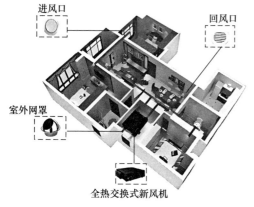

图 8 新风系统示意图

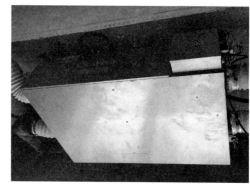

图 9 现场主机实物图

（三）建筑热桥与气密性控制

1. 外墙热桥与气密性控制施工技术

（1）预制夹心保温构件之间连接部位

对于竖向缝，项目采用A级保温材料封边，再浇筑混凝土板带，使墙板之间保温层连续，接缝处用PE棒和密封胶进行防水处理，具体节点构造和现场实际成型效果如图10所示；对于水平缝，项目在上下保温层之间填塞胶条，使之与上下封边的保温材料相接，接缝处用PE棒和密封胶进行防水处理，具体节点构造和现场成型效果如图11所示。

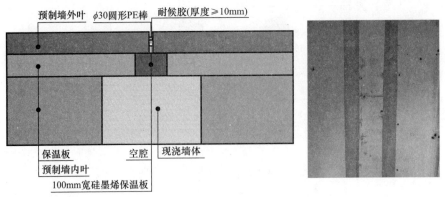

图 10 预制夹心保温构件连接竖向缝

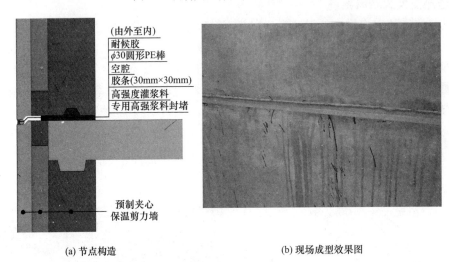

(a) 节点构造　　　　　　(b) 现场成型效果图

图 11 预制夹心保温构件连接水平缝

(2) 预制墙体与现浇硅墨烯保温墙板之间连接部位

对于竖向缝，项目在转角部位通过外叶板和硅墨烯板咬合包络使得保温层连续，接缝处填塞 PE 棒或密封胶封堵，具有吸收保温层形变的作用。具体节点构造和现场实际成型效果如图 12 所示；对于水平缝，项目在接缝处填塞胶条，与夹心保温的封边材料和硅墨烯材料相连，形成连续的保温层，具体节点构造和现场成型效果如图 13 所示。

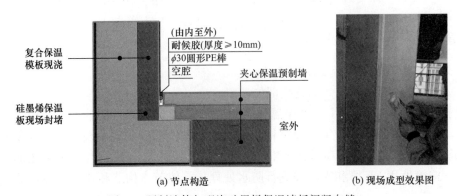

(a) 节点构造　　　　　　(b) 现场成型效果图

图 12 预制墙体与现浇硅墨烯保温墙板间竖向缝

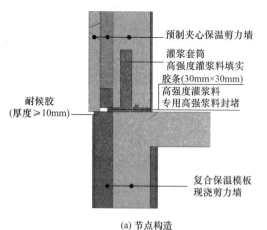

(a) 节点构造　　　　　　　　　　(b) 现场成型效果图

图 13　预制墙体与现浇硅墨烯保温墙板间水平缝

2. 屋面热桥与气密性控制施工技术

（1）屋面保温层与隔气层施工技术

屋面保温板上设置 2 道防水层，保温板下设置隔汽层，保温板采用 125mm 挤塑聚苯乙烯泡沫板［导热系数 $0.030\text{W}/(\text{m}\cdot\text{K})$，$B_1$ 级］，屋面保温层与隔气层节点构造如图 14 所示。隔气层施工时，应注意保护，防止隔气层出现破损，影响保护效果，在铺设过程中，应实现错缝搭接，避免出现缝隙。防水层施工前，应对施工部位保温材料进行保护，防止降水进入保温层。

1. 40厚C20细石混凝土保护层，内配直径 6、间距150的双向钢筋网片，表面分缝 6000×6000，缝宽20，设置排气孔道
2. 0.4厚聚乙烯膜
3. 3厚SBS改性沥青防水卷材+1.5厚非固化橡胶沥青防水涂料
4. 20厚DS15水泥砂浆找平层
5. 30厚（最薄处）1:8水泥加气混凝土碎粒找坡层，坡度2%
6. 125厚挤塑聚苯乙烯泡沫塑料(XPS，带表皮，B_1级)
7. 2.0厚聚氨酯防水涂料隔气层
8. 现浇钢筋混凝土屋面板

图 14　屋面节点（单位：mm）

（2）出屋面管道热桥与气密性控制施工技术

为了控制出屋面管道热桥和气密性，项目采取如图 15 所示构造。为了控制出屋面管

道热桥，项目采用50mm厚XPS保温材料对管道室外侧进行包裹，采用不小于30mm厚的岩棉保温材料对管道室内侧进行包裹，并向室内延伸不小于500mm。为了更好地控制气密性，套管和管道间的缝隙用沥青麻丝填塞并用建筑密封膏在上部封堵；室内侧粘贴防水隔气膜，隔气膜在管道和墙体上的搭接长度不小于50mm。如图16所示。

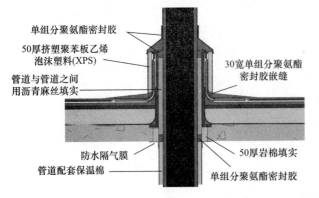

图15　出屋面管道施工节点构造（单位：mm）

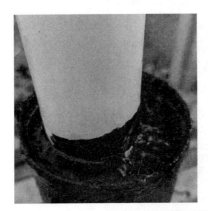

图16　出屋面管道施工节点现场做法

3. 外门窗热桥与气密性控制施工技术

为了控制外门窗气密性，项目采用气密性等级为8级的外窗、气密性等级≥7级的阳台，同时在外门窗内外分别粘贴防水隔气膜和防水透气膜（搭接长度在混凝土侧≥50mm，在窗框侧≥20mm），在门框两侧粘贴防水隔气膜，门板边缘与门框之间设有耐久可靠的密封条，并设有门槛。为了达到普通外门窗热桥控制的目的，将外窗窗框与外墙外侧齐平安装，并固定于节能附框上，以避免保温线突变导致热桥问题。对外门窗侧边采用厚度不小于25mm无机保温砂浆覆盖至窗框边缘，保证保温层连续覆盖混凝土结构。项目采取的入户门节点和预制夹心保温墙体外窗节点做法分别如图17和图18所示。

4. 穿墙管道热桥与气密性控制施工技术

为了达到穿墙管道热桥与气密性控制的目的，对室内侧穿墙套管采用防水隔气膜粘贴，室外侧采用防水透气膜，管道与套管之间的缝隙通过密封胶进行封堵。硅墨烯保温墙体管道穿墙节点构造如图19（a）所示，预制夹心保温墙体管道穿墙节点构造如图19（b）所示。

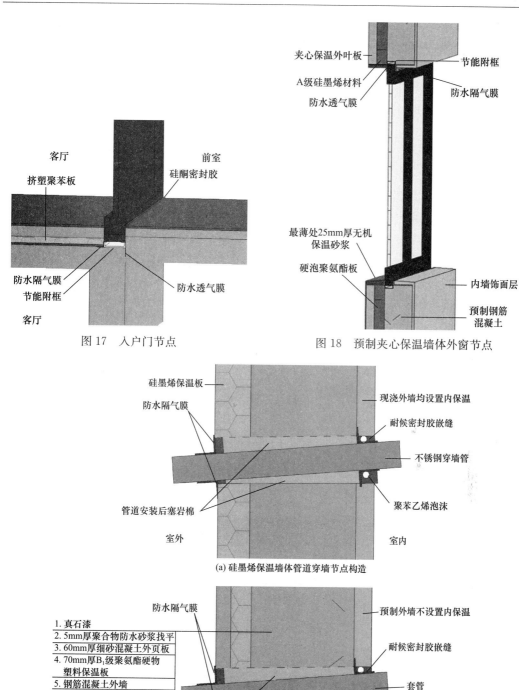

图17 入户门节点

图18 预制夹心保温墙体外窗节点

(a) 硅墨烯保温墙体管道穿墙节点构造

(b) 预制夹心保温墙体管道穿墙节点构造

图19 穿墙管道热桥与气密性控制节点构造示意图

在实际施工流程中，先对安装后的管道塞岩棉，然后用耐候密封胶进行封堵，接下来涂刷防水膜专用胶，最后在室内外两侧分别粘贴防水隔气膜和防水透气膜。

5. 阳台及设备平台热桥与气密性控制施工技术

为了控制好阳台和设备平台的热桥，阳台和设备平台上下板均采用保温材料覆盖，保温长度与挑板出挑深度相同，阳台和设备平台节点构造示意图分别如图20（a）和（b）所示。对阳台板顶采用20mm厚挤塑聚苯保温板进行铺贴，对其板底采用30mm厚硅墨烯免拆保温模板反打，对阳台墙体外侧采用100mm厚硅墨烯一体化保温板免拆或反打，如图21（a）所示；同时，对设备平台板顶采用30mm厚无机保温膏料进行铺贴，对其板底采用30mm厚硅墨烯免拆保温模板进行铺贴，如图21（b）所示。为了控制好阳台和设备平台的气密性，阳台门气密性等级不低于7级，阳台门与墙体之间粘贴防水透气膜和防水隔气膜。

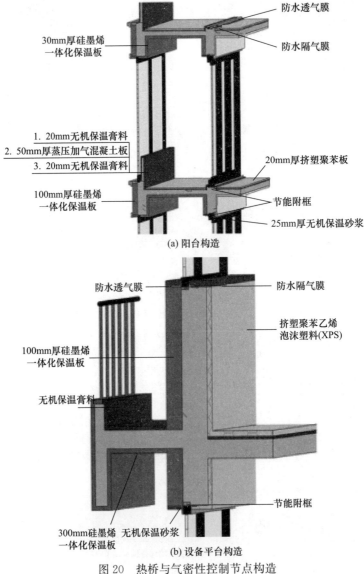

图20 热桥与气密性控制节点构造

(a) 阳台梁做法　　　　　　　　　　　(b) 设备平台地面做法

图 21　热桥与气密性控制节点现场做法

四、结论

本文基于华东地区某超低能耗住宅项目,从被动式保温系统施工技术、主动式节能设备及可再生能源应用技术和建筑热桥与气密性控制三个方面研究了超低能耗关键施工技术的应用,从施工角度提出了切合工程实际的节点做法,在实现绿色建筑建设的同时,减少总成本,切合超低能耗建筑标准化和规模化的可持续发展趋势,为后续相关研究与应用提供了相应的理论和实践依据。道阻且长,行则将至,相信我国的超低能耗行业能从国情出发,从设计、施工、验收、评价标准体系四个方面进行整合和深化,促进标准化和规模化的发展,早日实现"碳达峰和碳中和"的战略目标。

参 考 文 献

[1] 杨庭睿,乔春珍. 被动式建筑发展现状及设计策略研究 [J]. 建设科技,2020 (19):18-22.
[2] 卢慧霞,程烜. 超低能耗建筑特征综述 [J]. 绿色建筑,2022,14 (6):12-14.
[3] 刘心怡,王雅茹,赵恒谊,等. 上海市超低能耗住宅户式热泵冷暖两联供系统容量选型探讨 [J]. 建筑科学,2023,39 (12):136-145.
[4] 许锦峰,吴志敏,魏燕丽. 江苏省居住建筑节能技术发展综述 [J]. 江苏建筑,2023 (s1):49-53.

超高层整体钢平台装备核心筒复杂结构斜墙转换施工技术

刘佳明,汪钲东,孙笛,万松岭,刘瑾

(中交建筑集团第一工程有限公司,江苏 南京 211100)

摘 要:厦门白鹭西塔项目钢柱与筒架交替支撑式液压整体爬升钢平台模架在主塔楼核心筒27~31层四面不规则斜墙收分段,进行空中拆改及加固。提前深化设计和计算复核,现场施工的技术处理和组织协调措施,保证了拆改工程的安全性,提高了现场施工效率,解决了空中拆改的难题。

关键词:超高层建筑;核心筒;斜墙收分段;整体钢平台;空中拆改

Super High-rise Integrated Steel Platform Equipment Core Tube Complex Structure Inclined Wall Conversion Construction technology

Liu Jiaming, Wang Zhengdong, Sun Di, Wan Songling, Liu Jin

(CCCC Construction Group First Engineering Co., Ltd.,
Nanjing Jiangsu 211100)

Abstract: Xiamen Egret West Tower project steel column and barrel alternating-supported hydraulic integral climbing steel platform mold frame in the main tower core barrel 27~31 floors of the four irregular inclined wall segments are air demolished and reinforced. Deepening the design and calculation review in advance, the technical treatment of site construction and the organization and coordination measures ensure the safety of the demolition project, improve the efficiency of site construction, and solve the problem of air demolition and reform.

Key words: super high-rise buildings; core tubes; inclined wall sections; integral steel platforms; air demolition

一、工程概况

厦门白鹭西塔工程位于厦门市集美区2012JP03地块A5子地块,总建筑面积23万m^2,建设内容包含一栋超高层主塔楼、宴会厅裙房和四层商业楼,集高档酒店、办公和商业于一体。其中,主塔楼为钢管混凝土框架-钢筋混凝土核心筒结构,地上47层,地下3层,建筑高度266m,地上标准层层高为4.2m、4.0m,建成后将成为"厦门市第三高楼""厦门市岛外第一高楼"。

主塔楼核心筒平面呈正方形,南北方向两道内墙、东西方向一道内墙,分隔为六宫格形状,初始平面尺寸约为23.0m×23.0m。其中,27~31层为四面不规则斜收段,每层层高4.0m，总高度16m，四面外墙同时向内斜向收缩。南北方向以7°收缩，每层收缩500mm，共收缩2m；东西方向以10°收缩，每层收缩750mm，共收缩2.9m；收缩后平面尺寸约为16.8m×18.6m。

二、工程背景及施工重难点

(一) 工程背景

厦门白鹭西塔项目主塔楼核心筒采用"竖向结构先行、水平结构滞后"的施工方式，将核心筒分为六宫格，三层竖向结构施工完成后，安装整体钢平台。整体钢平台模架装备由钢平台系统、筒架支撑系统、钢柱爬升系统、脚手架系统、模板系统组成，通过筒架中28个牛腿与25根钢柱的交替支撑作用进行受力转换，可以实现整个工作平台的整体同步爬升。整体钢平台长25.8m、宽25.8m、高14m，筒架层数为6层，重500余t，集材料堆载、模板整体提升、整体防护等多种功能于一体，形成全封闭的作业环境。

整体钢平台模架爬升至核心筒斜收分位置，对钢平台进行改造，分块分段拆除内外筒构件，整体钢平台模架经历多次变形顺利完成了斜墙段施工，根据变化后的结构平面进行适应性调整、封闭，随后进入标准施工流程。

(二) 施工重难点

(1) 整体钢平台拆改工况多、深化设计难度大。

核心筒南北方向每层收缩500mm，共收缩2m；东西方向每层收缩750mm，共收缩2.9m，为四面不规则斜收状态，墙体截面也随之变小。整体钢平台涉及的筒架系统、钢平台梁、爬升立柱、支撑牛腿、外挂脚手架等部分均需进行拆改，且需要进一步深化设计，考虑其在斜墙过程中的拆改变化及构件受力变化。其中，东西方向收进跨度更大，深化过程及拆改过程应该以此为最不利状态进行考虑。

(2) 外脚手架距离施工段逐渐增大。

随着建筑高度的增加，四面外墙逐步收缩，导致整体钢平台上的外脚手架距离外墙越来越大。未进入斜收分段时，外挂脚手架距外墙初始间距为400mm，最大变化至距离墙为3300mm。同时由于墙体倾斜，脚手架下部靠近墙体，上部距斜墙较大，即脚手架上部距离一直大于下部距离，需重新考虑人员操作平台的设计。

三、整体钢平台模架装备在斜墙段深化设计

(一) 临时支撑柱设计及计算

为减小顶部悬臂钢梁变形，顶部增设14根临时支撑柱。支撑柱按轴心受压构件进行计算，根据钢平台有限元计算结果，最大受力为412kN，本次复核按$N=500$kN进行计算。临时支撑采用H300×300×10×15(mm) (Q355)，竖向焊接于设置在混凝土结构中的埋件上，立柱支撑板增设加劲肋。

临时支撑最大悬挑约8.6m，计算结果如下，其中最大变形2.5mm<$L/400$ (21.5mm)，最大应力62.3N/mm²<$[\delta]=315$N/mm²，可以满足要求。

(二）底梁拉结设计及计算

核心筒结构施工至 29 层时，需将因墙体变形所需拆除的底梁与原底梁断开，并将其与墙体拉结固定于墙体上。

拉结件采用［8 号槽钢、Q235，一端满焊焊接于设置在混凝土结构中的埋件上，另一端与底梁满焊。原有牛腿支撑不拆除，共同受力，保证底梁稳定。

通过模型计算结果如图 1、图 2 所示，拉结件最大应力比为 0.3，整体最大变形 4.3mm＜$L/400$（15mm），可以满足要求。

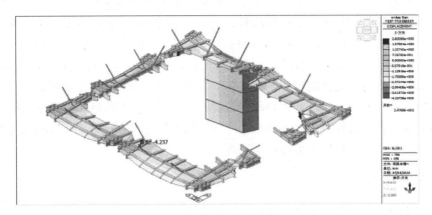

图 1　底梁拉结变形图

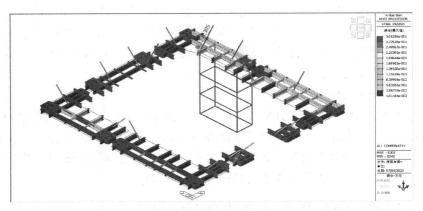

图 2　底梁拉结应力图

（三）底梁临时加固及计算

底梁位于 27～31 层之间施工支撑时底部为 16 个牛腿，并在底梁四个角部增设钢梁（8 个位置），总支撑点为 24 个。此阶段支撑点为固接，通过底梁外伸钢梁与墙体内的埋件焊接，临时拉结梁的最大竖向力为 60kN，最大弯矩为 65kN·m。

通过模型计算，在最不利的工况下，底梁临时加固梁最大应力比为 0.6，满足。

四、整体钢平台模架装备在斜收段拆改施工

(一) 临时支撑柱施工

钢平台提升至 27 层 (133.50m),设置临时支撑柱埋件。为防止钢平台外围顶部悬臂钢梁变形过大,在顶部平台梁底增设临时支撑柱。临时支撑柱为 H 型钢 300×300×10×15(mm)(Q355),共 14 组。临时支撑柱在高度方向共设置两次,第一次设置在 27 层,高度为 5.6m;第二次设置在 28 层,在原支撑柱上采用 M20×80 螺栓进行接高后两端板焊接,高度为 4m,并增加柱与柱之间的横向拉结。

(二) 外脚手架拆改施工

脚手架拆改分为外挂式脚手架改造、拆除、安装及搭设悬挑脚手架四个步骤。27、28 层斜收分时,挂架与模板间的距离东西增加 1.4m、南北收进 1m,钢平台外挂脚手架,无法根据尺寸内收,该位置在外挂架上增加三角支撑,三角支撑上下两端与吊架立杆抱箍连接,钢挑板铺设于相邻梁吊架的三角支撑上,钢挑板与墙体之间的距离约 400mm;收分距离继续增大,此时通过搭设上拉式悬挑脚手架进行作业,同时拆除外挂式脚手架;待钢平台爬升至 32 层,再重新安装外挂式脚手架。

(三) 底梁拉结施工

核心筒结构施工至 28 层时,需将因墙体变形所需拆除的底梁与原底梁断开,并将其与墙体拉结固定,待水平结构施工至底梁位置后将其拆除。断开后将每个需拆除部分作为一个整体固定于墙上,与原底梁之间的间隙大于 100mm,不影响爬升。

(四) 内筒架拆改施工

筒架支撑系统竖向方管柱在作业阶段处于受压状态,在爬升阶段处于受拉状态,需要确保连接的可靠性。方管柱顶部与钢平台框架采用 M20×75 (10.9 级)螺栓连接,并设置防止节点板变形的加劲肋。

内筒立柱及吊架拆除时核心筒按编号 1~6 顺序拆除,每个筒内的筒架按照由上到下、由外到内的顺序分段逐块拆除,构件通过手拉葫芦传递至钢平台顶部,可使用吊装箱斗四点起吊,运送至拆装存放场地,确保起吊过程中不发生散落。

(五) 爬升钢柱拆除及移位

工具式钢柱爬升系统通过提升构件与钢平台框架连接,随着双作用液压缸的驱动,在爬升靴的带动下,钢平台系统可通过连接节点实现沿工具式钢柱的爬升。

整体钢平台拆改前共设置 25 组爬升钢柱,综合考虑墙体受力、压力分布等因素,27、28 层施工完毕后,拆除外侧 3 组爬升钢柱,外侧 12 组采用 L630-50 塔式起重机进行水平位移,共计剩余 22 组钢柱;27、28 层施工完毕后,拆除外侧 6 组爬升钢柱,剩余 6 组进行位移,内墙 1 组钢柱进行位移,共计剩余 16 组钢柱;后续爬升钢柱进行水平位移,待斜墙段施工结束,最终剩余 16 组爬升钢柱。

（六）支撑牛腿拆除及移位

竖向支撑装置（支撑牛腿）是将荷载传递给混凝土结构支撑凹槽的重要支撑装置，由平移式承力销、箱体反力架、双作用液压缸等组成。伸缩式竖向支撑装置通过双作用液压缸驱动承力销的平移，实现其在混凝土结构上的支撑与脱离。

整体钢平台拆改前共设置28个牛腿，在28～33层施工段，拆除收斜墙段影响的12个牛腿，并设置8个临时加固装置，由两部分组成，其中墙体固定件焊接于墙体埋件上，架体固定件焊接于钢平台底梁上，两者通过M20×60（8.8级）螺栓连接，临时加固装置采用H型钢200×200×8×12(mm)（Q355）。钢平台提升至29层，钢平台底梁上焊接安装架体固定件，通过操作平台安装墙体固定件，一端与架体固定件螺栓连接，另一端与斜墙埋件焊接。钢平台提升至34层，增设10个支撑牛腿，共设置22个支撑牛腿，之后整体钢平台恢复正常提升及支撑状态。

五、结语

本文结合厦门白鹭西塔项目实际情况，介绍了核心筒27～31层四面不规则向内斜收段时，整体钢平台模架装备随之进行多次空中拆改的特点。深化设计过程中，充分考虑了钢平台悬挑梁的临时支撑柱、梁底临时拉结等措施；拆改施工过程中，严格按预定程序实施，保证外脚手架、内筒、爬升钢柱及支撑牛腿的拆改施工的安全性，完善了整体钢平台的空中拆改技术，可供同类工程借鉴。

参 考 文 献

[1] 武大伟，耿涛．整体钢平台模架装备过超高层核心筒斜墙段施工关键技术［C］//江西省土木建筑学会，江西省建工集团有限责任公司．第28届华东六省一市土木建筑工程建造技术交流会论文集．《城市建筑空间》编辑部，2022，5．

[2] 马静，沈国相．含斜墙的核心筒整体钢平台模架设计研究［J］．建筑机械化，2024，45（1）：28-32，57．

[3] 张龙龙．结构不规则变形建筑的整体钢平台动态爬升控制［J］．建筑施工，2024，46（2）：282-285．

[4] 马静．钢梁与筒架交替支撑式整体爬升钢平台模架在超高建筑复杂核心筒结构建造中的应用［J］．建筑施工，2019，41（1）：109-112．

整体爬升钢平台模架强台风期间监测及加固技术研究

刘瑾[1]，张鑫鑫[2]，刘佳明[1]，洪诚[1]

(1. 中交建筑集团第一工程有限公司，江苏 南京 21000；
2. 中交建筑集团有限公司，北京 100022)

摘 要：经过有限元分析建立并运用3D打印技术制作整体钢平台模型，通过风洞试验的方式分析并模拟整体爬升钢平台施工过程中可能遇到的台风环境，从而研究出一种台风来临时的整体爬升钢平台监测及加固技术，并于2023年7月28日整体钢平台经历强台风"杜苏芮"考验，台风经过期间整体钢平台各项监测数据正常，可保证整体爬升钢平台在强台风环境下的安全使用。

关键词：强台风；风洞试验；加固；风致响应

Research on Monitoring and Strengthening Technology of Integral Climbing Steel Platform Mold Frame During Strong Typhoon

Liu Jin[1], Zhang Xinxin[2], Liu Jiaming[1], Hong Cheng[1]

(1. CCCC Construction Group First Engineering Co., Ltd., Nangjing Jiangsu 211103；
2. CCCC Construction Group Co., Ltd., Beijing 100022)

Abstract：After finite element analysis, the overall steel platform model is established and 3D printing technology is used to produce the overall steel platform model. The typhoon environment that may be encountered in the construction process of the overall steel platform is analyzed and simulated through wind tunnel tests, so as to develop a monitoring and strengthening technology for the overall steel platform when the typhoon comes, and it experienced the test of strong typhoon "Du Suri" on July 28, 2023. During the typhoon, the monitoring data of the whole steel platform were normal, ensuring the safe use of the whole climbing steel platform in a strong typhoon environment

Key words：a strong typhoon；wind tunnel test；reinforce；wind-induced response

一、工艺背景

钢框架-核心筒结构是我们现阶段超高层建筑中应用最广泛的形式之一，其适用于高度在250~400m的超高层建筑[1]。核心筒施工常使用整体式钢平台模架装备（图1）作为操作平台。其在施工速度、工程质量、结构适应能力和施工成本等方面明显优于传统的施工方法[2]。整体钢平台模架体系已

图1 整体爬升钢平台模架装备图

广泛应用于我国 200m 以上的超高层建筑的建造中[3]。因此，如何保证其在强台风环境下的安全使用显得尤为重要。

厦门白鹭西塔项目位于福建省厦门市，为沿海强台风常登陆区域。项目主塔楼高266m，塔楼核心筒主体结构采用整体爬升钢平台进行辅助施工，如图 2 所示。

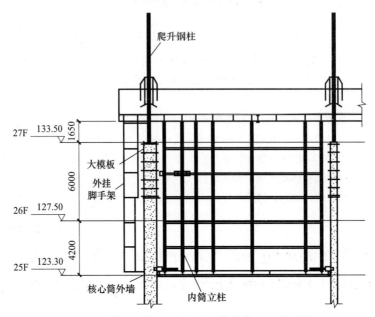

图 2　整体爬升钢平台与核心筒墙体立面关系图

二、风洞试验

（一）有限元分析与模型制作

对项目整体爬升钢平台进行有限元建模分析，采用 SAP2000 软件建立整体钢平台模架体系的三维模型（图 3），分析在强风环境下整体爬升钢平台的稳定性。

图 3　整体爬升钢平台有限元模型

（二）开展风洞试验

本次风洞试验在北京交通大学风洞实验室进行（图 4），考虑强台风的风速过大，采用高速试验段，最大试验风速为40m/s，满足各种要求的风荷载及响应测试。

整体爬升钢平台模架试验模型采用3D打印制作，几何缩尺比为1∶50，平面尺寸为516mm×516mm，高度为291mm，最外侧脚手架挡风板具有一定的开洞率用以模拟整体爬升钢平台的挡风率。取主楼截断模型的实际高度30m，根据风洞试验段尺寸3m（宽）×2m（高），得风洞试验阻塞比为7%，设计抬高装置以避免风洞边界效应，如图5所示。

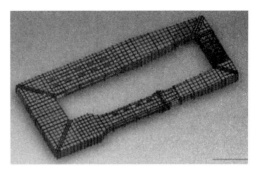

图4　北京交通大学BJ-1号风洞

图5　整体钢平台试验模型及试验抬高装置

（三）加固措施分析

考虑不同风荷载情况对整体爬升钢平台的影响，分别模拟8级风、10级风、12级风状况下不同加固措施下模型的安全性，对正常施工工况下、设置加固措施前后的整体钢平台模架体系的力学性能进行对比分析，加固措施主要为外脚手架内立杆与墙体通过连接杆进行拉结，如图6和图7所示。

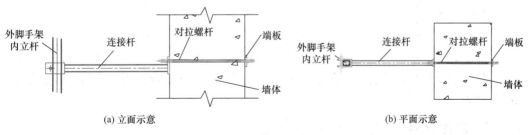

图6　墙面拉结示意图

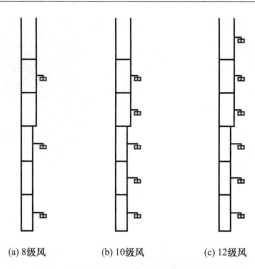

(a) 8级风　　　(b) 10级风　　　(c) 12级风

图7　脚手架与墙面拉结有限元模型

抗风杆件截面为50mm×50mm，壁厚为2.5mm，加固措施通过风洞试验结果得出，见表1。抗风杆件通过有限元分析后的受力性能对比分析见表2。

抗台风加固措施　　　　　　　　　　　　　　　　　表1

风速（m/s）	钢平台装备加固措施
20.7（8级风）	应在模架系统上每跨、每两步设置一道抗风杆件进行加固
28.4（10级风）	应在模架系统上每跨、除顶层外每步设置一道抗风杆件进行加固
36.9（12级风）	应在模架系统上每跨、每步设置一道抗风杆件进行加固

加固前后模架的力学性能　　　　　　　　　　　　　表2

风速		应力（MPa）	X向位移（mm）	Y向位移（mm）	Z向位移（mm）
无风状态		87.4	3.2	9.9	16.0
8级风	加固前	107.4	15.5	28.4	16.5
	加固后	205.0	2.8	3.0	2.9
10级风	加固前	147.4	26.4	45.1	17.0
	加固后	195.8	3.1	2.9	2.3
12级风	加固前	205.4	42.2	70.9	17.7
	加固后	200.1	1.8	3.6	1.7

经试验表明，加固后模架应力增加，这是因为设置抗风杆件之后模架受力，但应力最大值未超过强度限值，且各项位移明显下降，因此墙面拉结可以作为整体爬升钢平台模架的抗风措施。

三、整体爬升钢平台加固措施实施

2023年7月27日气象部门预告台风"杜苏芮"最大风力预计达15级，风速可达50m/s。因此项目按照风洞分级试验结果，每跨、每步设置一道脚手抗风杆件（图8）。抗风杆件靠结构墙体一侧的方钢管开 20mm×320mm 长孔，用直径 18mm 的螺杆穿过主体剪力墙，在墙体背面采用螺母固定螺杆。抗风杆件另一端使用 5mm×50mm×300mm 双夹板及直径 18mm 双螺母与整体爬升钢平台模架立柱固定，如图 9 所示。

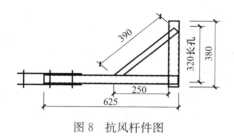

图 8 抗风杆件图

图 9 抗风杆件现场安装图

四、台风"杜苏芮"期间的整体钢平台风致响应

"杜苏芮"于 2023 年 7 月 28 日上午 9 时 55 分前后以强台风级（15 级，50m/s，945 百帕）在福建省晋江市沿海登陆，厦门受其影响最大风速达到 15m/s。

（一）监控设备安装

为监测台风期间整体爬升钢平台的安全状态，项目研发了整体爬升钢平台监测系统（图 10）。根据有限元分析，在模架位移较大处的角部布置监测设备。在整体钢平台顶部安装风速仪 1 个，位移计和 X、Y 双向倾角计各 8 个，位移计和倾角计分 X 向和 Y 向，分别安装在整体爬升钢平台的四角，重点监测台风期间风致响应。

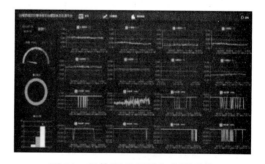

图 10 整体爬升钢平台监测系统

（二）台风期间监测情况

监测系统对台风全过程期间整体爬升钢平台的安全性进行了监测，选取了台风登陆前后（2023 年 7 月 27 日 20：00—2023 年 7 月 29 日 8：00）厦门白鹭西塔整体爬升钢平台

监测的数据进行分析。根据系统显示，最大风速为 7 月 28 日 12 点 28 分的 15m/s，如图 11 所示。

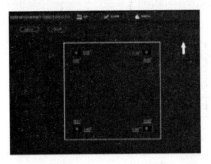 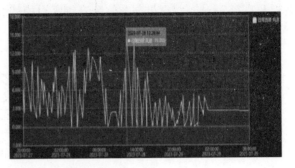

图 11 整体爬升钢平台模架体系风速时程

表 3 给出了台风"杜苏芮"登陆期间整体爬升钢平台模架的倾角变化情况，X 向和 Y 向的最大倾角均为 0.04°，最大位移均为 8mm，最大位移满足整体爬升钢平台模架结构的变形要求，说明台风"杜苏芮"未对整体爬升钢平台模架结构产生较大影响，波动都在可接受范围内且最终均趋于稳定，未发生不可控的安全隐患。

整体钢平台模架结构的倾角变化情况　　表 3

倾角计编号	Q01		Q02		Q03		Q04	
方向	X	Y	X	Y	X	Y	X	Y
最大倾角（°）	0.03	0.04	0.02	0.02	0.03	0.03	0.04	0.03

五、结论

本文依托厦门白鹭西塔项目核心筒整体爬升钢平台模架，建立了整体钢平台结构的有限元模型，运用 3D 打印技术制作实体模型并进行模拟台风的风洞试验，对整体爬升钢平台结构进行风振响应计算。采用风速仪、位移计、倾角计对钢平台顶部的风速、位移和倾角进行监测，重点监测台风期风致响应，开发了超高层建筑整体爬升钢平台模架体系监测系统，取得了软件著作权。经过实际经历"杜苏芮"台风的考验，为强台风区域整体爬升钢平台在台风期间的整体稳定性提供了宝贵的监测及加固经验，保障了工程施工的安全性。

参 考 文 献

[1] 丁洁民，吴宏磊，赵昕. 我国高度 250m 以上超高层建筑结构现状与分析进展 [J]. 建筑结构学报，2014，35（3）：1-7.

[2] 康强. 风荷载对天津 CTF 金融中心 530m 超高层塔楼设计与施工的影响 [D]. 西安：西安建筑科技大学，2017.

[3] 龚剑，房霆宸. 整体钢平台模架装备技术研发及应用 [J]. 建筑结构，2021，51（17）：141-144，42.

基于PLAXIS软件对某桥梁桩基"跳作法"施工引发土体扰动的验证及研究

尹向程，李春阳，凌瀚，卢凤云，王怡超

（中建一局集团建设发展有限公司，北京 100102）

摘　要：钻孔灌注桩是一种常用的地基处理方法，通常用于加固土体和提高土体的承载力。灌注桩施工过程中会对周围土体造成一定程度的扰动，影响桩的承载性能和整体工程的稳定性。本文利用有限元分析软件PLAXIS建立钻孔灌注桩的模型，模拟了桩在施工过程中对土体的影响。通过分析土体的位移、应力和应变等参数，研究隔桩跳打对土体的扰动情况。

关键词：钻孔灌注桩；PLAXIS；隔桩跳打；土体扰动

Based on PLAXIS Software, the Soil Disturbance Caused by "Jumpingmaneuver" Construction of a Bridge Pile Foundation Is Verified and Studied

Yin Xiangcheng, Li Chunyang, Ling Han, Lu Fengyun, Wang Yichao

(China Construction First Group Construction & Development Co., Ltd., Beijing 100102)

Abstract: Bored pile is a common foundation treatment method, which is usually used to strengthen soil and improve the bearing capacity of soil. The construction process of cast-in-situ pile will cause a certain degree of disturbance to the surrounding soil, which will affect the bearing performance of the pile and the stability of the whole project. In this paper, the model of bored pile is established by using finite element analysis software PLAXIS, and the influence of pile on soil during construction is simulated. By analyzing the displacement, stress and strain of soil mass, the disturbance of soil mass caused by bored pile construction is studied.

Key words: bored pile; PLAXIS; jumping maneuver; soil disturbance

一、工程概况

该桥梁位于城市主干道上，设计荷载为城市A级，设计使用年限100年。拱桥全长167m，桥梁下部设计群桩基础共198根，分布在0~7号承台下，桩直径1.2m，相邻桩位间距为5.0m，均为摩擦型钻孔灌注桩。采用间隔跳打的方法进行施工，水下采用C30混凝土灌注。

根据区域地质资料，区域地层结构主要由第四系全新统和上更新统冲积而成的黏性土及中更新统老黏性土组成。勘探深度范围内地下水类型主要为上层滞水，赋存于第四系全新统黏性土中，下部分布的上更新统黏性土层为相对隔水层。勘察测得区域内地下水埋深为0.9~16.5m，水位年变幅一般在2.0~4.0m。

二、土体扰动参数分析

（一）软件及调参说明

PLAXIS是一种通用的有限元计算软件，该软件在复杂岩土工程中具有较好的应用效果，其主要包含前处理功能、计算分析、后处理功能等，能够获取结构单元内力变化情况，并且可通过等值线或者色彩云图等形式呈现分析和计算结果。为分析桩体模型应力、位移的变化情况，本文以某地区实际工程项目为例，研究跳作法作业与土体扰动之间的联系。

通过PLAXIS软件建立灌注桩有限元模型，并对间隔跳打的施工过程进行模拟。在软件中土体使用HSS模型（小应变土体硬化模型），该模型相比于摩尔-库仑模型可以更直观准确地反映桩周土体的属性，是一种更高级的本构模型。

参照本工程的地质勘察报告，对模型内各项参数进行取值，详细信息见表1。

主要地层物理力学指标统计表　　　　表1

土层	名称	H（m）	W（%）	W_d（g/cm³）	P_d（g/cm³）	e	WL_{17}（%）	W_p（%）	F（kPa）	$E_{S1.2}$（MPa）	ϕ（°）
③	中粉质壤土	82.80~87.10 / 80.40~83.80	19.72	1.91	1.6	0.694	38.1	19.0	73.2	7.6	18.9
④	中粉质壤土	80.40~83.80 / 78.80~81.60	23.29	1.95	1.58	0.705	35.2	18.4	63.3	5.7	23.9
⑤	粉质黏土	78.80~81.60 / 68.15~77.00	23.02	1.98	1.61	0.686	45.1	22.4	92.4	9.4	14.7

（二）扰动机理

土体扰动机理在本项目中存在以下几种方式：

（1）力学作用：外界力量作用于土体时，会引起土体内部的应力和应变产生变化，同时还会触发土体的塑性变形和破坏。土体扰动机理的关键是力学作用对土体的影响。

（2）液力作用：水对土体的影响也是土体扰动的重要机理之一。水可以改变土体中的孔隙水压力和饱和度，从而影响土体的应力状态、强度和稳定性[1]。

分析旋挖钻施工时，钻头对土体冲击、切断的作用产生了挤土效应，导致孔隙水压力增大，对周围土体及桩位产生侧向压力，从而引起土体的变形甚至桩位偏差。

（三）扰动计算标准值选取

计算分析由于混凝土灌注造成的土体扰动时，选取的结构材料参数见表2。

结构材料参数表　　　　表2

名称	弹性模量（MPa）	泊松比	重度（kN/m³）
C30混凝土	3	0.2	24

三、群桩施工模拟分析

（一）分析步选取

灌注桩采用 Embedded 桩，Embedded 桩单元除了具有一般杆件的特性以外，还可以模拟杆件与岩土体之间的接触及相互作用，能够较好地体现摩擦桩的实际情况[2]。

钻孔灌注桩施工过程的数值模拟，通过对圆柱形孔施加均布压力，灌注固化过程采用场变量改变桩体工程性质参数，将桩单元由相邻土体赋予结构参数变化为 C30 参数，并赋予界面条件，使桩体与周边土体具备材质差（工况 1）。跳打桩位施工时，3 号桩已经完成浇筑、固化完成（工况 2）；将一次隔桩跳打（两边桩体施工完成，中间桩体开始浇筑）的施工过程视为第二分析步（工况 3）。

（二）计算假定

Plaxis 有限元软件计算假定与传统土压力计算假定内容一致，具体内容如下：
（1）假定各层土体均为异向同性。
（2）初始应力只存在于自重应力[3]。
（3）施工仅考虑土壤工况，不考虑复杂地层，同时对地下水、渗流等做简单计算。

（三）桩、土相互作用计算模拟及分析

桩的灌注从首灌之后，桩体和土体的关系变化分为三个工况，初期混凝土与桩底钢筋、混凝土和泥浆的共同作用，使桩底得到一定的承载力；中期，混凝土通过埋入已灌注的导管，慢慢推举导管上部泥浆上升，作用分为混凝土推举泥浆与摩擦侧壁，推举泥浆对桩孔侧壁的冲击忽略不计，在泥浆与混凝土面的交接面，作材料的置换，桩孔侧壁的摩擦力突然增加，随着高度的上升，对周围土体的侧压力渐渐增加后减小。如图 1、图 2 所示，图 1 为工况 1（1 号桩浇筑）法向剪力分析图，图 2 为工况 3（2 号桩浇筑）法向剪力分析图。

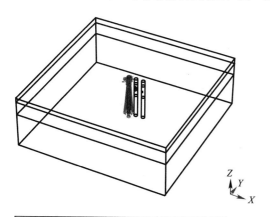

总法向应力 σ_N（放大 5.00×10^{-3} 倍）
最大值 = 594.1kN/m²（单元3在节点1031）
最小值 = -639.0kN/m²（单元8在节点9732）

图 1　工况 1 法向剪力分析图

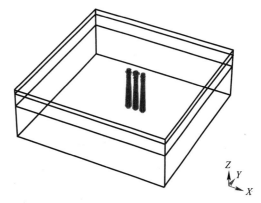

总法向应力 σ_N（放大 2.00×10^{-3} 倍）
最大值 = 779.4kN/m²（单元93在节点9662）
最小值 = -963.5kN/m²（单元56在节点9534）

图 2　工况 3 法向剪力分析图

从上图可以看出，随着施工的逐步进行，灌注桩周围的应力表现出波动式的上升趋势。这种趋势主要反映了灌注过程对土体应力分布的扰动效应。在灌注完成后，桩底应力出现显著下降，原因在于多根桩间的相互作用将部分应力转移至桩间土体中。这种应力转移过程伴随着桩间土体的压缩以及桩周应力的重新分布，最终导致土体内部的应力状态发生明显变化。

此外，在多根灌注桩混凝土硬化的过程中，土体受到的约束效应逐步增强，使得应力进一步集中于桩间土体区域，进而加剧土体的压缩变形。以上现象表明，灌注桩施工对土体应力分布的影响具有显著的时空变化特性。具体三种工况下土体参数的变化情况详见表3。

三种工况下土体参数变化　　　　表3

计算步数	工况	插值因子	相对刚度
129	1	0.923	0.005
233	2	0.002	0.595
264	3	0.614	0.009

分析表3可知，工况1、2、3分别为两侧灌注桩（1号、3号桩）及中间灌注桩（2号桩）的成型，计算位置为中心桩位（2号桩）的计算值。在工况1、2完成时，对该位置的桩间土基本无影响，2号桩施工时，对计算位置产生破坏，材质由土变化为C30混凝土，相对刚度变大。

（四）桩间作用计算模拟及分析

桩间作用出现在工况2以及工况3中。经过PLAXIS数据分析之后得到两个工况的结果，如图3、图4所示。其中，图3为工况2总主应力分布图，图4为工况3总主应力分布图。

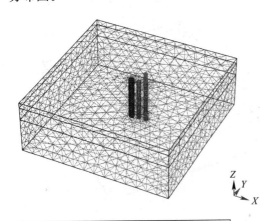

图3　工况2总主应力分布图

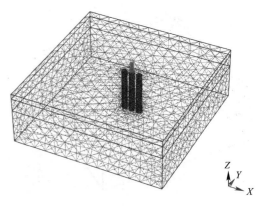

图4　工况3总主应力分布图

灌注桩混凝土与泥浆接触界面最大圆孔扩张应力 P_u 为

$$P_u = c_u[\ln E/2(1+\mu_x)c_u + 1]$$

式中，E 为桩周饱和土弹性模量；μ_x 为泊松比；c_u 为桩周土不排水剪应力。

基于上述公式和软件计算结果可知，当土体中的扩张应力超过孔隙水压力时，桩周土体可能发生挤压破坏[4]。从分析图表可以看出，最大应力为 2345kN/m^2，最小应力为 2265kN/m^2，二者方向相反且数值接近，表明应力对称分布较为均匀。

通过计算模拟结果可以进一步得出，桩基成型后，桩基与周围土体共同形成了稳定的结构体系，未出现超限应力引发的土体破坏现象。此外，根据图3中单桩与土体相互作用的分析结果，边缘桩所承受的最大剪力为 594kN，土体受剪范围主要集中在距桩 1.31m 以内。

通过分析图5可知工况2，即间隔跳打施工时，1号、3号桩对周围土体的作用范围基本在 5.0m 之内，两根间隔桩位不会互相影响，最大值环绕桩顶混凝土出现，整体覆盖约4倍桩径大小；结合图6的工况3，在两根间隔桩施工完成后进行中间桩的施工时，使得原本互不影响的土体受到2号桩灌注混凝土的作用力，剪切最大值由原本的桩顶向桩间土移动，相对剪切力达到最大值，出现在桩间土中部；相对剪切力在工况3达到 1.00，两侧压力达到平衡。

对比前文图2和图6可以看出，工况3中的2号桩的施工过程相较于1号、3号桩来说，施工的可操作性降低，容错率较小。因此，间隔桩强度达标后，应严格控制中间桩施工。

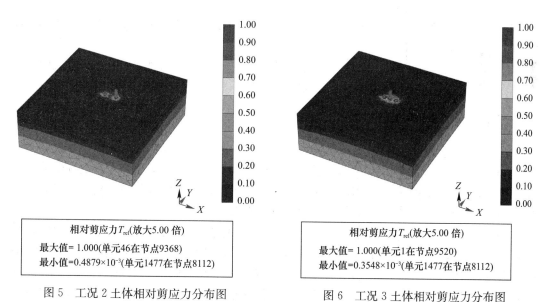

图5 工况2土体相对剪应力分布图　　　图6 工况3土体相对剪应力分布图

四、结论与建议

（一）混凝土灌注对土体扰动的分析

成桩之后的混凝土灌注对土体的扰动，会影响土体的物理、力学性质。主要因素包括以下几个方面：

（1）土体密实度改变：成桩灌注会破坏原有土体的结构，使土体密实度改变。桩身进入土体时，会引起土体周围松动，进一步压密土体，使土体的密实度增加。

（2）土体孔隙水压增加：成桩灌注过程中，桩身进入土体会把土体内的孔隙水挤出，同时施工过程中需要灌注水泥浆或混凝土，会使土体内孔隙水压增加，影响土体的渗透性和渗流性。

（3）土体纹理破坏：成桩灌注会导致土体发生裂缝、位移等变形现象，破坏土体原有的纹理结构，影响土体的力学性质和稳定性。

（4）土体应力状态改变：成桩灌注会使土体受到额外的应力作用，影响土体内部的应力状态分布，可能引起土体内部应力集中或分布不均匀的情况。

总的来说，成桩灌注对土体的扰动主要表现在土体的密实度、孔隙水压、纹理结构和应力状态等方面的改变，需要进行相应的分析和评估，以确保工程施工的稳定性和安全性。

（二）土体扰动对已成型灌注桩的影响

土体扰动对已成型灌注桩会有一定的影响，具体影响取决于扰动的大小和程度以及灌注桩的质量和深度。

（1）扰动对灌注桩的稳定性影响：扰动导致周围土体的变形或破坏，会对灌注桩的稳定性产生影响。

（2）扰动对灌注桩的结构影响：扰动可能导致灌注桩的结构受损，如桩身变形、桩顶位移等，从而影响其承载性能。

（3）扰动对灌注桩的使用寿命影响：扰动会影响灌注桩的质量，会降低其使用寿命，需要及时进行修复或加固。

因此，施工过程中，应尽量减少对已完成灌注桩的扰动，保证其稳定性和使用寿命。同时，在可能产生土体扰动的时候，需要谨慎操作，避免对周围灌注桩造成不良影响。

（三）施工关联分析

根据项目现阶段的成桩验证分析结果，超声波检测与小应变检测均显示桩体质量为一类桩。此外，通过动力触探对桩间表层土体进行强度验证，试验结果与原状土特性基本一致。上述结果表明，该项目采用泥浆法旋挖钻孔施工工艺能够减小对周围土体的扰动。以下内容提供了本项目桩基施工的相关参数，可供参考。

在桩顶 $4D$（D 为桩径）范围内，开挖引发的土体扰动为强扰动区，经现场验证，旋挖钻机型号为 XR260D，采用长度 3m、半径 1.4m 钢护筒能对走位表土体产生较好的保护；期间泥浆漫流，从护筒壁引入桩基内部，保证泥浆表面低于护筒顶 0.5～1.0m 且进行循环，泥浆比重控制在 1.10 左右；同时控制下钻速度（表4），减轻旋挖钻机多次下钻而引发土体扰动的概率及程度。

旋挖钻机钻孔控制速度（泥浆） 表4

桩径（mm）	空斗下钻（m/s）	钻斗提钻（m/s）
1200	0.84	0.76

（四）土体扰动的防护建议

在进行钻孔桩工程前，应进行周边土体的勘测，了解土壤的特性和稳定性，以便选择合适的工程方案。该桥梁桩基施工采用跳作法；对比常规的旋挖钻成孔，增加了泥浆循环，施工时控制同步注浆量和浆液质量，减少施工过程中的土体变形。在下钻过程中最大限度地减小对土体的剪切和摩擦，同时增加孔内水体的重度与压强，一定程度上减小了成孔的土体坍塌可能性。

在钻孔桩施工过程中，采取控制振动的措施，如降低机械设备的工作频率、增加土体的支撑等，以减小对周边土体的扰动[5]。

施工中应当建立信息互通、监测预警机制。每个钻孔桩施工现场应设置专门的监测点，监测土体的变形情况，及时发现土体扰动问题并采取相应的处理措施[6]。施工时，结合监测成果及施工状况，在每根钻孔灌注桩施工后，留取充足时间使其充分固结周边土体。

参 考 文 献

[1] 徐永福. 土体施工扰动特点的研究 [A]. 中国土木工程学会第八届土力学及岩土工程学术会议论文集 [C]. 1999：511-517.
[2] 刘志祥. PLAXIS高级应用教程 [M]. 北京：机械工业出版社，2015.
[3] 左亚飞. 钻孔灌注桩施工对周围土体应力扰动的试验研究 [J]. 地下空间与工程学报，2015，S1：227-231.
[4] 刘荣鑫. 周边土体扰动对既有桥梁桩基影响的模拟分析 [J]. 工程技术研究，2023，8 (138).
[5] 邱亭乐. 桥梁桩基础施工振动对周围环境的影响研究 [D]. 北京：北京交通大学，2008.
[6] Li, Zhi-yan, Zhen-ming Ding, Chen Zhao. Numerical simulation of the influence of bored pile construction on adjacent existing pile foundation [J]. Journal of Highway and Transportation Research and Development (English Edition)，2013：38-40.

既有桩基侵限时基坑围护结构设计与施工技术研究

董海龙,王胜,张志奇,夏华华,高世宇

(中国交通建设股份有限公司轨道交通分公司,北京 100088)

摘 要:以深圳地铁14号线布吉站基坑工程为依托,针对该基坑工程紧邻既有高架桥,并且既有桩基侵入基坑围护结构边界等工程难点,对钻孔咬合桩围护结构的设计计算理论和施工技术进行研究。研究提出,咬合桩在低净空及深嵌岩工况下的关键技术和桩基侵限处采用的"补桩加固+RJP桩止水帷幕+锚喷支护"的综合逆作围护结构技术,结合一系列咬合桩咬合量控制、钢筋笼上浮预防和限高处理等安全控制措施,以及对深基坑开挖不同阶段的逆作区域的桥梁沉降及基坑位移监测数据进行分析验证,表明该施工技术能够有效解决类似的既有桥桩侵限施工问题。

关键词:桩基侵入;咬合桩;逆作围护结构;设计计算;施工技术

Research on Design and Construction Technology of Deep Foundation Pit Close to Existing Viaduct

Dong Hailong, Wang Sheng, Zhang Zhiqi, Xia Huahua, Gao Shiyu

(China Communications Construction Co., Ltd., Rail Transit Branch, Beijing 100088)

Abstract: Based on the foundation pit project of Buji Station of Shenzhen Metro Line 14, the design calculation theory and construction technology of the bored occlusive pile enclosure structure are studied in view of the engineering difficulties such as the foundation pit project being close to the existing viaduct and the existing pile foundation invading the boundary of the foundation pit retaining structure. Combined with a series of safety control measures such as occlusive pile occlusion control, reinforcement cage floating prevention and height restriction treatment, as well as the bridge settlement and foundation displacement monitoring data in the reverse area of deep foundation pit excavation at different stages, the construction technology can effectively solve similar problems of existing bridge pile encroachment limit.

Key words: pile foundation intrusion; occlusal pile; reverse envelope structure; design calculations; construction techniques

一、引言

20世纪50年代,钻孔咬合桩面世,这类围护结构主要依赖全套管灌注桩机施作,桩与桩彼此咬合[1,2]。2000年,深圳轨道交通1号线金田—益田区间率先在我国选用钻孔咬合桩作为基坑工程的支护结构[3,4]。但相较其他围护结构形式,钻孔咬合桩的研究相对薄弱。对此,近年来科研工作者及工程师们对钻孔咬合桩的设计和施工做了一些有益研究[5-7]。罗晓生等针对旋挖机成孔质量缺陷的问题,制订了土体改良等措施,提高了咬合桩的施工质量[8];张佐汉等对咬合桩的原料选择、桩数控制、套管钻机选型等进行研究,并对咬合桩的通病进行分析,制订处理措施,取得了良好的效果[9];裴建针对地下回填的建筑废料较多的难题,对咬合桩成桩工艺进行优化,提出了应对地下障碍物太多的处理办法[10]。

随着城市地铁工程越来越密集,狭小的施工空间及复杂的地层条件在城市地铁建设中日益增多,致使基坑工程的支护难度越来越大[11],而钻孔咬合桩相对于其他围护结构,能够更好地应对复杂地层。因此,系统研究钻孔咬合桩的设计方法及计算方法,研究复杂地层和空间受限条件下钻孔咬合桩的成桩工艺与施工关键技术迫在眉睫。

二、工程概况

深圳地铁14号线布吉车站为地下三层岛式换乘车站,是地铁3、5、14号线的换乘站。车站基坑主体长239m,标准段宽为22.3m、深度为26.6m,采用明挖法施工,共设四道内支撑。基坑南北向设于龙岗大道与铁东路交叉路口的西南侧。基坑西侧、北侧和东侧分别紧邻地铁3号线布吉站高架车站及草辅—布吉站高架区间、地铁5号线盾构区间和龙岗大道高架桥。施工作业空间受到极大的限制。如图1、图2所示。

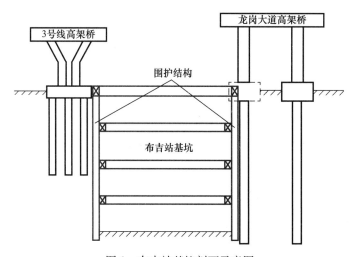

图1 布吉站基坑剖面示意图

基坑东侧紧贴龙岗大道高架桥,高架桥为预应力混凝土连续箱梁结构,部分承台长边垂直于车站走向,已侵占车站围护结构位置,桩基础为钻孔桩,且存在6个桥桩侵入围护结构限界,其中3个桥桩为摩擦桩。

三、既有桩基入侵时基坑围护结构设计方案

(一)咬合桩结构设计

钻孔咬合桩的排列方式为一个一序桩(Ⅰ₁、Ⅰ₂、Ⅰ₃)和一个二序桩(Ⅱ₁、Ⅱ₂、Ⅱ₃)间隔布置,二者相互咬合排列成一个连续的整体排桩结构,施工顺序为A1—A2—B1—A3—B2—A4—B3……An—B(n−1)。由于一序桩要被二序桩切割,因此一序桩为素

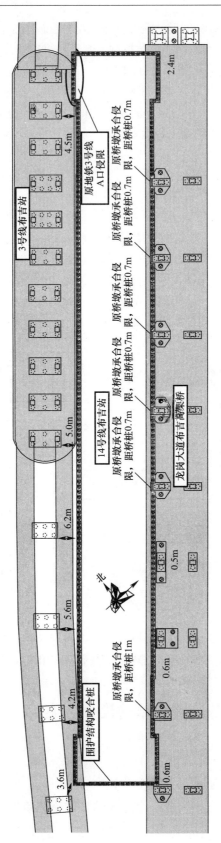

图 2 布吉站基坑位置示意图

桩（混凝土桩），采用水下浇筑塑性混凝土制成；二序桩则为荤桩（钢筋笼混凝土桩）。施工方法选用全套管全回转钻机＋硬咬合施工。硬咬合施工能够有效控制成桩质量，并减少对周围土体的扰动。

若不考虑钢筋配筋，则一序桩和二序桩的初始刚度比 n 为：

$$n = E_1 S_1 / E_2 S_2 \tag{1}$$

式中，E_1 和 E_2 分别为一序桩和二序桩的混凝土弹性模量；S_1 和 S_2 分别为一序桩和二序桩的受压区混凝土截面面积（mm^2）；$E_1 S_1$ 为一序桩（素桩）的抗弯刚度，$E_2 S_2$ 为二序桩（荤桩）的抗弯刚度。

咬合桩围护结构的受力模式与连续墙是非常相似的，所以对钻孔咬合桩的设计方法和计算方法可以在连续墙设计、计算的基础上进行改进。土压力计算时，素填土采用水土分算。等效连续墙的厚度 b 按下式计算：

$$E_1 S_1 + E_2 S_2 = E_3 (2r - 2a) b^3 / 12 \tag{2}$$

式中，E_3 为连续墙混凝土的弹性模量，r 为二序桩圆形截面的半径（mm）。

计算开挖过程中单位长度连续墙所承受的最大弯矩 M_{max}（kN·m），得到单根一序桩承受的最大弯矩 M_{1max} 和单根二序桩承受的最大弯矩 M_{2max} 分别为：

$$\left. \begin{array}{l} M_{1max} = \dfrac{1}{n-1} 2(r-a) M_{max} \\ M_{2max} = \dfrac{n}{n-1} 2(r-a) M_{max} \end{array} \right\} \tag{3}$$

式中，r 为二序桩圆形截面的半径（mm）；a 为咬合量（mm）。

$$M_{2max} \leqslant \frac{4}{3} \alpha_1 f_c S_2 r \frac{\sin^3 \pi \alpha}{\pi} + f_y S_0 r_s \frac{\sin \pi \alpha + \sin \pi \alpha_t}{\pi} \tag{4}$$

式中，S_2 为二序桩圆形截面面积（mm^2）；S_0 为全部纵向钢筋截面面积（mm^2）；r 为二序桩圆形截面的半径（mm）；r_s 为纵向钢筋重心所在圆周的半径（mm）；α 为对应于受压区混凝土截面面积的圆心角（rad）与 2π 的比值；α_1 为受压区混凝土矩形应力图的应力值与混凝土轴心抗压强度设计值的比值；当混凝土强度等级不超过 C50 时，α_1 取为 1.0；α_t 为纵向受拉钢筋截面面积与全部纵向钢筋截面面积的比值，$\alpha_t = 1.25 - 2\alpha$，当 $\alpha > 0.625$ 时，取 $\alpha_t = 0$；f_c 为混凝土轴心抗压强度设计值（N/mm^2）；f_y 为普通钢筋抗拉强度设计值（N/mm^2）。

（二）既有桩基入侵处围护结构设计方案

1. 既有桥桩加固

首先通过袖阀管注浆对既有桥桩土层部位进行预加固，然后在既有桥桩两侧施作补强承台，通过植筋及浇筑补强扩大承台并将原承台与补强桩连接，将双桩承台补强为四根桩的群桩承台，改善受力体系，使得在因基坑开挖而导致侵限桩一侧土体剥离，侵限桩承载力及抵抗变形能力降低时，桥桩仍能满足受力及变形要求。

2. 逆作围护结构

针对高架桥桩侵限一侧施作 3 根 $\phi 1800$ RJP 桩止水帷幕，互相咬合 50cm，然后在施工承台两侧围护桩，在开挖阶段优先开挖逆作段区域，破除水泥加固体后自上而下设置横向格栅钢架施作锚喷支护，其中格栅钢架与两侧桥桩通过预留钢筋接驳器连接，在土层施作超前小导管加固桩侧土体，在岩层施作锚杆以增强抗弯能力。

四、既有桩基入侵时围护结构施工关键技术

逆作围护结构施工工艺顺序具体见图3。

1. 袖阀管加固

首先在既有桥墩承台1.5m范围内采用双排袖阀管注浆加固，注浆孔成梅花形布置，间距1.5m，扩散半径0.75m，加固植强风化角岩下1m。注浆采用一次钻孔，由下而上后退式注浆，施工顺序采用以承台为轴跳孔对称注浆，注浆压力为0.3～0.6MPa，水泥浆配合比为1∶1。

2. RJP桩施工

采用3根密排ϕ1800RJP桩，互相咬合200mm形成止水帷幕，加固至基坑底下1m范围。使用P.O42.5R硅酸盐水泥，水灰比为1∶1.2，分段提升的搭接长度不小于10cm，采取分桥墩跳孔方式，3根桩位相邻孔喷射注浆的时间间隔不小于24h，以降低对既有桥桩的扰动。由下而上均匀喷射，停止喷射的位置宜高于帷幕设计顶面1m。

3. 咬合桩施工

首先在RJP桩两侧施工素混凝土桩，待素桩混凝土强度达到设计强度，在RJP桩和素混凝土桩之间施工荤桩，荤桩分别与其两侧的RJP桩和素混凝土桩咬合，实现素混凝土桩、RJP桩和荤桩三者的咬合，形成无缝连续的桩墙。

4. 补桩加固

使用全套管全回旋钻机配合低净空冲抓斗在既有桥桩两侧对称施作2根D1400mm补强桩，既有桥桩为端承桩的，补桩深度超过基坑底2.5m，既有桥桩为摩擦桩的，补桩深度需嵌岩1m或超过既有桥桩12m，且桩底位于土层的补强桩施工完成后进行桩端及桩侧注浆，以增强补强桩承载力。待补强桩达到设计强度后施作钢板桩＋钢支撑的围护结构，然后开挖扩大承台基坑并浇筑垫层。新建承台尺寸大于既有承台，既有承台上下面横向设置贯通主筋连接两侧的补强桩，将既有承台包裹后形成群桩承台结构形式。

5. 基坑侧墙施工

逆作墙区域每开挖1m就施作50mm初喷混凝土以稳定土体。施工时将两侧桥桩对应位置的预留钢筋接驳器凿出并接长，然后通过接长钢筋与预制成品格栅钢架焊接连接。格栅钢架竖向间距50cm，连接筋内外交错布置，间距15cm，钢架外设置150mm×150mm单层钢筋网片。

五、监测数据分析

（一）支撑轴力监测

混凝土支撑、钢支撑的轴力分别使用钢筋计、轴力计进行监测，钢筋计或轴力计的中心线需与支撑结构的中心线重合。由于元器件频率受温度影响较大，每天应在固定时间进行数据读取。本文以位于第一层内支撑的ZCL-01-09、ZCL-01-10、ZCL-01-11、ZCL-01-12共4个监测点的数据分析混凝土支撑轴力的变化规律，结果见图4。工程支撑轴力设计

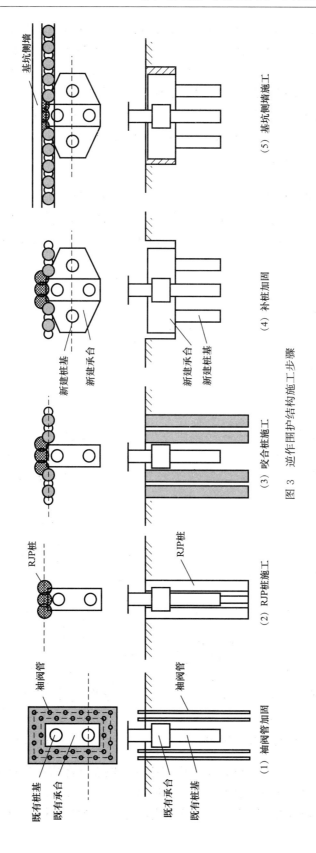

图 3 逆作围护结构施工步骤

值第一层为13010kN，第三层为13422kN，在基坑开挖过程中，支撑轴力值随着开挖深度增加而逐渐增大，最大支撑轴力达5413kN，大于支撑轴力的设计值。其原因是该区域第二层混凝土支撑施工滞后且第二层支撑到第三层支撑位置为岩土交接面，岩石开挖进度慢，导致第三、四层支撑施作慢，加之受场地限制，靠近龙岗高架桥侧设置有电抓斗垂直出土，第三、四层支撑的荷载转换到第一层，导致第一层支撑轴力明显增大，但围护结构桩顶水平位移未超过设计值，与前文分析相符，整体变形稳定。

（二）地表沉降及建筑物沉降

受当前施工工艺的限制，基坑开挖必定会造成一定程度的地表沉降。本文选取基坑两侧长边中间位置的地表沉降监测断面，以及风险最高的龙岗大道高架桥入侵桩基的建筑物沉降监测点的监测数据进行分析，设计沉降值为10mm，结果见图4～图7。

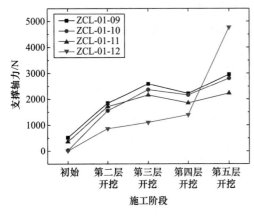

图4 支撑轴力变化曲线

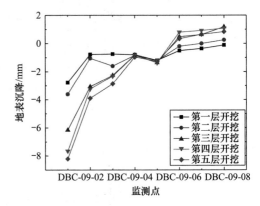

图5 DBC-09测线地表沉降变化曲线

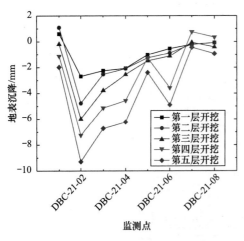

图6 DBC-21测线地表沉降变化曲线

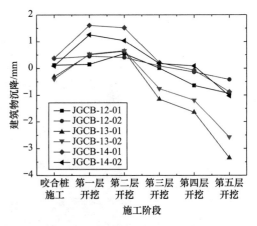

图7 建筑物沉降变化曲线

从施工阶段上看，随着基坑开挖深度的增加，地表沉降值和建筑物沉降值也随之增大。基坑西侧，地面沉降最大值为距离基坑最近（2m）的DBC-09-01号测点，向远离基坑的方向，地表沉降值逐渐减小。而基坑东侧，地表沉降最大的点并不是距基坑边最近的

4号监测点,而是距离基坑边 7m 的 2 号监测点,并从 2 号监测点向远离基坑的方向,地表沉降值逐渐减小。

六、结语

本文依托深圳地铁 14 号线布吉车站基坑工程,针对既有高架桥桩基侵入基坑边界条件下,深基坑咬合桩围护结构的设计和施工展开研究,并对施工过程中的监测数据进行分析,主要结论体现在以下方面:

(1) 既有桩基侵限条件下咬合桩设计计算理论至今较为薄弱,建议根据一序桩和二序桩承受的最大弯矩值进行钢筋配筋计算,后可根据地下连续墙设计方法进行围护结构设计计算。

(2) 本文提出了一套完整的应对既有桩基入侵和施工空间受限的咬合桩围护结构施工工艺,可供后续类似条件下的钻孔咬合桩施工参考。布吉站基坑在钻孔咬合桩围护结构施工、基坑主体开挖过程中,基坑围护结构和周围地层的变形值均在规范要求与设计要求范围内,且变形值增加缓慢,咬合桩围护结构和施工工艺能够满足工程需要。

参 考 文 献

[1] PATI D. Technology of underwater concreting of Benoto situ-cast piles [J]. Osnovaniia Fundamenty i Mekhanika Gruntov, 1955 (2): 35-37.

[2] SUCKLING T. Conflicting requirements for "firm" pile concrete in secant pile walls [J]. Concrete (London), 2005, 39 (6): 26-27.

[3] 朱斌华, 雷崇红. 深圳地铁基坑钻孔咬合桩围护结构施工技术 [J]. 铁道建设, 2001 (12): 2-4.

[4] 杨志银, 付文光, 吴旭君, 等. 深圳地区基坑工程发展历程及现状概述 [J]. 岩石力学与工程学报, 2013, 32 (Suppl1): 2730-2745.

[5] 陈斌, 施斌, 林梅. 南京地铁软土地层咬合桩围护结构的技术研究 [J]. 岩土工程学报, 2005, 27 (3): 354-357.

[6] 薛炳泉, 徐军, 胡斌, 等. 邻地铁咬合桩支护结构施工关键技术 [J]. 施工技术, 2016, 45 (19): 38-41.

[7] 王欣. 钻孔咬合桩在深基坑围护中的应用 [J]. 地基基础, 2015, 37 (8): 899-901.

[8] 罗晓生, 赵斌, 窦玉东, 等. 复杂环境下咬合桩成孔技术研究 [J]. 施工技术, 2017 (46): 210-212.

[9] 张佐汉, 刘国楠, 胡荣华. 深圳地区钻孔咬合桩围护结构施工技术的研究 [J]. 铁道建筑, 2010 (5): 37-42.

[10] 裴建. 钻孔咬合桩在深基坑围护结构中的应用 [J]. 隧道建设, 2005 (3): 46-47, 52.

[11] 刘晓阳. 钻孔咬合桩施工工艺及质量控制 [J]. 建筑, 2014 (10): 59-60.

超大型锚碇基础十字形钢箱接头施工关键技术研究

陈富翔

(中交第二航务工程局有限公司，湖北 武汉 430040)

摘 要：针对临江软弱地层锚碇基础进行地连墙钢箱吊装存在设备吊装经验不足，吊装入槽易对地面、槽孔及导墙等产生不利影响，依托张靖皋长江大桥南航道桥南锚碇支护转结构复合地连墙工程，通过理论计算、数值仿真与现场施工相结合方法，对超深超重十字形钢箱吊装施工关键技术进行研究分析。结果表明：采用千吨级履带吊对钢箱进行分节吊装，有效地保证了钢箱吊装过程中的安全性，同时三维千斤顶的整平操作减少了钢箱剐蹭槽壁风险；重载条件下吊装钢箱对地表影响范围集中在履带作业区域，对深孔槽壁影响程度呈现上重下轻，对选定导墙结构变形及应力影响程度较小；现场通过采用上述措施进行钢箱吊装，保证了钢箱入槽垂直度达到 1/1000 以上，极大节约了吊装周期。上述研究成果可为今后类似工程设计和施工提供一定的参考价值和借鉴意义。

关键词：超深超重；十字形钢箱；吊装施工；数值仿真；三维千斤顶

Study on Deformation Control of Adjacent Buildings by Deep Foundation Pit Excavation in Soft Stratum

Chen Fuxiang

(CCCC Second Harbor Engineering Co., Ltd., Wuhan Hubei 430040)

Abstract: In view of the lack of hoisting experience in the hoisting process of the steel box of the diaphragm wall in the weak stratum near the river, it is easy to have adverse effects on the ground, slot hole and guide wall when hoisting into the groove. Based on the composite diaphragm wall project of the south anchorage support structure of the south channel bridge of Zhangjinggao Yangtze River Bridge, the key technology of the hoisting construction of the ultra-deep and overweight cross steel box is studied and analyzed by the combination of theoretical calculation, numerical simulation and on-site construction. The results show that the safety of the steel box hoisting process is effectively guaranteed by using the kiloton crawler crane to hoist the steel box in sections, and the leveling operation of the three-dimensional jack reduces the risk of the steel box rubbing the groove wall; under heavy load conditions, the influence range of hoisting steel box on the surface is concentrated in the crawler operation area, and the influence degree on the deep hole groove wall is heavy in the upper part and light in the lower part, and the influence degree on the deformation and stress of the selected guide wall structure is small. The steel box hoisting on site by using the above measures ensures that the verticality of the steel box into the groove is more than 1/1000, which greatly saves the hoisting period. The above research results can provide certain reference value and reference significance for the design and construction of similar projects in the future.

Key words: ultra-deep overweight; cross shaped steel box; hoisting construction; numerical simulation;

three-dimensional jack

一、引言

随着我国近些年来经济不断向前发展，人们对交通出行需求不断增强，伴随而来的是交通线网密度不断加大。特别是沿江地带城市群之间交通强度较之前有所增加，针对沿江之间城市的联络以往主要采用沿江公路[1-3]，但易导致环线较长影响出行时间，后来随着大跨桥梁的出现，极大地缓解了环线交通压力，其中悬索桥是目前跨江、跨河的主要交通方式[4-7]。悬索桥建设过程中的承受拉力最大的为锚碇基础，而围护结构是锚碇基础在建设过程中的关键环节，特别是在沿江地区起到承重、防渗作用。目前在锚碇围护结构中常采用地连墙结构，针对地连墙结构中钢筋笼的吊装分析，谢申举[8]通过力学计算分析研究了钢筋笼吊装过程中设备选型、吊点设计及钢筋笼加强筋的设置情况；王志华[9]通过数值分析软件对钢筋笼吊装过程进行动态分析，研究结果表明钢筋笼在30°吊装时最大应力出现在吊点附近，需要前期在钢筋笼焊接时采取加固措施，以保证吊装过程中的安全性。李少利[10]分析研究了吊装机械、吊索具验算及钢筋笼接长等关键技术内容。然而上述学者的研究主要集中在钢筋笼吊装前设备选型、吊点设置、吊索具验算以及吊装过程中钢筋笼结构的整体应力问题，针对超深超重钢箱吊装过程中钢箱分节、设备选型、接头工装安拆以及重载条件下对地面、导墙和深孔槽壁影响内容暂未开展相应的研究。

本文依托张靖皋长江大桥南航道桥南锚碇支护转结构复合地连墙工程，针对十字形钢箱吊装过程中面临的钢箱分节、设备选型、接头工装安拆及重载条件下对地面、导墙和深孔槽壁影响进行分析研究，其结论可为类似工程设计和施工提供借鉴和参考。

二、工程概况及施工控制难点

本文所依托的工程为在建的张靖皋长江大桥南航道桥南锚碇支护转结构复合地连墙工程，该工程位于长江大堤南侧，结构采用双层回字形钢筋混凝土结构形式，锚碇顺桥向长110m，横桥向宽75m，地连墙底标高为-82.000m，顶板顶标高为+1.000m，墙体厚度1.5m。地连墙槽段共计划分198幅，其中一期槽段刚性接头94个，类型为十字形、一字形、L形、T形；二期槽段钢筋笼104幅，主要为一字形。工程所处地层，根据钻探分析得出，场地内土层分布情况由上至下分别为粉土、淤泥质粉质黏土、粉砂、粉质黏土、中砂、细砂及砾砂层，具体地连墙结构及土层划分情况如图1所示。

地质条件复杂、地连墙每幅墙体结构尺寸及重量大、接头类型及数量多、吊装风险高、施工控制技术难度大等问题，均为本工程施工中面临的技术挑战。其中在众多类型的地连墙施工槽段中，十字形钢箱的吊装施工技术问题尤为关键[11-13]。本文重点对十字形钢箱吊装过程中面临的钢箱分节、设备选型、接头工装安拆及重载条件下对地面、导墙和深孔槽壁的影响进行分析研究，旨在为今后类似工程研究及施工提供借鉴和参考。

三、超深超重十字形钢箱加工、吊装施工工艺

十字形钢箱总长83.5m，外加2.14m接长工装，共计长度85.64m，考虑其总重近似406.6t，为保证吊装过程中的安全性，钢箱分三节进行制造，在工厂内设计专用加工台

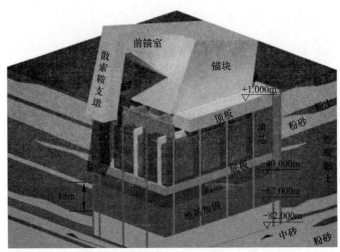

图 1　锚碇地连墙结构及土层分布图

架，采用焊接机器人进行精细化加工，实现毫米级制造精度。钢箱制作完成后，每节重量近 140t。吊装入槽首次引入 1000t 履带吊（主吊）外加 500t 履带吊（副吊）进行钢箱的抬吊、转体及后续入槽工作。每节钢箱在入槽前先将导墙处设置的三维千斤顶进行初定位，确保分节钢箱入槽后临时搁置在三维千斤顶上部其钢箱后续垂直度调整变化可控，从而降低钢箱底部剐蹭槽壁风险，为后续钢箱垂直度精确调整及钢箱分节焊接提供平台支撑。上述三节钢箱顺利吊装入槽后，利用顶节钢箱上部接长工装搁置在三维千斤顶上部进行最后的整平调整工作，待整平数据符合验收要求后即进行后续混凝土浇筑工作。十字形钢箱现场吊装施工工艺如图 2 所示。

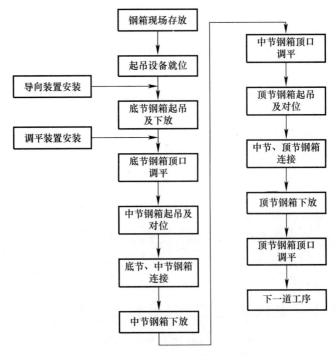

图 2　十字形钢箱吊装施工工艺

四、超深超重钢箱吊装施工关键技术研究

(一) 钢箱分节原则及设备选型

十字形钢箱总重416.6t（包含10t接长工装），钢箱起吊过程中采用整体吊装存在起吊重量大及起吊高度过高等问题，带来较大的吊装风险，因此为保证钢箱起吊、转体及入槽过程中的安全性，需要对超深超重钢箱进行分节设计。具体的分节原则遵循"起吊重量适中，起吊高度可控"[14-17]。根据设计钢箱的理论长度，将钢箱按照三节均衡分配，单节长度控制在28m，重量控制在140t之内。具体的十字形钢箱分节结构设计如图3所示。

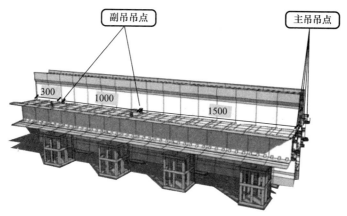

图3 十字形钢箱分节结构设计图（中节、底节）

根据结构设计要求及以往起吊设备经验，吊装钢箱采用双机抬吊形式，即先行将钢箱平吊离地，检查结构各项连接无误后，主吊起钩、副吊送钩使钢箱逐渐调整为垂直状态，最后通过主吊将钢箱移动入槽。设备在选型过程中考虑钢箱的起吊重量及高度因素，主吊设备采用1000t履带吊，大臂长度60m，吊幅12m；副吊采用320t履带吊，大臂长度54m，吊幅12m。其中1000t履带吊需要考虑钢箱整体下放的重量。具体的双机抬吊钢箱结构设计如图4所示。

(二) 接头工装安装及拆除关键技术研究

十字形钢箱在分节吊装入槽过程中面临分节对接、焊接及下放技术难题，特别是顶节钢箱与中节钢箱焊接后下放过程中，此时面临钢箱全重为406.6t，如果顶节钢箱下放

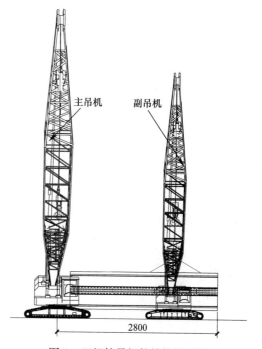

图4 双机抬吊钢箱结构设计图

到位,此时仍采用牛腿搁置在三维千斤顶上部,将面临后期钢箱垂直度及平整度调整到位后,调平装置无法进行体系转换、钢箱外漏导墙凸出部分切割拆除困难,以及后期钢箱内水下混凝土浇筑过程中泥浆无法外溢等问题。此时需要对顶节钢箱设置一定的接长工装(图 5)以解决上述存在的技术问题。接长工装采用钢板进行定位、焊接成型,总高 2.14m,底部采用螺栓群及连接板与钢箱顶部栓接为一整体,同时在侧部安装检修人孔,便于后期接长工装脱离钢箱作业;接长工装在协助钢箱安装精调到位后,需要依靠临时搁置牛腿进行体系转换,便于钢箱牛腿下部三维千斤顶的卸力操作;钢箱内水下混凝土浇筑过程中可利用出浆液孔将泥浆排出,避免泥浆外溢凸出接长工装外部,污染导墙周边环境。总体上,十字形钢箱在吊装入槽过程中依靠接长工装,有效地保证了整体钢箱精调过程中的稳定性,同时在后续的体系转换及浆液处理过程中安全方便且极大地缩短了钢箱施工工期。

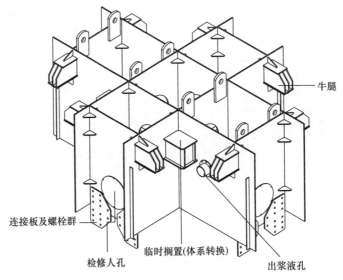

图 5　接长工装结构设计图

(三) 重载条件下地面、导墙及深孔槽壁稳定性分析

十字形钢箱在整体吊装入槽时,需要采用 1000t 的履带吊进行吊装作业,此时重载条件下极易对履带吊行驶区域、槽口导墙及深孔槽壁变形稳定性产生不利影响。为准确有效地分析出履带吊在进行整体吊装钢箱入槽时对地面、导墙及深孔槽壁的影响,本节采用数值分析软件进行建模分析,履带吊按照履带作用区域施加履带吊机及钢箱(包含吊索具)总体重量,荷载占比施加按照靠近导墙侧履带 70% 分配,远离导墙侧履带按照 30% 分配;槽孔内采用泥浆护壁,此时泥浆重度为 $10.5kN·m^{-3}$;边界条件施加按照 X、Y 单边约束,底部固定端约束,地表为自由面;导墙采用"L"形钢筋混凝土结构,厚度 1m,嵌固在土层内[18-20]。具体模型建立如图 6 所示。

图 6　有限元计算模型示意图

顶节钢箱焊接后整体吊装入槽过程中地面沉降变化云图如图 7（a）所示，从图中可以分析得出，钢箱在吊装过程中地面沉降变化云图呈波纹状向四周逐渐扩散，同时履带作业区范围内地面沉降值最大为 20.4mm，之后地面沉降值逐渐减小，远端影响区逐渐趋于平缓。同时根据地面沉降监测点位记录，对计算数据进行提取分析，得出的沉降变化曲线如图 7（b）所示，从图中也可得出，履带吊近端履带作业区域 cj3 和远端履带作业区域 cj7 处的地面沉降值较其他区域为下凹趋势，其中 cj3 沉降值近似 20mm，与前述地面变化云图接近。这也进一步验证了模拟计算结果的可信度。为此后续为保证其他槽段钢箱下放过程中地表沉降值的可控性，可对履带吊作业区域铺设钢板，以减少吊装过程中对地面的影响。

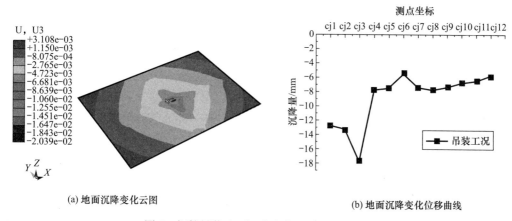

(a) 地面沉降变化云图　　(b) 地面沉降变化位移曲线

图 7　钢箱吊装地面沉降变化云图及位移曲线

十字形钢箱整体吊装下放过程中不同成槽深度下垂直槽孔方向引起的槽壁侧向位移云图如图 8 所示，从云图中可以看出，随着成槽深度的增加，槽壁的侧向位移呈弓形，逐步增大，但是随着深度逐步增加，至底部槽孔的侧向位移值逐渐减小，这与土层的力学参数及密实程度有很大的联系。因此钢箱在整体吊装过程中对槽孔的上部影响区较大，施工前期做好槽壁加固，对减少槽壁坍塌风险至关重要。

十字形钢箱吊装下放过程中引起的导墙变化位移云图如图 9（a）所示。从图中可以分析得出，导墙位移变化最大的部位位于导墙长边底部处位移值近似 15.7mm，且呈现出向上部隆起趋势，这与履带吊近端作业有很大关系。靠近远端处短边导墙底部位移值为 5.47mm，其变形值相比较近端整体减少 187%，也进一步表明采用该种形式的导墙结构对后续重载条件钢箱稳定性吊装起到保护促进作用。钢箱吊装下放过程中引起的导墙应力变化云图如图 9（b）所示。从图中可以看出，导墙应力变化值最大为 3.67MPa，位于 L 形导墙上部，其导墙整体产

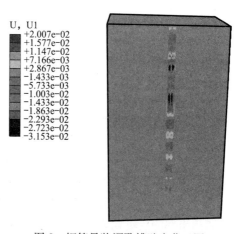

图 8　钢箱吊装深孔槽壁变化云图

生的应力值远小于导墙结构设计应力值,因此钢箱结构整体吊装下放过程中导墙结构始终处于安全状态。

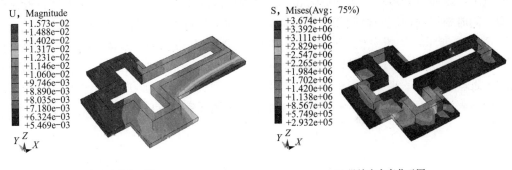

(a) 导向位移变化云图　　　　　　(b) 导墙应力变化云图

图 9　钢箱吊装导墙位移及应力变化云图

五、工程应用效果

张靖皋长江大桥南航道桥南锚碇支护转结构复合地连墙工程的十字形钢箱成功利用分节吊装、接头工装及三维千斤顶调平技术,通过重载条件下对地面、导墙及深孔槽壁进行稳定计算,进而采取措施为钢箱安全顺利吊装、下放施工提供前提条件,同时与现场监测部门保持密切沟通,钢箱从尾节下放至顶节整体吊装下放、调平到位,共计耗时96h(包含分节钢箱对接、焊接、粗调、精调工序),实现了超长超大吨位十字形钢箱成功运用地连墙接头的重大技术突破,整个钢箱吊装过程中垂直度控制在1/1000以上,避免了钢箱下放过沉中剐蹭槽壁风险。整体吊装下放时间相比较理论吊装下放时间提前48h,提前完成钢箱的下放工作,有效地保证了后续工序的施工。具体现场吊装作业如图10所示。

图 10　十字形钢箱吊装下放到位现场图

六、结论

对张靖皋长江大桥南航道桥南锚碇支护转结构复合地连墙工程的十字形钢箱吊装施工关键技术进行分析研究,得到以下结论:

(1)超深超重十字形钢箱吊装采用分节吊装,同时适配选型引入千吨级履带吊,能够有效地保证钢箱抬吊、转体、入槽过程中的安全性,同时依靠三维千斤顶进行钢箱的整平调整工作,避免钢箱下放过程中对槽壁造成剐蹭风险。

(2)采用接长工装能够使超重钢箱与调平装置之间快速进行体系转换,降低钢箱外漏导墙凸出部分后续切割拆除困难,有效保证后期钢箱内水下混凝土浇筑过程中泥浆外排处理顺畅。

（3）重载条件下履带吊进行钢箱吊装过程中对地面影响区主要分布在履带作业区域，需要铺设钢板以减少其对地面影响；对深孔槽壁侧向位移的影响程度呈现出上重下轻，变形曲线呈弓形趋势，采用L形导墙结构在重载条件下，其导墙整体产生的应力值远小于导墙结构设计应力值，因此钢箱结构整体吊装下放过程中导墙结构始终处于安全状态。

（4）现场钢箱实际吊装过程中，通过利用分节吊装、接头工装及三维千斤顶调平技术有效地保证了钢箱吊装过程中的安全性，同时钢箱入槽垂直度提升至1/1000以上，减少剐蹭槽壁风险，提前预定工期33％完成钢箱吊装作业，进一步印证上述关键技术对钢箱安全顺利吊装至关重要。

参 考 文 献

[1] 姜朋明，胡中雄，刘建航. 地下连续墙槽壁稳定性时空效应分析 [J]. 岩土工程学报，1999 (3)：82-86.
[2] 王启云，林华明，臧万军，等. 深厚软弱地层地下连续墙槽壁稳定性分析 [J]. 科学技术与工程，2018，18 (35)：58-64.
[3] 张革军. 超深超重地下连续墙钢筋笼整体吊装技术 [J]. 市政技术，2014，32 (S1)：145-147.
[4] 奥海波，范雄娃. 地下连续墙钢筋笼、接头桩吊装技术 [J]. 隧道建设，2006 (5)：76-78.
[5] 黄晨光，陈江伟，郑承红，等. 武汉绿地中心工程地下连续墙钢筋笼吊装技术 [J]. 施工技术，2015，44 (4)：21-22，25.
[6] 赵兴波，茅利华，龚振斌，等. 上海M8线淮海路地铁车站43.0m超深地下连续墙钢筋笼吊装 [J]. 建筑施工，2004 (1)：10-11.
[7] 程瑞明，怀小刚. 超深地下连续墙施工技术及常见问题处理 [J]. 隧道建设，2007 (2)：64-67，82.
[8] 谢申举，郭朋飞，虞星晨. 超深超重地下连续墙钢筋笼吊点布置与计算 [J]. 建筑技术，2018，49 (11)：1201-1204.
[9] 王志华，魏林春，王善谣，等. 超大型地下连续墙钢筋笼吊装过程动态数值模拟和现场试验研究 [J]. 施工技术，2016，45 (20)：91-95.
[10] 李少利. 超深地下连续墙钢筋笼制作与吊装技术 [J]. 隧道建设，2011，31 (6)：717-721，754.
[11] 周翰斌. 埃及塞得东港地下连续墙钢筋笼吊装新技术 [J]. 施工技术，2011，40 (19)：39-42.
[12] 李艳春. 富水砂层顺逆结合地下连续墙技术在地铁车站中的应用 [J]. 现代城市轨道交通，2020 (12)：99-104.
[13] 穆永江. 软硬交替地层超深地下连续墙施工技术 [J]. 现代城市轨道交通，2020 (3)：42-47.
[14] 刘东超，赵亚军，王彦明，等. 超深地下连续墙钢筋笼的分节吊装技术 [J]. 建筑施工，2021，43 (9)：1739-1740，1749.
[15] 付小兵，李海鸿，袁果，等. 基于数值模拟的超深地下连续墙特重型钢筋笼动态吊装技术研究 [J]. 建筑施工，2021，43 (6)：1108-1110，1113.
[16] 张思群. 超深地下连续墙异形宽幅钢筋笼制作与安装施工技术研究 [J]. 建筑施工，2016，38 (2)：139-140.
[17] 李少利. 超深地下连续墙钢筋笼制作与吊装技术 [J]. 隧道建设，2011，31 (6)：717-721，754.
[18] 赵运梅. 超深地下连续墙钢筋笼吊装施工计算方法研究 [D]. 武汉：武汉理工大学，2015.
[19] 穆永江. 软硬交替地层超深地下连续墙施工技术 [J]. 现代城市轨道交通，2020 (3)：42-47.
[20] 杨永文. 青岛海湾大桥非航道桥现浇墩身钢筋笼整体安装工艺 [J]. 施工技术，2011，40 (17)：5-7.

装配式建筑质量风险因素分析研究

康宁,许英立

(中交一公局海威工程建设有限公司,北京 101119)

摘 要:装配式建筑的建造过程中涉及多专业、多主体,单一分析某个主体难以找寻其产生质量问题的关键因素。本文选取设计、生产、运输、施工4个阶段作为装配式建筑全生命周期,应用文献挖掘法、现场调研法和专家打分法找寻各阶段质量风险关键因素,并通过应用解释结构模型(Interpretation Structural Model, ISM)对关键质量风险因素进行分析,找寻各因素间关系,并进行因素层次化分析,确定关键因素,据此提出装配式建筑质量风险管控建议。

关键词:装配式建筑;ISM模型;质量风险

Analysis and Research on Quality Risk Factors of Assembled Buildings

Kang Ning, Xu Yingli

(CCCC. Haiwei Engineering Construction Co., Ltd., Beijing 101119)

Abstract: The construction process of assembled buildings involves multiple specialties and subjects, and it is difficult to analyze a single subject to find the key factors that cause quality problems. The article selects four stages of design, production, transportation and construction as the whole life cycle of assembled buildings, and applies literature mining method, on-site research method and expert scoring method to find out the key factors of quality risk in each stage, and analyzes the key quality risk factors by applying the Interpretation Structural Model (ISM) to find the relationship between factors, and conducts hierarchical analysis of factors to determine the key factors, so as to propose the key factors of assembled building quality problems. The key quality risk factors are analyzed by applying the Interpretation Structural Model to find the relationship between the factors, and the hierarchical analysis of the factors is carried out to determine the key factors, according to which, the quality risk management and control suggestions for assembled buildings are proposed.

Key words: assembly building; ISM modeling; quality risk

一、引言

相较于传统建造模式,装配式建筑采用构件厂提前生产的预制构件,经运输到达现场,应用吊装、拼接的建造方式完成主体结构,但特殊的建造方式也带来了更多的质量风险。质量问题的成因往往涉及设计、生产、运输、施工等多个主体,单一主体的分析难以找寻形成装配式建筑质量风险的关键因素,因此进行装配式建筑从设计—生产—运输—施工的全生命周期的质量风险成因分析,显得尤为重要。

现有的文章中对于装配式建筑质量风险成因分析认为，装配式建筑质量风险主要集中在施工阶段，鲜有对设计、生产、运输阶段的考虑，并且集中于对装配式建筑施工阶段某个节点的细部防水、抗震做法进行研究，鲜有从整个施工阶段进行质量风险因素分析。

二、装配式建筑质量风险因素分析

（一）深化设计阶段

装配式结构的深化设计处于产业上游阶段，直接决定了后续构件生产及施工的质量。

（二）构件生产阶段

装配式建筑质量建设的成功与否很大一部分取决于预制构件的生产质量，其预留空洞精准度、拼缝位置水平度、内部钢筋主材的质量都直接影响构件本身及后续施工质量。

（三）构件运输及存放阶段

预制构件的运输及存放过程中，由于路途颠簸导致构件间相互碰撞、看守或监督的缺失、现场构件堆放不规范，极易造成难以发现的隐蔽的质量问题。

（四）施工阶段

装配式建筑施工阶段，除预制构件本身的质量问题外，还存在现场施工组织不严、施工方法不当等问题。

通过对装配式建筑设计、生产、运输、施工过程进行现场调研、文献检索，从9篇国内外针对装配式建筑质量通病成因分析的高引用、高水平文章中总结出16个促使装配式建筑产生质量通病的成因，具体情况见表1，并选取10位深耕建筑领域多年的专家使用专家打分法进行评分，具体评分情况见表2。

装配式建筑质量风险因素清单　　表1

产生阶段	产生质量通病的对应因素	产生阶段	产生质量通病的对应因素
设计阶段	设计人员专业化程度不足	运输阶段	运输公司专业化程度低
	设计人员工作状态不佳		运输车辆型号不匹配
	信息化水平应用情况差		装卸设备差
	预制构件深化设计方案不合理		构件不满足调运受力状态
	设计成果准确性不足		构件运输、堆放及装卸过程保护不到位
	设计交底和图纸会审不到位		运输方案不合理
	内业人员协调沟通不到位		外界交通管理政策影响
生产阶段	生产人员专业化程度低	施工阶段	施工管理人员专业能力不足
	生产系统运行程度差		质量监督有效性
	生产设备差		施工质量检测有效性
	试验检测仪器设备问题		构件连接不准确
	原材料质量差		构件安装后与现浇结构不符
	预制构件成品质量差		施工管理体系不完善
	构件尺寸与预埋位置不合理		进度推进风险

装配式建筑质量风险因素 表2

产生阶段	产生质量通病的对应因素（编号）	得分（每项满分100分）
设计阶段	设计人员专业化程度不足（X1）	18.0
设计阶段	设计成果准确性不足（X2）	15.3
设计阶段	设计交底和图纸会审不到位（X3）	17.8
生产阶段	生产系统运行程度差（X4）	15.3
生产阶段	预制构件成品质量差（X5）	22.5
生产阶段	构件尺寸与预埋位置不合理（X6）	19.3
运输阶段	构件运输、堆放及装卸过程保护不到位（X7）	18.5
运输阶段	运输方案不合理（X8）	16.0
运输阶段	外界交通管理政策影响（X9）	14.8
施工阶段	施工管理人员专业能力不足（X10）	19.0
施工阶段	质量监督有效性（X11）	15.0
施工阶段	构件安装后与现浇结构不符（X12）	18.3

三、装配式建筑全生命周期质量影响因素 ISM 模型建立

本文决定采用ISM模型，对装配式建筑质量风险的影响因素进行全面且客观的分析。

（一）构件邻接矩阵

邻接矩阵 A 可以通过矩阵的方式建立各因素之间联系及 $A_{[ij]}$，其中 $a_{[ij]}$ 即代表行列式中第 i 列因素与第 j 行因素间的联系。通过向10名从事装配式设计、生产、运输、施工等领域专家进行问卷调研，当75%以上专家认可因素间影响关系时，该处取值为1，进而确认邻接矩阵，如下所示。

邻接矩阵（A）表示为：

$$A = \begin{bmatrix} 0 & 1 & 1 & 0 & 1 & 1 & 0 & 0 & 0 & 0 & 0 & 1 \\ 0 & 0 & 1 & 0 & 0 & 1 & 0 & 0 & 0 & 0 & 0 & 1 \\ 0 & 0 & 0 & 0 & 0 & 1 & 0 & 0 & 0 & 0 & 1 & 1 \\ 0 & 0 & 0 & 0 & 0 & 0 & 0 & 0 & 0 & 0 & 0 & 1 \\ 0 & 0 & 0 & 0 & 0 & 0 & 0 & 0 & 0 & 0 & 0 & 1 \\ 0 & 0 & 0 & 0 & 0 & 0 & 0 & 0 & 0 & 0 & 0 & 1 \\ 0 & 0 & 0 & 0 & 1 & 0 & 0 & 0 & 0 & 0 & 0 & 0 \\ 0 & 0 & 0 & 0 & 0 & 0 & 1 & 0 & 0 & 0 & 0 & 0 \\ 0 & 0 & 0 & 0 & 0 & 0 & 0 & 1 & 0 & 0 & 0 & 0 \\ 0 & 0 & 0 & 0 & 0 & 0 & 0 & 0 & 0 & 0 & 1 & 1 \\ 0 & 0 & 0 & 0 & 0 & 0 & 0 & 0 & 0 & 0 & 0 & 1 \\ 0 & 0 & 0 & 0 & 0 & 0 & 0 & 0 & 0 & 0 & 0 & 0 \end{bmatrix} \quad (1)$$

（二）可达矩阵建模

当邻接矩阵 A 满足 $(A+I)^{K-1} \neq (A+I)^K = (A+I)^{K+1}$ 时，$R=(A+I)^{K-1}$ 即为可达矩阵。

$$R = \begin{bmatrix} 1 & 1 & 1 & 0 & 1 & 1 & 0 & 0 & 0 & 0 & 1 & 1 \\ 0 & 1 & 1 & 0 & 0 & 1 & 0 & 0 & 0 & 0 & 1 & 1 \\ 0 & 0 & 1 & 0 & 0 & 1 & 0 & 0 & 0 & 0 & 1 & 1 \\ 0 & 0 & 0 & 1 & 0 & 0 & 0 & 0 & 0 & 0 & 0 & 1 \\ 0 & 0 & 0 & 0 & 1 & 0 & 0 & 0 & 0 & 0 & 0 & 1 \\ 0 & 0 & 0 & 0 & 0 & 1 & 0 & 0 & 0 & 0 & 0 & 1 \\ 0 & 0 & 0 & 0 & 1 & 0 & 1 & 0 & 0 & 0 & 0 & 1 \\ 0 & 0 & 0 & 0 & 1 & 0 & 1 & 1 & 0 & 0 & 0 & 1 \\ 0 & 0 & 0 & 0 & 1 & 0 & 1 & 1 & 1 & 0 & 0 & 1 \\ 0 & 0 & 0 & 0 & 0 & 0 & 0 & 0 & 0 & 1 & 1 & 1 \\ 0 & 0 & 0 & 0 & 0 & 0 & 0 & 0 & 0 & 0 & 1 & 1 \\ 0 & 0 & 0 & 0 & 0 & 0 & 0 & 0 & 0 & 0 & 0 & 1 \end{bmatrix} \quad (2)$$

（三）层次结构划分

根据可达矩阵 R 与邻接矩阵 A 的相交关系得出先行集合 Q，其中满足 $R \cap Q = R$ 的影响因素处于同一层级、同一层次影响因素找到后，去掉已划分的因素，对其余影响因素再次寻找并划分，直到层级划分结束。最终影响因素共分为 5 个层次、三个层级，具体情况见表 3。

可达矩阵因素间关系（数字代表对应因素，如 1 代表 X1）　　　　表 3

序号	可达集合 R	先行集合 Q	$R \cap Q$	序号	可达集合 R	先行集合 Q	$R \cap Q$
X1	1, 2, 3, 5, 6, 11, 12	1	1	X7	5, 7, 12	7, 8, 9	7
X2	2, 3, 6, 11, 12	1, 2	2	X8	5, 7, 8, 12	8, 9	8
X3	3, 6, 11, 12	1, 2, 3	3	X9	5, 7, 8, 9, 12	9	9
X4	4, 12	4	4	X10	10, 11, 12	10	10
X5	5, 12	1, 5, 7, 8, 9	5	X11	11, 12	1, 2, 3, 10, 11	11
X6	6, 12	1, 2, 3, 6	6	X12	12	1, 2, 3, 4, 5, 6, 7, 8, 9, 10, 11, 12	12

（四）ISM 模型结构分析

根据 ISM 模型分析可知，装配式建筑质量风险因素共分为 5 层三级模型，其中根本影响因素是 X1 设计人员专业化程度不足、X9 外界交通管理政策影响。间接影响因素是 X2 设计成果准确性不足；X8 运输方案不合理；X3 设计交底和图纸会审不到位；X7 构件运输、堆放及装卸过程保护不到位；X10 施工管理人员专业能力不足。直接影响因素是 X4 生产运行程度差；X5 预制构件成品质量差；X6 构件尺寸与预埋位置不合理；X11 质量监督有效性；X12构件安装后与现浇结构不符。具体如图1所示。

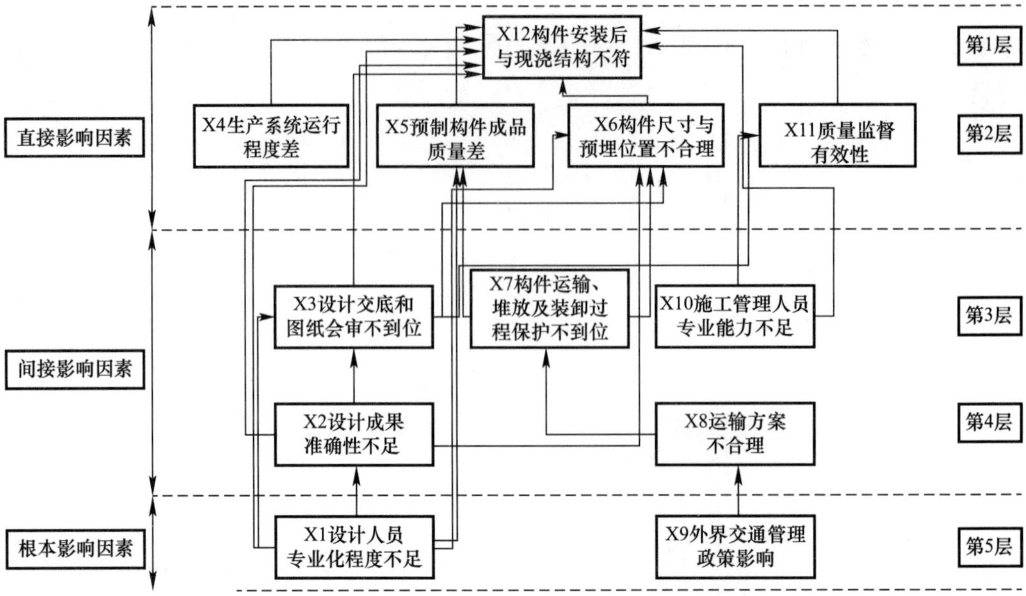

图1 装配式建筑质量风险因素解释结构模型

四、装配式建筑质量风险管控建议

根据上文的研究，可以得出设计、施工阶段可以作为装配式建筑质量风险控制的重点阶段。据此，结合文章中各层次的关键因素，提出以下4点建议。

（一）强化对设计阶段专业技术人员的培训与聘用

随着装配式建筑高质量发展，对参与装配式建筑的相关专业技术人员提出了更高的能力要求。从业者不仅需要掌握装配式构造知识，还要具备各专业整合能力，具备较强的装配式识图能力，掌握装配式构件受力特点和模具设计能力，避免设计与施工"两张皮"现象。

（二）强化设计与生产阶段的沟通

通过强化设计与生产阶段的沟通，可进行更加深化的设计交底、构件深化、生产工艺优化，强化主体间沟通协调机制，相互借鉴创优经验，确保构件生产质量符合要求。

（三）依托交通管理政策制定专项运输方案

基于目前预制构件生产周期长、构件厂位置偏远、运输车辆易受交通政策影响等特点，要合理规划车辆及路线，确保预制构件如期抵达现场，并且保证运输的质量。

（四）完善施工阶段质量监督体系

施工阶段作为装配式建筑质量风险管理的后期阶段，施工过程中不但受到预制构件精度的影响，同时也受到设计图纸深化情况的影响，因此施工阶段要将设计、生产、运输阶段所产生的间接、根本影响因素进行最大限度的控制，从而减少直接影响因素的产生。

引水隧洞软岩变形处理技术

崔鹏飞

(中国电建集团贵阳勘测设计研究院有限公司,贵州 贵阳 550081)

摘 要:某引水隧洞工程是西南地区水资源配置工程,施工隧洞所穿越地层岩性主要以白云岩、石英砂岩为主,地层岩溶中等～较强发育,地下水比较丰富;沿线褶皱、断裂结构发育,本工程采取在不同类型围岩状态下隧洞软岩变化的预防和产生后的处置技术,降低了隧洞软岩变形发生的几率,通过进一步分析软岩变形原因和利用软岩变形处理技术措施,以及隧洞软岩变形处理示例,验证了该变形防治处理技术的有效性,为隧洞工程安全顺利掘进提供了技术保障。

关键词:隧洞软岩;变形分析;防治处理;技术措施

Soft Rock Deformation Treatment Technology of Diversion Tunnel

Cui Pengfei

(China Power Construction Group Guiyang Survey and Design
Institute Co., Ltd., Guiyang Guizhou 550081)

Abstract: A water diversion tunnel project is a water resources allocation project in Southwest China, the construction of the tunnel through the stratum lithology is mainly dolomite and quartz sandstone, the stratum karst develops mediumly or strongly, groundwater is relatively rich; the fold, fracture structure development along the line, the project to take the state of different types of perimeter rock in the tunnel soft rock changes in the prevention of the disposal of the technology after the generation of the tunnel soft rock deformation to reduce the chances of occurrence of soft rock deformation of the tunnel, through further analysis of the causes of soft rock deformation and the use of soft rock deformation treatment technology measures, as well as examples of tunnel soft rock deformation treatment to verify the effectiveness of the deformation prevention and treatment technology, for the safe and smooth digging of the tunnel project. By further analyzing the causes of soft rock deformation and utilizing the soft rock deformation treatment technology, as well as the example of soft rock deformation treatment in the tunnel, the effectiveness of the deformation prevention and treatment technology is verified, which provides technical guarantee for the safe and smooth excavation of the tunnel project.

Key words: tunnel soft rock; deformation analysis; prevention technology; technical measures

一、工程概况

某引水工程隧洞穿越地层岩性主要以白云岩、石英砂岩为主,其中软岩变形洞段多为强风化泥岩、粉砂质泥岩夹砂岩,地层岩溶中等～较强发育,地下水水量丰富,主要为裂隙水和岩溶水，沿线褶皱、断层构造发育，软岩段超前探孔分析为Ⅳ类、Ⅴ类或Ⅴ类（特）围岩，岩石较破损，围岩稳定性差，易发生变形，极有可能遇到突泥涌水、冒顶塌方，施工过程安全风险极大。

二、国内外研究隧洞软岩变形现状及采用的研究方法

隧洞软岩大变形问题从20世纪60年代就作为世界级技术难题被提了出来，国内外各类文献与书籍不同程度地分析了软岩变形的研究现状与进展[1-2]。由于近年来交通、水利等工程涉及的超长、大埋深软岩隧洞建设增多，遇到的隧洞软岩变形的问题随之增多。本文根据软岩工程地质特性、软岩变形分析评价方法、数值模拟结果，对隧洞进行了软岩挤压大变形分析预测[3]，提出了处理措施建议，避免了软岩大变形可能造成的危害。

三、软岩变形原因分析

（一）围岩强度影响

对施工部位围岩强度影响方面[4]进行了分析，整体围岩破碎，存在泥夹石，节理裂隙发育明显，开挖后极易风化，遇地下水浸湿易成流塑物，围岩局部由于开挖后压力传递及应力释放，造成岩体失稳。

（二）初期支护影响

开挖暴露后的围岩面岩体经水软化后，自稳性差，加之风化、土体流变、膨胀破裂等因素，造成初期支护后的松动圈现象明显[4]，由于所产生的压力持续增加，从而导致工字钢支撑发生变形，出现喷射混凝土开裂、掉块、锚杆松动、脱落等现象，对现场施工作业产出了极大的安全隐患。

（三）地下水影响

隧洞软岩部位在施工时影响最突出的因素是地下水，围岩在水岩耦合作用的程度受赋存量大小的直接影响[5]，尤其在隧洞以Ⅴ类围岩遇水软化现象尤为明显，围岩含水量随着时间逐渐聚集、渗透，易形成出水点，使软岩变形加剧，同时受到股状出水水量冲刷、扰动、剥离，围岩的位移现象明显。

（四）设计预留变形量偏小

设计预留变形量Ⅴ级围岩为10cm，现场布设监测点进行实际位移监测，通过监测数据对比，变形洞段拱顶部位沉降达到20cm，边墙收敛达到15cm，软弱围岩洞段设计预留变形量偏小。

（五）施工方法对隧洞变形的影响

隧洞软岩部位选择合理的施工方法或工艺对变形控制起到至关重要的影响，在开挖时从选用台阶法还是分部开挖方法，以及在开挖后选用的支护类型等方面的不合理，也会直接影响软岩的变形控制。另外，在现场对施工班组的管理不到位，对软岩部位超前灌浆方

法不当，其他工序跟进不及时，各种预防软岩变形的措施得不到落实，对软岩洞段大变形埋下隐患。

四、隧洞软岩变形处理技术

（一）底板换填

软弱岩体的洞室底板可采用块石或 C20 素混凝土进行换填，厚度根据现场实际情况进行确定。

（二）底板横撑

对一次支护收敛洞段，可在底板 C20 素混凝土垫层中隔档或逐榀增加钢支撑横撑，长度＝(5.75＋5.92)/2＝5.84m，并与边顶拱钢支撑牢固连接、封闭成环，横撑之间采用钢筋 $\phi22@100cm$ 纵向连接牢固，横撑型号与边顶拱钢支撑型号相同。

（三）排水孔

存在地下水影响洞段，边墙及顶拱施作径向排水孔，排水孔按照间距 3m×3m 梅花型交错布置；通过排水孔外泄水压力减少水岩耦合作用力对初支面的影响，同时地下水也需合理引排。

（四）径向固结灌浆

变形洞段边墙及顶拱利用超前小导管（$\phi42$，$L=4.5m$）施作径向固结灌浆，灌浆孔按照间距 1m×1m 梅花型交错布置；小导管前端制作约 10cm 长的圈锥状，尾部焊接 8mm 厚的钢筋箍[6]。尾部不钻孔长度为 1m（作为止浆段），其余长度部位每隔 15cm 间距梅花型布设孔径 6mm 的出浆孔，待浆液从压浆孔涌出时，采用尾部止浆塞止浆，并按相关标准保持注浆压力，完成径向围岩的加固。

（五）临时横撑

对收敛变形较大较快洞段，在腰部（上台阶作业平台面以上 20cm 处）增设临时工字钢横撑（I18），横撑之间采用钢筋 $\phi22@100cm$ 纵向连接牢固，以控制两侧边墙收敛变形，并在该洞段变形处理完成后拆除。

（六）初支拆除

对初支沉降收敛变形已侵占净空或钢支撑已变形洞段，需对侵线部位进行拆除重新支护，拱架拆除施工在软岩洞段的安全风险大，对此在拆除前进行安全监测，待拆除部位达到安全稳定条件后，科学组织机械设备和人工进行拆除施工。

五、隧洞软岩变形防止措施

（一）超前支护

局部Ⅳ、Ⅴ及Ⅴ（特）围岩较差的洞室部位，需加强超前支护措施，如增加随机锚杆

(C25、$L=4.5\mathrm{m}$)、顶拱120°～180°范围内增设超前小导管（$\phi42$、$L=4.5\mathrm{m}$，环向间距0.3～0.5m，排距3m）等措施[6]，起到加固围岩作用，增强初支面的承压能力。

（二）初期支护参数

围岩局部较差洞段，根据现场实际对初期支护参数及时进行调整，将I18型钢纵向间距70cm可调整为50cm，采用锁脚锚管代替锁脚锚杆，及时浇筑垫层混凝土。

（三）增大预留沉降量

通过对该部位监测成果分析，发现某洞段洞身拱顶累计变化值可达到75.9mm，周边收敛累计最大至159.9mm，最大变形速率为0.44～0.55mm/d，原设计Ⅳ类5cm和Ⅴ类10cm的预留变形量不能满足后续支护设计参数，通过监控量测及现场对软岩部位研究分析，应合理增大围岩预留变形量，适当将Ⅳ类的5cm调整为10cm，Ⅴ类的10cm调整为15cm较为合理。

（四）上下台阶开挖距离及开挖进尺控制

上下台阶开挖距离不能超过10m，同时在下台阶两侧开挖必须错开不小于3m的距离，下台阶单循环进尺不得超过4榀拱架，且拱脚部位必须垫实，通过以上措施可有效防止因拱架悬空引起的沉降变形。

（五）监控量测

及时按要求布设监控量测点，适当加密监测断面，Ⅳ类按10～30m为1个断面布设，Ⅴ类按5～10m为1个断面布设，每个断面监控点按5个布设，每天及时更新监控量测数据，发现异常及时采取措施进行处理。

六、研究的结果及结论

本文结合工程实际和软岩大变形治理技术，对软岩变形预控措施进行探讨，通过软岩变形原因分析了软岩地质条件下变形的成因，采用科学合理的软岩变形处理技术和防止措施，将该技术成果成功地应用到变形洞段的施工中，有效地进行了隧洞软岩变形控制，确保了不良地质洞段施工安全、高质量顺利实施。

参 考 文 献

[1] 魏来，刘钦，黄沛. 高地应力软岩隧道大变形机理及控制对策研究综述[J]. 公路，2017，62（7）：297-306.

[2] 周利全. 滇中引水工程隧洞软岩大变形应对措施[J]. 水电水利，2020，4（8）：137-138.

[3] 陈长生，何林青，李银泉，等. 深埋长隧洞软岩工程地质特性及变形预测研究[J]. 水利水电快报. 2022（6）.

[4] 李善英. 隧道软岩大变形处治与控制方法探讨[J]. 科技与企业，2014（4）：2.

[5] 翟镇宇，全海龙. 软岩大变形隧道施工技术研究[J]. 智能城市，2021，7（15）：2.

[6] 任俊. 水工隧洞工程中的超前小导管注浆施工技术[J]. 中国高新科技，2020.

BIM协同平台在超高层项目施工中的应用研究

祁琪[1]，李博迪[1]，赵刚[1]，袁潇[1]，陶星[2]

(1. 中建三局集团有限公司，湖北 武汉 430064；
2. 中国建筑技术中心，北京 101300)

摘　要：开展BIM协同管理平台在超高层建筑施工中的应用研究，旨在通过集成数据和信息促进多方合作与专业协调，以提高施工效率、质量和安全性。平台能够实现实时数据共享、冲突检测、进度管理和资源优化，从而有效应对大规模数据管理和复杂施工环境的挑战。尽管实施中可能面临数据安全、平台兼容性和用户培训等挑战，BIM管理平台的优势在于其能够提升项目管理现代化水平，减少风险和成本，对工程管理的长远发展具有重要意义。

关键词：协同平台；施工管理；BIM技术；超高层项目

Research on the Application of BIM Management Platform in the Construction of Super High-rise Projects

Qi Qi[1], Li Bodi[1], Zhao Gang[1], Yuan Xiao[1], Tao Xing[2]

(1. China Construction Third Bureau Group Co., Ltd., Wuhan Hubei 430064；
2. China State Construction Technical Center，Beijing 101300)

Abstract: The application research of BIM Collaborative Management Platforms in the construction of super high-rise buildings aims to enhance construction efficiency, quality, and safety by integrating data and information, facilitating multi-party collaboration and professional coordination. These platforms are capable of real-time data sharing, conflict detection, schedule management, and resource optimization, effectively addressing the challenges of managing large-scale data and complex construction environments. Despite potential implementation challenges such as data security, platform compatibility and user training, the BIM Management Platform's strength lies in its ability to modernize project management, reduce risks and costs, thus holds significant implications for the long-term development of construction management.

Key words: collaboration management platform; construction management; BIM technology; high-rise project

一、引言

超高层建筑施工周期长、难度大、管理复杂、资金需求高，对项目管理和施工构成重大挑战，影响项目整体品质。海南中心高428m，建设过程需多方高效参与。传统BIM技术虽已普及到设计施工阶段，但超高层建筑由于规模大、系统复杂度高、专业多样性强，采用常规BIM技术导致沟通成本高昂、效率低下，难以满足项目需求。因此，开发适用于超高层项目的BIM协同平台，成为提高施工效率、优化协作流程、确保工期的关键所在[1]。

本文将以海南中心项目为案例，通过深入研究该项目的特点和施工难度，探讨BIM协同平台在超高层项目施工中的应用研究。通过对项目团队实施协作、沟通和信息共享方面的改进，以及运用BIM技术在工期控制和冲突检测等方面的优势，旨在提高项目管理和施工效率，保障海南中心项目的顺利完成。

二、BIM协同管理平台现状

BIM术语自2002年由美国Autodesk公司提出以来，伴随着建筑业的蓬勃发展，建设单位、设计单位、施工单位都积极参与到BIM技术的使用中来，BIM技术已在全球范围内有了广泛的普及。BIM技术的开展不单是单项功能、单项软件、单个公司以及单个项目阶段的软件使用，BIM应用越来越向集成化BIM协同管理平台的应用发展[2]。国外主流BIM平台如Autodesk BIM360、Bentley Project Wise、iTWO 4.0，广泛应用在大型超高层项目，促进信息共享，提升施工效率。但其基于国外标准，国内应用有局限。国内BIM平台发展较晚，功能待完善，如广联达BIM 5D、品茗HiBIM、红瓦Saas、鲁班软件等各有特色，但缺乏超高层项目针对性的解决方案[3]。因此，需结合超高层建筑施工特点，定制化开发BIM协同平台。

三、超高层项目BIM管理平台应用

（一）超高层项目施工特点

超高层项目施工管理的应用需求是BIM协同平台建设的重要内容，其结构设计和施工工序通常复杂多样，涉及大量的构件和系统[4]。管理人员在施工过程中需要高效协调多专业间的配合工作，确保项目进度和质量。超高层特大型项目通常面临大量设计变更和专业冲突，设计变更可能导致施工计划和资源分配的调整[5]。

（二）BIM协同管理平台应用分析

基于对超高层项目施工管理中需求分析，采用BIM协同平台提供统一的数据环境，向团队成员提供及时发现并解决模型中的冲突问题的条件。

鉴于项目复杂度，实施团队必须依托BIM协同平台实现信息共享与协同作业，以维护项目实施信息的统一性和精确性。平台构建时，需为各参与单位量身定制权限与角色管理体系，确保跨单位、跨角色的业务流程顺畅运行；同时，BIM协同平台需配备高效模型管理与版本控制机制，使设计团队得以对BIM模型进行有序管理和变更追踪，从而保障设计成果的连贯性和可追溯性。

施工阶段需要BIM平台支撑协同管理，实现信息共享，如设计变更、施工指令传达、动态调整施工计划与资源配置。平台应集成进度、资源管理及冲突检测，帮助施工团队高效协调工作。

为确保该项目施工如期保质完成，按需开发BIM协同平台，配合落实BIM工作的开展以及施工管理工作是必然选择[6]。平台可支持各种格式文件的在线预览和快速分享，简单便捷。依托BIM协同平台在建筑施工管理中的应用，实际管理工作量与难度有所下降，管理效率以及质量水平呈现出提升趋势。

（三）海南中心项目基本情况

海南中心项目（图1），总建筑面积39万 m^2，塔楼建筑高度428m，地上94层，地下4层，位于强台风地区，地震设防烈度8.5度，是全球台风活动的主要区域之一。结构形式为巨型支撑框架核心筒-伸臂桁架抗侧结构体系，塔楼外框结构随楼层逐渐向内收缩。项目为停工续建工程，遗留工作面处理复杂，总体施工工期要求紧，施工复杂程度与技术难度较高、工作烦琐程度高。

图1 海南中心效果图

（四）平台应用情况介绍

针对海南中心项目规模大、参建单位多、人员管理复杂的问题，我们研发了BIM协同平台，通过技术创新提升项目管理智能化、自动化。平台融合角色、模型、进度、文件管理及质量安全控制，配以移动端应用，显著提高管理效率，优化资源，强化安全质量管理，为项目推进提供技术保障。

1. 平台基础功能

海南中心项目参建单位众多，人员管理难度大。结合各方BIM管理的实际需求，研发出平台角色管理及人员管理功能（图2）。平台实现对系统角色管理的功能，可进行角色增加、修改、删除、批量删除的操作，也可对已增加的角色通过角色英文名称进行查询。

通过角色管理，自定义平台使用者功能权限，角色数量无上限。权限管理覆盖PC与App，细化至各功能模块及按键，满足不同角色需求。BIM协同平台灵活定义使用角色，实现精细化权限控制。

通过后台设置的自定义模块进行首页信息展示，区域可展示项目概况、考勤信息、质量管理、安全管理、项目节点或者里程碑、设备监测数据、环境监测、新闻动态、预警信息，通过效果图、宣传片、BIM模型等形式展示项目信息。

2. BIM模型管理

项目BIM模型体量已超千G，存储协同效率制约应用深度。平台提供模型管理服务，涵盖模型数据管理、构件索引、属性管理、工程量查询、模型树管理、网格与材质传输加速、版本管理、施工段划分、模型浏览（图3）等，优化模型处理效率。

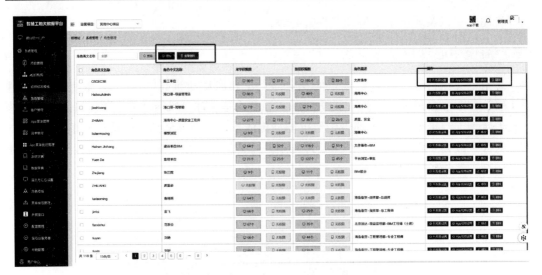

图 2 角色管理界面

模型文件变更方面，通过建立相应的变更审批流程，如申请、审批、实施、确认等，以完成模型文件的变更，文件状态与版本也随之产生。

模型文件版本管理方面，系统记录文件不同版本及状态，为存储和管理同一文档及数据的多个版本提供有效的手段，可以将文档的各个版本都管理起来。只有最新的版本才能被检出、再编辑并检入回项目库，并且可以对文档的历史进行回溯。

多版本模型对比方面，多个版本的模型自动比对，通过不同透明度或颜色显示出不同版本模型之间的差异，高亮显示对应图元，自动计算不同版本间工程量的变更。

3. 进度管理

进度管理为超高层项目施工管理的核心之一。平台运用 BIM 模型直观展示项目进度，通过颜色对比现场施工与总计划，区分滞后、正常、超前项。需具备进度预警功能，按严重程度分级预警，采用平台标记或短信形式，通知施工现场负责人及领导。

通过在平台导入项目计划，后台进行文件解析，将解析完成的数据在平台上进行展示，与模型施工段绑定，具体计划推送到负责人，相关责任人并可按照计划完成情况录入实际完成情况数据，平台根据完成情况更新后续计划。

4. 文件管理

项目文件管理复杂，传统方式存在效率低、文档分散、版本难控、权限混乱、协作低效、溯源难等问题。BIM 平台统一文件存储，规范版本管理，实施权限控制，优化信息共享，便利远程协作，提升团队效能。平台支持修改历史追踪审计，保障文件完整准确，减少项目风险和争议。文件管理界面如图 4 所示。

项目中，方案记录按时间倒序列表，支持文档编号、名称、时间搜索，提供在线预览、下载。上传方案自动通知被交底人，系统显示未读消息，点击进入按时间倒序的最近 10 条消息列表。被交底人查看方案，完成交底后答题，系统记录答案，计算平均分，展示所有被交底人评分排名。

5. 质量安全管理

海南中心项目结构复杂，传统方法监控质量难题，隐患易生。超高层项目施工风险

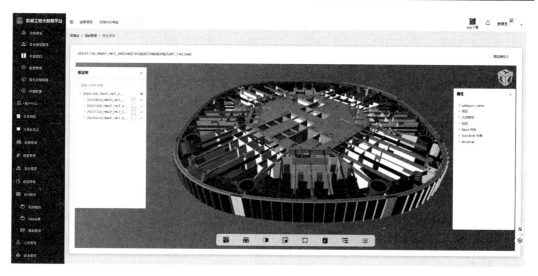

图 3　模型浏览界面

图 4　文件管理界面

高，安全机制预警不足，信息分散导致沟通难，安全管理效率受影响。

项目通过 BIM 平台集中管理质量安全相关的信息，如设计文件、施工日志、验收报告等，提高信息共享和沟通效率，减少信息传递的延迟和误差，同时，通过 BIM 平台收集和分析质量安全数据，实时监测项目的质量和安全状况，及时发现和解决问题。

6. 移动端 App 应用

项目由于 BIM 模型通常较大且复杂，传统的移动设备可能无法处理和展示大型模型，导致加载速度慢、卡顿或无法正常显示。而 BIM 模型通常需要用户进行交互和操作，如选择不同构件、查看属性信息等。项目利用 BIM 协同平台配套 App 应用，在解决模型浏览的同时，加入了 BIM 应用的功能和操作体验，如缩放、平移、选择和标注等功能。

此外利用手机 App 关键字搜索、检索、查看相关文档资料，可以更加方便快捷地查看过程文档，避免了对 PC 端的依赖，可以实现随时随地查阅文档，提升工作效率。通过手机处理流程问题。可以通过手机记录问题，发起问题协同，并处理与应用者相关的流程问题（质量问题、安全问题、图纸分发、现场签证、设计变更等流程），实现任务跟踪反馈及信息汇总。

移动端随时随地访问模型，实时同步云端，支持多人协作，增强设计理解，减少沟通误差。现场便捷查看，有助于及时发现并整改施工问题，提升效率与质量。

（五）项目效果评估和分析

BIM 平台应用显著提升海南中心项目效率、质量，工期提前 35 天，降低了成本风险；促进信息共享，增强团队协作，避免沟通失误，施工无重大错误。全程监控施工，及时反馈预警，项目未发生重大事故，降低风险；驱动超高层项目智能数字化转型，提升管理科学化、精细化。

四、结语

本研究的意义在于为超高层建筑项目的施工工作提供了一种创新的思路和方法，以及为其他类似项目提供借鉴和参考。通过深入研究 BIM 协同平台在超高层项目中的应用，将为相关领域的研究和实践提供有益的经验和启示，推动建筑行业向更高水平的发展迈进。

未来 BIM 平台将强化数据集成共享，融合物联网、AI 技术。物联网连接下，BIM 实现智能管理监控，提升建筑效率、节能。发展挑战包括信息安全、标准统一、行业共识，需多方协作，建立标准，推广培训，提升行业水平。

综上所述，未来 BIM 协同平台将强化全生命周期管理，深化数据集成共享，融合新兴技术。但需正视挑战，采取措施，促进 BIM 技术在超高层项目施工中的成熟应用与发展。

参 考 文 献

[1] 张丽. 基于 BIM 的施工协同管理平台构建及应用研究 [D]. 济南：山东建筑大学，2023.

[2] 贾宝莹. BIM 技术在某超高层建筑中的应用 [J]. 施工技术（中英文）：2023，52（5）：65-67，135.

[3] 刘晓勇. BIM+信息化技术在某超高层项目建设管理中的综合应用 [J]. 智能建筑与智慧城市，2022（6）：96-98.

[4] 刘红. 基于 BIM 协同平台在超高层建筑施工管理研究 [J]. 中国建设信息化，2022（21）：70-72.

[5] 王军虎. BIM 协同平台在超高层建筑施工管理中的应用 [J]. 施工技术，2021，50（12）：11-13，16.

[6] 杨小高. 基于 BIM 信息协同管理平台的研究 [J]. 土木建筑工程信息技术：2021，13（3）：172-176.

冻融作用下嘉北污水处理厂深基坑粉质黏土蠕变特性试验研究

杨凯，汤腾飞，芦文文

(山东公用建设集团有限公司，山东 济宁 272000)

摘 要：针对北方地区季节性气候影响岩土类材料长时稳定性问题，以嘉北污水处理厂深基坑为研究背景，对基坑土体(粉质黏土)进行不同冻融次数(0次、3次、5次、7次)的单轴蠕变试验，通过研究土体在冻融过程中的变化，观察土体在受到冻融影响后的变形情况，包括沿土体轴向和径向的变形以及体积变形，分析冻融对土体变形、土的蠕变泊松比以及土体长期强度的损伤机制。研究结果显示：随着荷载水平的上升，土的蠕变变形也逐渐增加，表现为等时应力-应变曲线逐渐扩散；随着冻融次数的增加，土的最终变形量会减少，导致破坏时间缩短，长期强度逐渐下降，并且蠕变泊松比会逐渐超过 1；使用 Origin 软件对数据进行拟合后，发现蠕变破坏时间和长期强度与冻融次数之间都呈现出指数函数的关系，并且拟合相关系数均高于 0.9。

关键词：粉质黏土；冻融；单轴蠕变试验；蠕变泊松比；长期强度

Experimental Study on Creep Characteristics of Silty Clay in Deep Excavation of Jiabei Sewage Treatment Plant under Freezing and Thawing Effects

Yang Kai, Tang Tengfei, Lu Wenwen

(Shandong Public Construction Group Co., Ltd., Jining Shandong 272000)

Abstract: Aiming at the problem of seasonal climate affecting the long-term stability of geotechnical materials in northern China, taking the deep foundation pit of Jiabai Sewage Treatment Plant as the research background, uniaxial creep test of foundation pit soil (silty clay) under different freeze-thaw times (0, 3, 5, 7) is carried out. Through studying the changes of soil during freeze-thaw process, the deformation of soil under the influence of freeze-thaw is observed. The damage mechanism of freeze-thaw on soil deformation, Poisson's creep ratio and soil long-term strength is analyzed, including axial and radial deformation and volume deformation. The results show that: With the increase of load level, creep deformation of soil also increases gradually, which is manifested as the gradual diffusion of isochronous stress-strain curve. With the increase of freeze-thaw times, the final deformation of soil will decrease, resulting in shorter failure time, gradual decline in long-term strength, and creep Poisson's ratio will gradually exceed 1. After fitting the data with Origin software, it is found that the creep failure time, long-term strength and freeze-thaw times all show an exponential function relationship, and the fitting correlation coefficient is higher than 0.9.

Key words: silty clay; freeze-thaw; uniaxial creep test; poisson ratio of creep; long-term strength

一、引言

我国北方地区常年遭受季节性冻害影响，尤其对基础设施建设的影响较为严重。冻融作为我国北方地区最典型的气候特征，给基础设施建设带来的危害不言而喻，冻融影响下的基坑土体长时稳定性深受其害，研究冻融作用下深基坑土体的蠕变特性是当今的热点课题[1]之一。

如今，国内外研究人员对冻融影响下的土体长时破坏机制的研究成果颇丰。于庆斌等人[2]利用GDS三轴系统，对路基土在不同冻融循环次数下的长期力学特性进行了研究。李蓬勃等[3]为研究淤泥质土的力学特性，对不同温度及冻融次数下的淤泥土进行了力学性能试验。高志等[4]结合辽宁正在建设的高速公路，进行了路基土在经历冻融作用后的单轴蠕变试验。王智超等[5]针对高填方路基土的长时变形问题，对非饱和土体进行了蠕变试验和率敏性试验。余云燕等[6]借助三轴蠕变试验研究了非饱和盐渍土，分析了该类土样的蠕变破坏规律。杨爱武等[7]对城市污泥中掺入自主研制的固化剂，通过单轴蠕变试验，分析固化后的城市污泥长时力学特性。宋勇军等[8]对陕北红砂岩进行了卸荷蠕变试验，结合核磁技术对该地区红砂岩的宏细观蠕变破坏机制进行了分析。

本文结合嘉北污水处理厂深基坑建设项目的实际情况，在综合前人研究的基础上，进一步研究了冻融影响下土体的蠕变力学特性。利用室内单轴蠕变试验，研究蠕变变形、蠕变泊松比和长期强度随冻融次数的变化规律，为现场施工提供指导。

二、试验部分

（一）试样制备

试验用土取自嘉北污水处理厂深基坑粉质黏土，取样深度为5~8m。首先需要对试验用土样进行烘干和碾碎处理，接着使用直径为0.075mm的筛子进行筛分，最后进行常规土工试验（表1）。

土的物理参数 表1

土类型	湿密度/(g·cm^{-3})	干密度/(g·cm^{-3})	含水率/%	液限/%	塑限/%
粉质黏土	2.13	1.86	18.41	35.21	21.22

（二）试验方法及方案

本文拟采用岩土类材料力学性能测试系统GDS对深基坑土的蠕变破坏特征进行研究，采用CABR-HDK9A系统进行冻融试验。在该系统中，试验试件的尺寸将采用高度×直径＝100mm×50mm的标准圆柱形状。该设备可实现自定义温度变化路径及多种函数温度变化路径，能够满足本文试验需求。冻融循环的过程：首先，设置初始温度为+20℃，按余弦函数开始降温至-20℃，达到预设值后，再按余弦函数升温至+20℃，即完成一个冻融循环，时间约为6h。

根据相关研究结论及工程实际情况，本书将进行土的冻融循环试验，分别设置0次、

3次、5次和7次冻融循环的条件，每组进行3次试验。待达到特定的冻融次数，将试件取出，然后分别进行单轴压缩试验和蠕变试验。根据各条件下单轴试验的峰值强度来确定蠕变试验的荷载水平。

三、试验结果分析

(一) 蠕变曲线分析

图1给出了本文土样的蠕变曲线，限于篇幅，文中仅给出冻融7次时的试验结果。根据图1观察发现，在不同冻融条件下土的蠕变规律较为相似，随着荷载增加，蠕应变增加，且随着冻融次数的增多，最终变形量减小，与此同时，蠕变时间缩短。在最后一级荷载水平下，蠕变的开始时间逐渐提前，这是由于土体的结构已经在之前的冻融过程中遭受了严重破坏，从而使得蠕变作用更易于发生。另外，当冻融5次和7次时，最终变形量相差不大，说明本文土样冻融5次之后，基本达到稳定状态。根据不冻融次数下的蠕变试验结果可知，随着轴压增加，瞬时应变和蠕应变均呈递减变化趋势。随着冻融次数的增多，土体的瞬时应变减小，说明冻融增多会加剧土体的破坏程度。

(二) 轴向蠕变分析

依据陈氏叠加原理，对试验数据进行后处理，得到轴向蠕变曲线（图2）。从图中可以看出，通常在应力水平较低情况下，冻融作用后的土体蠕变变形大体呈水平直线变化趋势，这种现象的原因在于试样处于衰减蠕变阶段，其蠕变速率逐渐减缓直至趋近于零，随后经过一段时间，试样的变形维持恒定。在第一级荷载水平下，瞬时应变较大，随着荷载水平增大，瞬时应变也增大，这是因为土体本身存在原始缺陷，并且受到冻融作用形成的固态冰的影响，在荷载作用下，原始缺陷被压密，破碎的冰渣填充缺陷，瞬时应变减小，蠕应变增加。以冻融7次举例，当第一级荷载时，瞬时应变为0.1244，总应变为0.1759，占比达到70.72%；而当第三级荷载时，瞬时应变增加至0.2509，总应变为0.3199，占比达到78.43%；在荷载处于最后一级时，瞬时应变进一步增加至0.3109，总变形量为0.3771，占比为82.44%。

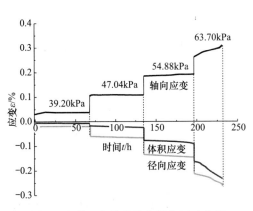

图1 冻融7次粉质黏土蠕变历时曲线

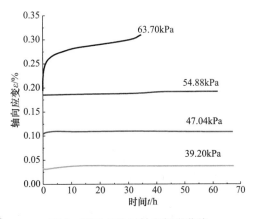

图2 冻融7次时轴向蠕变曲线

(三)径向蠕变分析

依据陈氏叠加原理,对试验数据进行后处理,得到径向蠕变曲线(图3)。从图中可发现,随着荷载水平的增加,径向应变值越大,其原因在土样轴向变形时已经给出解释,不再赘述。以冻融7次举例,当第一级荷载时,瞬时应变为0.1051,蠕应变为0.0773,比值为0.7353;当第四级荷载时,瞬时应变为0.0296,蠕应变为0.0041,比值为0.1393,瞬时应变占总变形的比例分别为92.01%和69.85%,即荷载水平越高,瞬时应变占比越大。

(四)蠕变泊松比分析

蠕变条件下,材料的物理力学性质发生改变,力学参数发生变化,此时泊松比将不再是固定常值,而是随时间、应力及外界影响条件而变化的参数。蠕变泊松比可表示为:

$$\mu = \frac{\varepsilon_x}{\varepsilon_y} \tag{1}$$

式中,$\varepsilon_x = \varepsilon_3$ 表示径向应变;$\varepsilon_y = \varepsilon_1$ 表示轴向应变。

根据式(1)对不同冻融次数下土样的轴向、径向蠕变历时曲线进行处理,得到蠕变泊松比历时曲线,见图4。从图中可以发现,土样的蠕变泊松比历时曲线与蠕变变形曲线的变化趋势基本相同,都可以分为三个阶段:衰减、稳定和加速阶段。随着荷载水平的增加,蠕变泊松比历时曲线开始呈现一定的斜率增长,并且这个斜率保持稳定,显示出稳定增长的特征。当荷载水平达到最后一级时,蠕变泊松比历时曲线经过一段时间的衰减和稳定后,曲线斜率开始呈非线性增长,表现为加速特征。当冻融0次时,蠕变泊松比从0.243增至0.868,小于1;当冻融7次时,蠕变泊松比从0.261增至1.120,泊松比在数值上已经超过1,说明冻融作用使得土样的径向约束减弱,径向变形更明显。

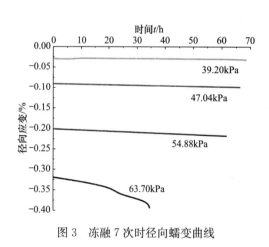

图3 冻融7次时径向蠕变曲线

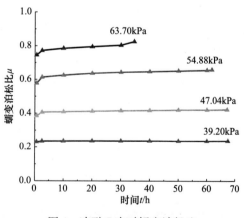

图4 冻融7次时蠕变泊松比

(五)长期强度分析

图5为长期强度与冻融循环次数之间的关系,可以看出,不同试样条件下,随着荷载水平的逐渐增大,曲线逐渐发散,随着冻融次数的逐渐增大,曲线同样逐渐发散。根据等

时应力-应变曲线,获取不同冻融次数下土样的长期强度分别为108.78kPa、70.56kPa、57.82kPa和54.88kPa,可见冻融作用使得土样的长期强度显著降低,但降幅逐渐缩小。

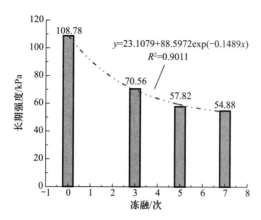

图5 长期强度与冻融循环之间的关系

四、结论

(1) 随着荷载增大,变形增加;而冻融次数增多时,最终变形量减少,蠕变破坏时间缩短,但最终稳定在某一水平上,蠕变破坏时间随冻融次数表现为指数函数递减趋势。

(2) 土样的蠕变泊松比历时曲线与蠕变变形曲线的变化趋势基本一致,其中,0次冻融时,泊松比从0.243增至0.868,小于1;7次冻融时,泊松比从0.261增至1.120,大于1,土的径向约束减弱。

(3) 随着荷载水平的增加,等时应力-应变曲线呈现更大的散开趋势;冻融次数越多,等时应力-应变曲线的散开程度越大,长期强度越小,长期强度随冻融次数表现为指数函数递减趋势。

参 考 文 献

[1] 张峰瑞,姜谙男,杨秀荣. 酸性环境冻融循环对花岗岩剪切蠕变特性影响研究[J]. 应用基础与工程科学学报,2023,31(2):483-497.

[2] 于庆斌. 冻融循环对路基土时效性影响试验分析[J]. 兰州工业学院学报,2021,28(3):51-54,88.

[3] 李蓬勃,李栋伟,王泽成,等. 冻融循环条件下淤泥黏土力学特性试验研究[J]. 水力发电,2021,47(9):53-58.

[4] 高志. 冻融循环作用下路基土蠕变研究[J]. 资源信息与工程,2021,36(1):64-67.

[5] 王智超,罗磊,田英辉,等. 非饱和压实土率敏性及蠕变时效特征试验研究[J]. 岩土力学,2022,43(7):1816-1824,1844.

[6] 余云燕,罗崇亮,王堃,等. 非饱和盐渍土三轴蠕变试验与模型分析[J]. 东南大学学报(自然科学版),2022,52(4):704-711.

[7] 杨爱武,杨少坤,王峥,等. 冻融循环作用下城市污泥固化土长期力学性能[J]. 应用基础与工程科学学报,2023,31(1):65-80.

[8] 宋勇军,孟凡栋,毕冉,等. 冻融岩石蠕变特性及孔隙结构演化特征研究[J]. 水文地质工程地质,2023,50(6):69-79.

供暖、空调水系统定压补水若干问题研究

韩靖[1,2],屈月月[1,2],李会芳[1,2]

(1. 机械工业第六设计研究院有限公司,河南 郑州 450007;
2. 国机中兴工程咨询有限公司,河南 郑州 450007)

摘 要:根据标准、手册、教材对供暖、空调水系统补水量的规定,找出供暖、空调水系统补水量的计算依据。探讨系统定压点最低压力与循环水泵入口最高工作压力,分析补水泵的选型。总结出不同定压方式的计算过程,并结合工程实例,给出不同定压方式下相关参数的计算结果。

关键词:供暖;空调;定压补水;膨胀水箱;气压罐;补水泵

Research on Some Problems of Pressurizing by Making Up Water of Heating and Air Conditioning Water System

Han Jing[1,2], Qu Yueyue[1,2], Li Huifang[1,2]

(1. SIPPR Engineering Group Co., Ltd., Zhengzhou Henan 450007
2. SINOMACH Zhongxing Engineering Consulting Co., Ltd., Zhengzhou Henan 450007)

Abstract: Based on the provisions of standards, manuals and textbooks on the amount of making up water in heating and air conditioning water system, the calculation basis of the amount of making up water in heating and air conditioning water system is given. The lowest pressure at the pressurized point of the system and the highest working pressure at the inlet of the circulating pump are discussed, and the selection of make-up water pump is analyzed. The calculation process of different pressurized modes is given. Combined with an engineering example, the calculation results of relevant parameters under different pressurized modes are given.

Key words: heating; air conditioning; pressurizing by making up water; pressurized water tank; expansion tank; make-up water pump

一、引言

供暖、空调水系统定压补水装置主要向系统补水,容纳系统的膨胀水量,使系统在确定的压力水平下稳定运行,防止系统内出现汽化、超压等现象。供暖、空调水系统常用的定压装置有开式膨胀水箱、气压罐、变频补水泵等。不同的定压方式导致系统的压力分布不同,因此定压方式应适合水系统,以确保设备和管网安全运行[1-3]。

各种定压方式的原理图详见文献[4]。开式膨胀水箱定压若采用补水泵补水,涉及补水泵选型、开式膨胀水箱的调节容积 V_t(与补水泵流量有关)、系统最大膨胀水量 V_p、系统补水量 V_b 计算,膨胀水箱选型、补水箱选型等。气压罐定压涉及补水泵选型,调节

容积 V_t（与补水泵流量有关），气压罐最小容积（与调节容积有关），系统最大膨胀水量 V_p、系统补水量 V_b 计算，补水箱选型等。变频补水泵定压，涉及补水泵选型，系统最大膨胀水量 V_p、系统补水量 V_b 计算，补水箱选型等。

标准、手册、教材对供暖、空调水系统补水量有着不同规定，焦点主要在补水量的计算依据与计算量。本文给出供暖、空调水系统补水量的计算依据；探讨系统定压点最低压力与循环水泵入口最高工作压力，分析补水泵的选型；总结出不同定压方式的计算过程，并结合工程实例，给出不同定压方式下相关参数计算结果。

二、补水量计算

（一）标准、手册、教材相关规定（表1）

标准、手册、教材对供暖、空调水系统定压补水相关规定　　　　　表1

文献	设计补水量	补水泵台数及总小时流量	软化水箱容积	备注
文献 [5]	系统水容量的 1%	2 台，系统水容量的 5%～10%	30～60min 补水泵流量	供暖、空调
文献 [6]	系统循环水量的 1%	—	—	锅炉房
文献 [7]	系统循环水量的 4%～5%（供水温度高于 65℃），系统循环水量的 1%～2%（供水温度低于 65℃）	不宜少于 2 台	15～30min 补水能力	供暖
文献 [8]	系统水容量的 5%	2 台，系统水容量的 5%	—	供暖、空调
文献 [9]	系统水容量的 2%	2 台，系统水容量的 5%～10%	0.5～1.0 倍补水泵小时流量	供暖、空调
文献 [10]	系统循环水量的 1%	—	—	供暖、空调

（二）补水量的计算依据

供暖、空调水系统补水量与系统情况、系统运行管理密切相关，实际工程中往往无法确定运行管理可能带来的补水量。标准、手册、教材相关规定的供暖、空调水系统补水量的计算依据主要有系统循环水量和系统水容量。供暖、空调水系统补水主要补充系统内水密度变化、漏水等原因引起的缺水量，因此补水量应以系统水容量作为计算依据。

对于系统水容量，有的设计资料给出每 kW 冷（热）量对应的系统水容量经验值，有的设计资料给出每平方米建筑面积的系统水容量经验值。分别以供冷、供暖（热水锅炉）、供暖（热交换器）运行时，全空气系统、空气-水空气系统的系统水容量（L/m^2 建筑面积）分别为 0.40～0.55、0.70～1.30、1.25～2.00、1.20～1.90、0.40～0.55、0.70～1.30。

三、系统定压相关压力

（一）系统循环水泵入口压力

水系统的最高压力，一般位于系统循环水泵的出口。定压点设在系统循环水泵入口，系统停止运行时，系统循环水泵出口压力等于系统的静水压力；系统开始运行的瞬间，系统循环水泵出口压力等于系统的静水压力与循环水泵全压之和；系统正常运行时，系统循环水泵出口压力等于该点的静水压力与循环水泵静水压力之和。因此，系统循环水泵出口最高压力为系统的静水压力与循环水泵全压之和。

因此，系统循环水泵入口最高工作压力为系统的静水压力与循环水泵全压之和再减去从水泵出口至计算点的水力损失。

（二）系统定压点最低压力

供暖、空调水系统的定压点宜设在循环水泵吸入口处，定压点最低压力宜使管道系统任何一点的表压均高于5kPa以上。

采用膨胀水箱定压时，膨胀水箱最低水位应高于供暖、空调水系统最高点1.0m以上。

采用气压罐定压时，定压点最低压力宜增加10kPa的富裕量。

因此，系统定压点最低压力（mH_2O）近似为：补水箱与系统最高点的高差＋0.5＋1。

四、补水泵选型

补水泵的扬程应比补水点最低压力高30～50kPa。

采用膨胀水箱定压时，补水泵的扬程（m）应不小于：补水箱与系统最高点的高差（m）＋0.5m＋1m＋5m。

采用气压罐定压时，补水泵的扬程（m）应不小于以下两项中的较大值：a. 补水箱与系统最高点的高差（m）＋0.5m＋1m＋5m；b. 补水泵停泵压力（电磁阀关闭压力）与补水泵启动压力［系统最高点高差（m）＋0.5m＋1m］的平均值。

采用补水泵定压时，补水泵的扬程（m）：补水箱与系统最高点的高差（m）＋0.5m＋1m＋补水泵吸入管路阻力损失（m）＋补水泵压出管路阻力损失（m）－补水箱最低水位高出系统补水点的高度（m），在此基础上再考虑15％的富裕量；同时满足比补水点最低压力高30～50kPa。

补水泵一般选2台，单台补水泵的小时流量宜为系统水容量的5％。

五、各种定压方式的计算过程

开式膨胀水箱采用补水泵补水定压：首先，确定系统水容量和系统定压点最低压力；其次，根据系统水容量和系统定压点最低压力进行补水泵选型；再次，根据补水泵流量计算膨胀水箱调节容积，并根据水密度的变化计算系统最大膨胀量，两者之和为膨胀水箱的有效容积；最后，根据系统水容量计算系统补水量，并根据补水泵选型计算软化水箱的调节容积，两者之中的较大值为软化水箱的有效容积。

气压罐定压（气压罐不容纳膨胀水量）：首先，确定系统水容量、系统定压点最低压力和系统循环水泵入口最高工作压力，确定膨胀水量开始流回补水箱时电磁阀开启压力、补水泵停泵压力（电磁阀关闭压力）；其次，根据系统水容量、系统定压点最低压力、补水泵停泵压力进行补水泵选型（补水泵扬程变化范围为系统定压点最低压力～补水泵停泵压力）；再次，根据补水泵流量计算系统调节容积，根据系统循环水泵入口的最高工作压力和膨胀水量开始流回补水箱时电磁阀的开启压力计算压力比；并根据系统调节容积、压力比计算气压罐的最小容积；最后，根据系统水容量计算系统补水量，根据水密度的变化计算系统最大膨胀量，并根据补水泵选型计算软化水箱的调节容积，前两项之和与第三项中的较大值为软化水箱的有效容积。

变频补水泵定压：首先，确定系统水容量和系统定压点最低压力；其次，根据系统水容量和系统定压点最低压力进行补水泵选型；最后，根据系统水容量计算系统补水量，根据水密度的变化计算系统最大膨胀量，并根据补水泵选型计算软化水箱的调节容积，前两项之和与第三项中的较大值为软化水箱的有效容积。

六、工程案例

某工程地上建筑面积25400m^2，补水箱底部与系统最高点的高差为43m，系统水容量按1.3L/m^2。地下室设制冷机房兼换热站，供冷采用水冷冷水机组，供暖采用市政热源，供冷供、回水温度为7℃、12℃，供暖供、回水温度为60℃、45℃。空调冷水循环水泵扬程28mH_2O，空调热水循环水泵扬程19mH_2O。该工程分别采用膨胀水箱定压、气压罐定压（气压罐不容纳膨胀水量）、变频补水泵定压的相关参数，见表2~表4。

某工程空调循环水系统膨胀水箱定压、补水相关参数　　表2

定压方式	系统定压点压力（mH_2O）	补水泵（2台）	膨胀水箱	软化水箱
膨胀水箱	44.5	流量：2m^3/h 扬程：52mH_2O	有效容积：0.6m^3	有效容积：3m^3

某工程空调循环水系统气压罐定压、补水相关参数　　表3

定压方式	循环水泵入口最高工作压力（mH_2O）	补水泵（2台）	气压罐选型	软化水箱选型
气压罐（不容纳膨胀水量）	72	流量：2m^3/h 扬程：40~60mH_2O	有效容积：0.6m^3	有效容积：3m^3

某工程空调循环水系统变频补水泵定压、补水相关参数　　表4

定压方式	系统定压点压力（mH_2O）	补水泵（2台）	软化水箱选型
变频补水泵	44.5	流量：2m^3/h，扬程：52mH_2O	有效容积：3m^3

七、结论

（1）供暖、空调水系统补水量应以系统水容量作为计算依据。

（2）供暖、空调水系统的设计补水量（小时流量）按系统水容量的1%计算。

（3）补水泵一般选2台，单台补水泵的小时流量宜为系统水容量的5%。

（4）供暖、空调水系统的定压点宜设在循环水泵吸入口处。采用膨胀水箱定压时，应根据定压点最低压力确定补水泵扬程；采用气压罐定压时，应根据定压点最低压力和最高压力确定补水泵扬程；采用变频补水泵定压时，应根据定压点最低压力确定补水泵扬程。

（5）采用膨胀水箱定压时，供暖、空调水系统软化水箱的有效容积应为系统补水量与软化水箱调节容积两者之中的较大值；采用气压罐（气压罐不容纳膨胀水量）定压、变频补水泵定压时，供暖、空调水系统软化水箱的有效容积应为系统补水量、系统最大膨胀量之和与软化水箱的调节容积两者之中的较大值。

参 考 文 献

[1] 康英姿. 空调系统中膨胀水箱的接法及其对系统压力分布的影响 [J]. 流体机械，2001, 29（4）：57-59.

[2] 张玮. 关于定压装置位置的讨论 [J]. 暖通空调，2002, 32（1）：109.

[3] 李兴友. 空调水系统压力分布分析 [J]. 制冷与空调，2009, 6（6）：90-93.

[4] 中国建筑标准设计研究院. 采暖空调循环水系统定压：05K210 [M]. 北京：中国计划出版社，2011.

[5] 中华人民共和国住房和城乡建设部. 民用建筑供暖通风与空气调节设计规范：GB 50736—2012 [S]. 北京：中国建筑工业出版社，2012.

[6] 中华人民共和国住房和城乡建设部，国家市场监督管理总局. 锅炉房设计标准：GB 50041—2020 [S]. 北京：中国计划出版社，2020.

[7] 中华人民共和国住房和城乡建设部. 城镇供热管网设计标准：CJJ/T 34—2022 [S]. 北京：中国计划出版社，2022.

[8] 中国建筑标准设计研究院. 全国民用建筑工程设计技术措施 2009 暖通空调·动力 [M]. 北京：中国计划出版社，2009.

[9] 陆耀庆. 实用供热空调设计手册 [M]. 2版. 北京：中国建筑工业出版社，2008.

[10] 陆亚俊. 暖通空调 [M]. 3版. 北京：中国建筑工业出版社，2015.

体育场悬挑钢网架保护性拆除施工技术

陈桂林，邓江鹏，黄国红，蔡云，周志鑫

(中建三局集团有限公司，湖北 武汉 430064)

摘 要：本文结合工程实例，详细介绍深圳体育场悬挑钢网架保护性拆除的施工过程，通过实测实量建模，并基于有限元分析计算软件对悬挑钢网架进行受力分析和施工工况模拟，提供了充分的施工方案设计计算依据。施工过程通过模型吊装试验、薄弱杆件加固、网架悬臂端回顶卸荷、确定分块悬挑钢网架重心和吊点、选择合适的吊运设备和吊索具等一系列施工过程关键技术要点，保障本工程悬挑钢网架保护性拆除施工顺利实施。网架拆除施工监测保证了施工过程安全和数据反馈，进一步验证了有限元分析的准确性和方案可行性。保留结构健康监测数据反映了保护性拆除的有效性，使得保留结构能够满足后期改造需求。

关键词：体育场悬挑钢网架；保护性拆除；有限元分析；施工方案设计；保留结构健康监测

Construction Technology of Protective Demolition of Cantilever Steel Mesh Frame in Stadium

Chen Guilin, Deng Jiangpeng, Huang Guohong, Cai Yun, Zhou Zhixin

(China Construction Third Bureau Group Co., Ltd., Wuhan Hubei 430064)

Abstract: Combined with the engineering examples, this paper introduces in detail the construction process of the protective demolition of the cantilever steel mesh frame in Shenzhen Stadium. Providing a sufficient basis for the design and calculation of the cantilever steel mesh by actual inspection and measurement and modeling, and based on the finite element analysis and calculation software. During the construction process, a series of key technical point frames, such as model hoisting test, weak member reinforcement, cantilever end of the mesh frame cantilever end, determination of the center of gravity and lifting point of the block cantilever steel mesh frame, selection of suitable lifting equipment and sling rigging, etc., ensures the smooth implementation for project of the protective demolition construction of the cantilever steel mesh frame. Mesh frame demolition construction monitoring ensures the safety of the construction process and the feedback of data, further verifies the accuracy and feasibility of the finite element analysis. It retains the structural health monitoring data to reflect the effectiveness of protective demolition, so that the retained structure can meet the needs.

Key words: stadium cantilever steel mesh frame; protective demolition; finite element analysis; construction scheme design; structural health monitoring is preserved

一、引言

随着城市改造更新，国内有许多大型体育场馆改造或拆除重建的案例，大多为非保护性拆除，主要采用爆破和机械破除，缺乏保护性拆除的经验总结。本工程为旧深圳体育场提升改造工程，需对体育场顶部罩棚悬挑钢网架进行保护性拆除，保留部分外斜柱和看台用于结构改造，悬挑钢网架保护性拆除需保证保留结构内应力和自身变形满足设计要求。悬挑钢网架由螺栓球和连接杆件形成四角锥形，通过径向尾部支座（受压和受拉平衡）承重，因其结构老化、形状不规则、体积大、重量大等因素，易导致网架在切割和吊运过程中产生较大变形，甚至出现空中解体散架，无法对保留结构进行有效保护，需采用相应技术措施来达到保护性拆除的目的。

二、工程概况

旧深圳体育场需进行改造提升，对原有结构进行保护性拆除，保留部分结构用于改造使用，保留具有典型历史记忆的外圈结构（图1），建成国际性专业足球场和全民健身服务区，成为深圳市民的第二生活空间。

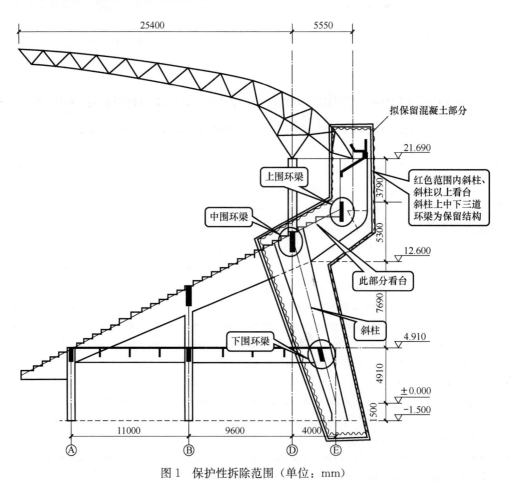

图1 保护性拆除范围（单位：mm）

悬挑钢网架为椭圆环形大跨度悬挑网架结构（图2），屋面板为镀锌铝合金压型板，椭圆形长轴258m、短轴200m，椭圆环形网架径向跨度约30.95m，钢网架悬臂端宽为25.4m，网架支座至悬臂端上弦的高差10.1m，网架上仰坡度为6°47′，整体自重约

970.0t。悬挑钢网架存在 12 条变形缝，将整个网架结构沿径向分成 12 个独立结构区域[2]，每个区域为 5 个开间，环向两侧各悬挑半个开间。

图 2 体育场悬挑钢网架实景图

三、基于有限元分析下的施工方案设计

（一）保护性拆除方案选型分析

根据悬挑结构特点：被 12 条结构变形逢沿径向分割成 12 个独立网架单元；悬挑体系由尾部支座承担全部荷载，且上部径向弦杆受拉，下部径向弦杆受压。拟将 12 个独立单元沿径向切割，均分为 3 个独立小单元，满足保护性拆除需求和施工安全需求，每个分片小单元面积约 557m^2，重量约 27.0t。

本次保护性拆除遵循"先撑后拆、分片吊运、网架不发生明显变形"的原则，提供钢胎架支撑拆除、满堂脚手架支撑拆除、原安装方案逆作法分片吊拆三种方案设计思路。

（二）有限元分析与施工方案设计

为保障选型方案切实可行，施工风险可控，采用游标卡尺、全站仪机器人等工具进行实测实量，再进行精细化建模，采用 Midas 进行有限元分析（图 3），综合对比三种方案的结构受力安全状态、施工可操作性、经济性等。

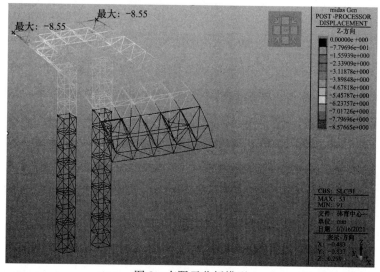

图 3 有限元分析模型

经有限元分析发现，在采用"先撑后拆"的拆除方式时，网架整体受力状态良好，吊运平稳，弦杆应力释放后可达到保留结构初始应力状态。综合考虑安全性、经济性和工期等因素，施工方案设计选型最终确定采用钢胎架支撑悬挑钢网架悬臂端，分块切割吊运。本方案通过尾部4个支座支撑点和悬臂端2个支撑点，即通过6个支撑点将解除所有约束后的分片钢网架平稳托起，再采用大型设备分片吊装至地面，满足保护性拆除原则，安全可靠，施工方案设计选型获得业界专家和参建方的一致认可。

明确方案设计选型后，全方位和全工况模拟悬挑钢网架在钢胎架支撑下的结构受力方式和应力变形。调整并明确模型中钢胎架位置，使得悬挑钢网架在解除所有约束后能平稳放置在支撑上，且悬臂端挠度变形较小、整体受力良好，最终确定在径向弦杆1/3段第4个螺栓球处进行钢胎架支撑，计算最大挠度变形57mm，满足施工安全控制指标。计算分析确定薄弱杆件，方案设计时采取加固措施。通过吊运模拟分析（图4），优化并确定网架4个吊点，保证钢丝绳受力均匀，网架起吊后不发生较大变形和倾覆趋势。

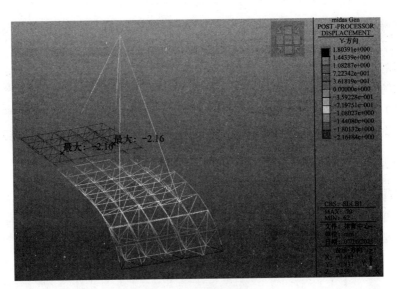

图4 吊运模拟分析

四、保护性拆除施工技术要点

（一）试验验证计算分析和施工方案设计

为验证理论分析，进一步优化施工方案，现场采用杆件尺寸及螺栓球节点按1∶1比例在外厂加工制作的构配件，在现场拼装实体模型单元进行钢网架吊运模拟试验。本次试验目的是验证杆件加固和钢丝绳受力方向对钢网架保护性拆除施工的影响，自变量主要有：薄弱杆件有加固与无加固、钢丝绳是否垂直吊物；无关变量主要有吊运设备大小、钢丝绳材质、钢丝绳规格尺寸、吊物自重、组装单元模型的差异性等。

根据试验结果得出以下结论：钢网架吊运过程中薄弱杆件变形会导致钢网架在空中解

体散架的风险,在采取有效的加固措施后满足钢网架平稳吊运要求;钢丝绳吊运角度对钢网架吊运过程的影响较小;验证了理论计算对薄弱杆件的分析结论,检验了保护性拆除方案的安全性和可实施性。

(二)悬挑钢网架薄弱杆件加固

根据 Midas 有限元分析结果和 1∶1 实体模型单元吊运试验结论,对因自身截面较小且受压荷载较大的腹杆和环向弦杆进行加固处理,提高杆件抗弯和抗扭强度,控制其在吊运过程出现空中解体的风险。杆件加固采用 $\phi 48.0 \times 3.0 (mm)$ 钢管,对薄弱杆件的两个垂直面(X 向和 Y 向)同时加固,增大杆件截面,约束杆件受力弯曲时的面向变形。

(三)悬臂端钢胎架支点等量分级回顶卸荷

在钢胎架支撑(图 5)情况下,解除悬挑钢网架支座螺栓球约束后,钢网架悬臂端因上弦杆应力释放而产生 57mm 的竖向变形,采用千斤顶在悬臂端支撑点提前将悬挑钢网架进行等量分级回顶卸荷,提前释放弦杆应力,避免应力释放过大而发生安全隐患。

通过监测数据得出,在回顶 57mm 后,上弦杆应力释放 60kN,与原有杆件应力理论计算值基本一致,弦杆应力得到有效释放,基本达成保留结构回到初始应力状态的保护性拆除目标。

图 5 钢胎架支撑实景图

(四)明确悬挑钢网架分片切缝处杆件切割顺序

悬挑钢网架结构为四角锥形,通过 Midas 软件进行切割方式施工模拟,当沿椭圆径向只切割其连杆和腹杆、不切割主弦杆时,钢网架能得到较好的应力释放,变形能得到有效控制,故沿径向切割将悬挑钢网架分片。

切缝处杆件切割时,应从上往下、从外往里,优先切割环向上弦杆,再切割连接腹杆,最后切割环向下弦杆,切缝呈"倒八"字形,保证悬挑钢网架起吊时,能顺利垂直起吊。切缝宽度约 1.6m,满足吊运空隙要求,将因不可抗力因素导致网架平移而碰撞周围结构的施工风险降至最低。

(五)悬挑钢网架保护性拆除分片吊运要点

吊运设备选型确定:悬挑钢网架分片面积大($557m^2$)、重量重(27.0t),吊运时需跨越悬臂端,保证吊钩与重心位于同一铅垂线上,根据设备站位情况,最终选择 SCC4000A 型履带吊(主臂 54m+副臂 48m),吊运半径处吊重为 40.2t,吊运负载率 67.2%<70%,满足吊运要求。

吊索具的规格型号和长度确定:根据建模分析计算,吊索最大轴力为 108kN,选用 $6 \times 37S + FC$、$\phi 40mm$ 纤维芯钢丝绳(公称抗拉强度 1770MPa),查表得 $a = 0.82$,$F_g =$

935kN，取安全系数 $k=8$，即单根钢丝绳极限吊重可达 93.5t，副绳采用 ϕ30mm 同规格型号钢丝绳，穿绕吊点螺栓球进行兜底，满足吊运要求。因 4 个吊点高度不一致，为保证悬挑钢网架起吊后保持平稳提升，精确计算 4 根钢丝绳长度，保证悬挑钢网架起吊后各钢丝绳受力均匀，避免悬臂端下坠或整体倾覆，可通过捯链葫芦调节钢丝绳长度和受力松紧度，使得钢丝绳达到理想受力状态。

明确吊运工序：在悬挑钢网架起吊前，起重机指挥人员应检查吊点情况和待吊网架是否解除所有约束，确认后进行试吊作业。试吊确认网架无明显变形和晃动后，继续起吊至指定高度（图6），最后平移至场内堆场处平稳放下，网架落地后应静置 2h 后再解除吊点钢丝绳。

五、悬挑钢网架拆除安全监测与保留结构健康监测

（一）悬挑钢网架拆除安全监测

在悬挑钢网架保护性拆除作业过程中，依据拆除施工方案和计算分析结果，选取钢网架受力变化较大的杆件进行全过程安全性（变形）监测，每一片吊运单元设置 3 个监测点，以分析其变形趋势，判断其运行状态的稳定性与安全性，如出现险情时，作出实时预警、预报，依据监测数据，掌握结构实际受力变形状态，为结构拆除提供重要技术依据，确保了钢网架平稳拆除、安全"落地"（图7）。

图 6　网片分片吊运拆除　　　　　图 7　拆除完成实景图

（二）保留结构健康监测

根据保留结构形式，结合有限元仿真计算，对保留结构关键部位（应力变化较大、位移较大）进行健康监测。利用智能型钢弦式应变计和高精度双轴倾角器对保留结构进行动态应力和应变监测，根据数据反馈结果指导现场施工，保留结构未产生较大应力和变形，达到保护性拆除的目标，钢网架拆除完成后继续利用监测设备对结构改造和竣工使用全寿命周期进行健康监测，保障生命财产安全。

六、结语

通过采用钢胎架支撑的方式，结合有限元分析、回顶卸荷、全过程施工监测和保留结构健康监测等一系列施工技术措施，圆满完成本次钢网架保护性拆除任务，得到参建方和

社会的高度认可，为类似保护性拆除工程总结成功经验。智能监测技术为现场的拆除工作提供了有效的数据支撑，实时数据分析、反馈、预警，确保了施工团队安全快速地完成拆除工作。对于拆除改造工程，进行拆除全过程的智能监测，确保现场的安全及外部环境的安全，可实现拆除过程无人化，同时保证监测数据的连续性、及时性。该技术会成为以后拆除工程的主流，给相关保护性拆除课题提供研究思路，并助力未来的智慧工地建设。

参 考 文 献

[1] 李华. 基于有限元分析的大跨度网架拆除施工技术[J]. 建筑施工，2019（5）.
[2] 马耀庭. 深圳体育场悬挑钢网架罩棚的设计与施工[J]. 建筑结构，1998（1）：16.
[3] 赵子煌. 大型钢网架结构吊装拆除实例分析[J]. 交通世界，2022（10）.
[4] 邓江鹏. 基于有限元分析下的悬挑钢网架拆除仿真模拟[J]. 工程技术，2022（7）：170-171.

临海暗埋大直径 J-PCCP 管顶进安装技术研究与应用

李鑫，曹涯温

（中交一航局西南工程有限公司，广西 玉林 537000）

摘　要：为提高泥水平衡顶管机在管道顶进安装施工过程中的工效及管道安装质量，从实际应用中所涉及的洞门止水、轨道梁加固、管道吊装、触变泥浆配合比、循环泥浆配合比、泥浆沉渣分离装置等方面进行工艺提升试验，利用理论计算、模型搭建结合实际操作，验证新工艺、新方式的技术改进措施并加以应用。研究出的改进措施经操作验证，利用新型的洞门止水工艺能够有效实现洞门圈封闭止水效果，利用新设计的轨道梁加固措施能够有效解决顶管机轨道梁在顶进过程中的偏移现象，利用新型的管道吊装装置能够有效提高管道吊装安装效率，利用新试验的触变减阻泥浆及顶管机仓循环泥浆配合比性能参数能够有效提高泥浆适用性及使用效果，利用新设计的顶管机仓石渣分离装置及循环泥浆沉渣分离系统能够有效优化泥浆循环管路分离过滤系统，提高泥浆循环利用率。

关键词：泥水平衡顶管；洞门止水；触变泥浆；沉渣分离；管道安装

Research and Application of Jacking Installation Technology for Large Diameter J-PCCP Pipes Buried in The Sea

Li Xin, Cao Yawen

(Southwest Engineering Co., Ltd. of CCCC First Harbor Engineering Co., Ltd., Yulin Guangxi 537000)

Abstract: In order to improve the efficiency and installation quality of the mud water balance pipe jacking machine in the process of pipeline installation, process improvement experiments are carried out from the aspects of tunnel gate sealing, track beam reinforcement, pipeline lifting, thixotropic mud ratio, circulating mud ratio, mud sediment separation device, etc. involved in practical applications. Theoretical calculations, model building, and practical operations are used to verify the technical improvement measures of the new process and method, and they are applied. The improvement measures developed have been verified through operation, and the use of the new gate sealing technology can effectively achieve the sealing effect of the gate ring. The use of the newly designed track beam reinforcement measures can effectively solve the deviation phenomenon of the top pipe machine track beam during the jacking process. The use of the new pipeline lifting device can effectively improve the efficiency of pipeline lifting and installation. The use of the new experimental thixotropic drag reducing mud and the circulating mud ratio performance parameters in the top pipe machine compartment can effectively improve the applicability and effectiveness of the mud. The use of the newly designed top pipe machine compartment stone slag separation device and the circulating mud sediment separation system can effectively optimize the mud circulation pipeline separation and filtration system, and improve the mud circulation utilization rate.

Key words: mud water balance top pipe; water stop at the entrance of the cave; thixotropic mud; sediment separation; pipeline installation

一、引言

　　泥水平衡顶管工艺作为一种非开挖暗埋管道安装施工工艺，凭借其不开挖地面、不破坏地面建筑物、不破坏环境、不影响管道段差变形、省时、高效、安全且综合造价低的特点，在管道安装施工领域中的应用日益普及。目前常见应用于泥水平衡顶管工艺中的洞门圈止水措施为单层圈，且触变减阻泥浆及循环泥浆最优配合比参数针对不同地质情况也有所不同，并没有特别明确的适用于沿海吹填砂地质的顶管泥浆指导性能参数。本文所述的大直径 J-PCCP 管顶进安装技术研究与应用，是在基于现有工艺基础上，对泥水平衡顶管施工工艺在洞门止水、轨道梁加固、管材吊装处理、触变泥浆配合比、循环泥浆配合比、沉渣分离装置等方面作出的技术改进提升，通过有针对性的技术改进措施，有效改善现有工艺应用中的缺陷，达到管道顶管施工提质增效的目的。

二、工程概况

　　北海电厂二期（2×660MW）扩建工程新建循环水取水管道穿越一期既有正常生产运营厂区施工段，管道沿线地表上部横跨 3 组 220kV 高压线架，地表建有变压器发电机组、油池、GIS 控制室等构筑物，地下约有 28 条管线设施，为解决二期管道埋设施工对一期正常生产运行的影响问题，创新性地引入顶管施工工艺，在对一期正常生产运营的影响降低到最小的同时，经济高效的实现管道暗埋施工。

　　顶管工程管线采用 DN3200 双排管，管材采用 J-PCCP 管，单根管长 2.5m，壁厚 240mm，双胶圈柔性承插口连接，管线埋深 11.5m，顶进施工长度 405m，横穿一期电厂厂区。

三、工艺原理

　　管道顶进施工应用泥水平衡顶进施工原理，将置于工作井中的顶管掘进机通过主顶油缸向前推进至止水圈后，由电动机提供能量转动掘进机头刀盘来切削土层、粉碎石块，并使之进入泥水舱与泥浆混合后由泥浆系统的排泥管泵送至地面泥水分离设备进行处理，分离出的残土被运走，泥水再注入进浆系统循环使用，与此同时，顶管机连同管道在后方顶进油缸持续顶进力的作用下，最终穿过土层到达接收井。在掘进过程中，顶管机采用泥水平衡装置来维持水土平衡，使顶进管道始终处于主动与被动土压之间，使泥水压力与开挖面上的水土压力保持平衡，以达到消除地面沉降和隆起的效果，实现稳定开挖面的目的[1]。

四、工艺改进

（一）洞门止水

　　洞门止水措施在单层直压板配套单层密封橡胶圈的基础上改进为双层活页压板配套双

层密封橡胶圈的方式。原单层直压板配套单层密封圈是在工作井井室侧壁预留洞口处四周利用膨胀螺栓安装一圈压板，压板上设置眼槽，膨胀螺栓穿过眼槽将压板紧固于混凝土侧壁，压板与洞门四周混凝土侧壁间安装有一圈橡胶止水板，顶管机机头经由工作井侧壁预留洞口穿越工作井基坑外围止水帷幕后，橡胶密封圈受顶管机头挤压会紧密贴合于顶管机身与侧壁洞门圈之间，有效隔绝从基坑外渗透到洞门圈处的地下水，使得地下水不会沿顶管机仓周边流入基坑内，避免出现顶管施工洞门圈漏水现象[2]。

实际应用过程中，由于本项目顶管穿越地层为粉细砂、细砂地质，且距离北部湾海域直线距离约400m，地下水渗透系数大且含量丰富，导致按照单层直压板配套单层密封圈方式施工后的洞门圈，在顶管顶进过程中，仍有部分地下水渗漏现象，且往洞门口渗透的地下水会携带粉细砂，堆积后会对橡胶圈形成"反向鼓包"现象，施工过程中存在橡胶圈局部外翻洞门大量漏水隐患。

因此在此基础上，采用双层活页压板配套双层密封橡胶圈形式升级原单层胶圈止水形式。首先，设计能够固定在工作井混凝土侧壁洞门四周位置处的圈梁，圈梁由两道横向板及一圈竖向板组成，两道横向板各自安装一套压板及橡胶止水圈，且压板将原单片直板改为活页压板作为橡胶止水圈保护机制，避免顶管机仓及顶管管道向前顶进过程中对橡胶止水板的摩擦挤压损伤。其次，由于与工作井侧壁相密贴的横向板采用膨胀螺栓固定，为防止横向板与侧壁之间缝隙渗漏水，在安装洞门圈梁前先将圈梁与侧壁接触部分的混凝土表面凿毛，待洞门圈梁利用膨胀螺栓与侧壁固定后，在圈梁外围支模，将圈梁下层横向板与混凝土侧壁之间浇筑细石混凝土进行包封。新设计应用的洞门止水装置示意图如图1所示。

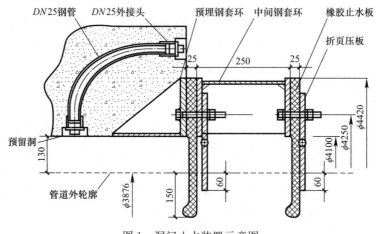

图1 洞门止水装置示意图

（二）轨道梁加固

轨道梁作为放置于工作井内的顶管机及管道支撑装置，原设计的轨道梁固定方式为利用支撑于两根轨道下方的槽钢竖向支撑布置调整确定轨道梁高度，然后将轨道在同一平面高度处，沿四周方向利用钢管横撑撑于工作井井室侧壁上，使其在顶管管道顶进安装过程中，不会受顶管主顶系统千斤顶顶推力或者顶管机机头反推力的作用而产生位移变形。

实际应用过程中，在穿越部分较硬地层或顶进距离较长等情况所需顶进力较大时，由于轨道梁没有更加稳固的固定方式，用以支撑的刚性结构易发生扭曲变形，影响管道顶进安装线性控制。因此在此基础上，采用预埋支撑钢构件、加设混凝土基座梁以及选用改良无缝圆钢管的方式，进行轨道梁改进加固施工，首先在浇筑工作井底板混凝土时，预先在底板中预埋经测量准确定位的轨道梁支撑钢构件，钢构件选用30A工字钢，下部与底板钢筋焊接连接，上部预留高度满足轨道梁支撑所需高度，同时待井室底板达到设计强度，利用支撑钢构件安装轨道梁就位后，在梁前后位置各浇筑一混凝土基座，基座包裹轨道梁下半部，且基座内钢筋体系与轨道压板利用精轧螺纹钢焊接连接，最后在此基础上，将轨道梁四周利用无缝厚钢管支撑于井室侧壁，支撑钢管一端与轨道梁焊接固定，另一端则与侧壁预留钢板焊接固定，利用上述措施加固后的轨道梁的稳固可靠，可有效避免轨道梁因受力产生的位移变形。

（三）管材吊装

原有的管道吊装方式采用两条单根20m长、规格30t吊带兜吊，新设计的吊具由一根横梁及连接于横梁下方的两副勾板组成，横梁与勾板间采用卡环组成活动连接，横梁上部两根钢丝绳用于起吊吊具，勾板可勾在管道两端，使用时起吊横梁，即可利用勾板将管道吊起。新型管道吊装专用吊具示意图如图2所示。

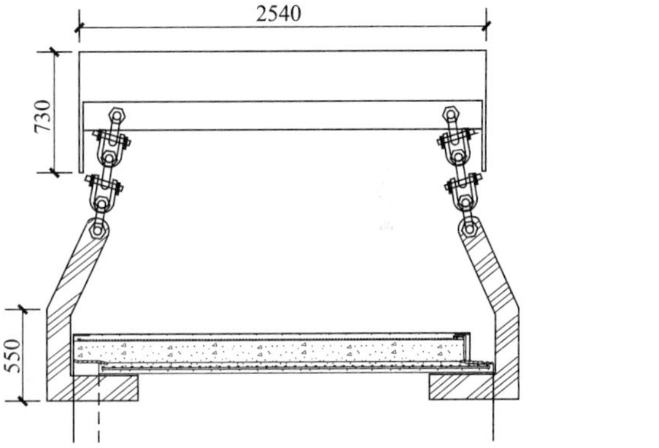

图2 新型管道吊装专用吊具示意图
注：图中单位以mm计。

（四）泥浆配合比

泥水平衡顶管工艺所用泥浆分为两种，一种是用于管道外壁的触变减阻泥浆，经由预留在管材上的注浆孔，由管道内的注浆管路注入管道外壁与顶进穿越土体之间；另一种是用于泥水平衡循环系统的泥浆，进浆管将优质纯净泥浆注入顶管机机头泥浆仓，泥浆仓里的泥浆会与切削的土体进行混合，形成裹挟石渣、泥砂的泥浆混合液，混合泥浆从泥浆仓内再经由排浆管路输送至泥浆箱上安置的泥浆净化装置，净化后的纯净泥浆流回泥浆箱，再经进浆管重新输送至顶管机头，实现泥浆循环使用，泥浆循环的过程也会将机头刀盘切削出的土体不断带出[3]。

对于触变减阻泥浆，为提高泥浆应用性能，从泥浆配合比入手，经试验验证，研究出最适宜本项目砂层地质工况的泥浆配合比，能够最大程度上起到管道外壁泥浆润滑减阻及防地表沉降作用。触变减阻泥浆浆液配比表见表1。

触变减阻泥浆浆液配比表　　　　　　　　　　　　表1

分类	泥浆材料组成			
材料	膨润土	纯碱	CMC	水
配合比	100kg	5kg	1.2kg	550kg

对于泥水平衡循环泥浆，需保证其能在进、排浆管路顺畅流动的同时，能够有效裹挟出顶管机机头切削掉的石渣、泥砂，循环泥浆初始优质纯净泥浆由水、膨润土、纯碱配比

组成，实际应用中，通过调配不同比重的泥浆混合液，对比其进入顶管机泥浆仓循环后经由泥浆净化装置分离出的石渣、泥砂数量，比选出能够最大程度上、最快裹挟出杂质的泥浆比重性能参数作为循环泥浆指导比重参数[4]。

（五）沉渣分离

对于循环泥浆沉渣分离的设计优化措施共有两处，一处是加装在顶管机机头内的新型泥浆仓石块分离装置，另一处是将泥浆净化装置与泥浆箱组合使用的泥浆快速分离净化系统。

新型泥浆仓石块分离装置旨在缓解若顶进前方遇到大块岩石，从机头刀盘进渣口进入机头泥浆仓的混合泥浆里携带的大量破碎小块岩石进入 $DN150mm$ 的排浆管道后造成的排浆管路堵塞难题。该分离装置由 $DN1000mm$ 钢管改造而成，钢管上下皆有钢板封闭，上部钢板设置一法兰连接取渣口，钢管中间焊接滤网，滤网上部管道侧面与顶管机泥浆仓排浆口相接，滤网下部管道侧面与管道内排浆管相接。裹挟有石块的泥浆从上部管道接口进入分离装置，石块分离在滤网上部，含有石渣、泥砂的泥浆可从下部管道接口流出，再从入排浆管排走，避免石块进入排浆管造成管道的频繁堵塞。新型泥浆仓石块分离装置示意图如图 3 所示。

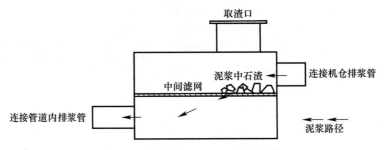

图 3　新型泥浆仓石块分离装置示意图

泥浆净化装置与泥浆箱组合使用的泥浆快速分离净化系统，是将泥浆净化筛砂机放于泥浆箱上方，利用串联的泥浆箱组成大型储浆池，将常规的沉淀池沉淀分离石渣、泥砂方式改进为利用泥浆净化装置直接筛除分离方式，裹挟石渣、泥砂的泥浆通过泥浆净化筛砂机，可利用振动筛高效快速分离泥浆中杂质，效率较沉淀池自然沉淀分离有显著提升。

五、理论计算

对泥水平衡顶管机循环泥浆管路抽浆泵流量选型作出理论计算，便于实际施工中，选择合理流量的抽浆泵，保证裹挟有石渣、泥砂的泥浆的有效抽排。

顶管机仓沉淀沉渣的主要组成部分是沉渣颗粒，假定沉渣颗粒为球形，重力为 G，颗粒在浆液中的浮力为 F，设球形颗粒在浆液中的沉降阻力为 R。当 $G>F$ 时，颗粒下降沉淀，速度逐渐增大，阻力 R 值也随之增大，最终达到 $G=R+F$ 的状态，沉渣颗粒将会以恒速 v_0 下降。根据雷廷格尔公式可得沉降速度 v_0 的计算式如式（1）所示。

$$v_0=\sqrt{\frac{4g\delta(\rho_s-\rho)}{3c\rho}}=k\sqrt{\frac{\delta(\rho_s-\rho)}{\rho}} \tag{1}$$

式中：δ——球形颗粒直径，m；

ρ_s——沉渣颗粒密度，kg/m^3；

ρ——泥浆密度，kg/m^3；

g——重力加速度，m/s^2；

c——固体颗粒阻力系数，无因次；

k——颗粒形状系数，球形颗粒 k 值为 4～4.5，不规则形状颗粒 k 值为 2.5～4。

泥水平衡顶管工艺循环泥浆颗粒的尺寸与刀盘口径和地质条件有关，根据颗粒直径计算沉降恒速，进而可以求出抽排泥浆时需要的泥浆流量。流量计算公式如式（2）所示。

$$Q = vS \tag{2}$$

式中：v——流体流速，m/s；

S——管道截面积，m^2。

假设泥浆中沉渣颗粒直径 $\delta=0.02\text{m}$，$\rho_s=2.5\times10^3\text{kg/m}^3$，$\rho=1.8\times10^3\text{kg/m}^3$，$k$ 值取 4，计算可得：$v_0=0.35\text{m/s}$。

排浆管直径 150mm，计算可得：$Q=22.3\text{m}^3/\text{h}$，即实际流速 $v>0.35\text{m/s}$ 时，沉渣不下降，能随泥浆携带而出，需要泵满足的流量也需大于 $22.3\text{m}^3/\text{h}$。

实际应用中井室内抽浆电泵的流量也受其实际扬程的影响。

六、工艺应用

（一）洞门止水措施改进应用

洞门止水措施改进为双层活页压板配套双层密封橡胶圈，双层密封胶圈利用活页压板固定于洞门圈梁两道横向板，洞门圈梁材质为 Q235B，止水橡胶圈厚度 12mm，圈梁与混凝土侧壁之间包圈混凝土选用 C50 早强细石混凝土。

（二）轨道梁加固措施改进应用

轨道梁采用预埋支撑钢构件、加设混凝土基座梁以及选用改良无缝圆钢管的方式进行改进加固，加设混凝土基座梁选用 C30 混凝土，改良无缝钢管直径 80mm、厚度 8mm，沿轨道梁四周共设置 12 道，前后各 2 道，左右各 4 道。

（三）管材吊装吊具改进应用

新设计的管材吊具横梁及勾板均采用 Q235B 材质钢板焊接加工而成，勾板上部附着橡胶板，避免与管道内壁刚性接触。

（四）泥浆配合比优化改进应用

对于触变减阻泥浆，按照经试验验证最优配合比调配后的泥浆，性能参数表见表 2。

触变减阻泥浆性能参数表　　　　表 2

漏斗黏度	视黏度	失水量	终应力	密度	稳定性
1'19"2 (s)	21 (cP)	12.6 (ml)	80 (Pa)	1.26 (g/cm³)	0～0.001 (g/cm³)

对于泥水平衡循环泥浆，经试验验证，循环泥浆指导密度参数最适宜范围为1.8～2.3g/cm³。

（五）沉渣分离装置改进应用

新型泥浆仓石块分离装置高度约60cm，采用DN1000钢管改制，在钢管正中间焊接一块由HRB400 8mm钢筋焊接成的筛网，筛网为方块网格，网格尺寸为2cm×2cm，经筛网分割后的上下部空间各30cm，泥浆首先进入上部空间，经筛网筛除石块、石渣后，再由下部空间排出并进入排浆管路。同时装置顶盖上焊接一圆形法兰接口，接口直径为30cm，此法兰接口为掏渣口，分离装置使用一段时间后，打开法兰接口，人工从掏渣口处清理出筛离的石块、石渣。

七、结语

本文从临海暗埋大直径泥水平衡法顶管安装工艺着手，通过实际应用效果比对，针对洞门止水、轨道梁加固、管材吊装处理、触变泥浆配合比、循环泥浆配合比、沉渣分离装置等方面作出相应技术改进提升，达到管道安装提质增效的目的。后续研究中，希望从泥水平衡法顶管施工整套工艺系统的完善性方面开展更深阶段的研究，继续从经济、高效、环保方面考虑，推行出工序施工中更多更好的改进措施，进一步完备工艺优化方法。

参 考 文 献

[1] 上海市住房和城乡建设管理委员会. 顶管工程施工规程：DG/TJ 08—2049—2016 [S].
[2] 潘立. 大刀盘泥水平衡式长距离大口径顶管施工技术 [J]. 建筑施工，2016（8）：132-134.
[3] 吴全科. 软弱土质大口径长距离钢筋混凝土管泥水平衡顶管施工技术 [J]. 非开挖技术，2011（4）：42-48.
[4] 张益. 小口径泥水平衡顶管注浆减阻技术 [J]. 建筑科技，2020（1）：223-226.

考虑土体三维强度的干成孔灌注桩钻孔收缩问题理论解

刘贯飞,董亮,王志军,周作文,杨科

(中国十九冶集团有限公司,四川 成都 610031)

摘 要:采用考虑土体三维强度的 Mohr-Coulomb 弹塑性模型描述钻孔周围土的弹塑性变形,假定土体发生大应变并引入辅助变量,推导了基于拉格朗日描述的钻孔周围土体的体积和有效应力的半解析解。结果表明,在灌注桩钻孔收缩问题计算时考虑土层三维强度的影响,可以更加合理地反映土中干法成孔的钻孔缩孔效应;孔壁土的收缩变形可分为弹性小变形和弹塑性大变形两个阶段,缩孔位移随孔壁压力的减小而增大,其中土的静止侧压力系数、内摩擦角、黏聚力和弹性模量对钻孔收缩行为的影响较大。

关键词:钻孔灌注桩;钻孔收缩;干作业法成孔;Mohr-Coulomb 模型;理论解

Theoretical Solution of Borehole Contraction in Dry Drilling Bored Pile Considering The Three-Dimensional Strength of Soil

Liu Guanfei, Dong Liang, Wang Zhijun, Zhou Zuowen, Yang Ke

(China 19th Metallurgical Corporation, Chengdu Sichuan 610031)

Abstract: The Mohr-Coulomb elastic-plastic model considering the three-dimensional strength of soil is used to describe the elastoplastic deformation characteristics of soil around the borehole. Assuming that the soil undergoes large strain and introducing auxiliary variable, several semi-analytical solution formulas based on Lagrangian description for calculating the volume and effective stresses of soil around the borehole are derived. The results show that considering the influence of three-dimensional strength of soil in the calculation of borehole shrinkage problem in bored piles can more reasonably reflect the shrinkage behavior of dry drilling holes in soil. The shrinkage deformation of soil on the borehole wall can be divided into two stages: elastic small deformation and elastic plastic large deformation, and the displacement of borehole shrinkage increases with the decrease of cavity pressure. Among them, the static lateral pressure coefficient, internal friction angle, cohesion and elastic modulus of soil have a significant impact on the dry drilling hole shrinkage behavior.

Key words: bored pile; borehole shrinkage; dry drilling hole; Mohr-Coulomb model; theoretical solution

一、引言

钻孔收缩是钻孔灌注桩施工过程中的一个难以避免的工程现象,如果钻孔收缩过大,可能导致塌孔、断桩、承载力下降等工程病害。针对该问题,Westergard 等[1] 基于

Mohr-Coulomb 强度准则，推导了各向同性土层中钻孔壁周围应力的弹塑性解析解。龚辉等[2] 针对钻孔灌注桩在施工过程中可能出现的孔壁坍塌和缩径问题，推导了确保孔壁稳定性所需的最小泥浆重力密度及初始屈服深度的计算式。李尚飞等[3] 考虑钻孔灌注桩在成孔过程中的卸荷效应和孔周土体的黏弹性行为，推导了孔壁处土水平应力与位移随时间变化的计算公式。Zhao[4] 基于 Mohr-Coulomb 屈服准则和相关联流动法则，考虑静止侧压力系数 K_0 的影响，对钻孔收缩过程中孔周土应力状态分布情况进行了分析。然而，上述关于土中灌注桩钻孔收缩问题的解答大多是在二维应力状态下推导的，与天然地基土的三维受力条件不符，所得结果不能准确反映钻孔侧壁土体的卸荷变形特征。本文使用考虑土体三维强度的 Mohr-Coulomb 塑性模型[5]，结合 Menétrey 等[6] 提出的椭圆形的塑性势面函数，使用拉格朗日分析法建立了干作业成孔灌注桩钻孔收缩问题理论解，该解可准确反映钻孔侧壁土体在三维应力条件的收缩变形特征，计算参数简单且容易确定，适合在工程中推广使用。

二、问题描述和本构模型介绍

（一）柱孔收缩过程描述

如图 1 所示，半无限空间土体中的钻孔初始孔径为 a_0，当孔壁压力 σ_a 不断减小时钻孔收缩，因钻孔收缩改变了钻孔周围土体的应力状态，从孔壁处开始，孔周土体由近到远逐渐发生屈服，在钻孔周围形成已屈服的弹塑性区和未屈服的弹性区。同时，孔周任一土质点位置从初始的 r_{x0} 移动到 r_x，应力状态从初始的 $(\sigma'_{h0}, \sigma'_{h0}, \sigma'_{v0})$ 变为 $(\sigma'_r, \sigma'_\theta, \sigma'_z)$，体积由 v_0 变为 v。下标 r、θ、z 分别表示钻孔的径向、环向和竖向（垂直于平面）方向。

将钻孔收缩视为平面应变过程，在柱坐标系中建立应力平衡方程，写为：

$$\frac{\mathrm{d}\sigma'_r}{\mathrm{d}r}+\frac{\sigma'_r-\sigma'_\theta}{r}=0 \tag{1}$$

式（1）中，r 为土颗粒的径向位置。符号

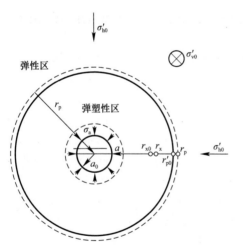

图 1　土中干法成孔钻孔收缩示意

"d" 表示物理量的空间导数，下同。

（二）基于三维应力状态的 Mohr-Coulomb 本构模型

在本文中，考虑土体三维应力的 Mohr-Coulomb 模型屈服面函数 F 在偏平面上的形状为不规则的六边形[5]，塑性势面则采用 Menétrey[6] 提出的光滑椭圆形式的函数 G，它们的表达式分别为：

$$F=R_{mc}q-p'\tan\varphi-c=0 \tag{2}$$

$$G=R_{mw}q-p'\tan\psi \tag{3}$$

式（2）、式（3）中，φ 为土的内摩擦角，ψ 为土的剪胀角，c 为土的黏聚力，p'、q 分别为土的平均应力和偏应力。R_{mc} 和 R_{mw} 分别为在偏平面上控制土体屈服面和塑性势面形状的函数，R_{mc} 和 R_{mw} 的函数表达式分别见文献［5］和文献［6］。Mohr-Coulomb 材料的弹性变形服从广义胡克定律，塑性变形遵循非关联流动法则，参考文献［5］的方法，容易推得土的弹塑性应力-应变关系为：

$$\{\sigma'_r, \sigma'_\theta, \sigma'_z\} = [C_{ep}]\{\varepsilon_r, \varepsilon_\theta, \varepsilon_z\} \tag{4}$$

式中，$[C_{ep}] = [C_e] - \dfrac{[C_e]\dfrac{\partial G}{\partial \sigma'_i}\dfrac{\partial F}{\partial \sigma'_i}[C_e]}{\dfrac{\partial F}{\partial \sigma'_i}[C_e]\dfrac{\partial G}{\partial \sigma'_i}}$，$[C_e] = E_0 \begin{bmatrix} 1-\mu & \mu & \mu \\ \mu & 1-\mu & \mu \\ \mu & \mu & 1-\mu \end{bmatrix}$，$[C_{ep}]$ 和 $[C_e]$ 分别为土的弹塑性本构关系矩阵和弹性本构关系矩阵，$i = r, \theta, z$；$E_0 = E/[(1+\mu)(1-2\mu)]$，$E$ 和 μ 分别为土的弹性模量和泊松比。

三、土中干成孔钻孔收缩问题半解析解

（一）钻孔收缩问题的弹性解

根据文献［7］，三维应力条件下钻孔收缩时周围土应力和变形的弹性解为：

$$\sigma'_r = \sigma'_{h0} + (\sigma'_{rp} - \sigma'_{h0})(r_p/r)^2 \tag{5a}$$

$$\sigma'_\theta = \sigma'_{h0} - (\sigma'_{rp} - \sigma'_{h0})(r_p/r)^2 \tag{5b}$$

$$\sigma'_z = \sigma'_{v0} \tag{5c}$$

$$u_{re} = (1+\mu)(\sigma'_r - \sigma'_{h0})r/E \tag{5d}$$

式（5）中，σ'_{rp} 和 r_p 分别表示弹塑性交界面处土的径向有效应力和弹塑性区的半径，u_{re} 为弹性区内土的径向位移。

（二）柱孔扩张弹塑性解

弹塑性区内的土发生大变形，用对数应变表示土的径向和环向应变，分别为：$\varepsilon_r = -\ln(dr/dr_0) = -\ln(v/v_0) - \ln(r/r_0)$、$\varepsilon_\theta = -\ln(r/r_0)$；之后，引入辅助变量 ξ，表示为：$\xi = (r - r_0)/r$。参考文献［7］的方法，结合式（4），使用拉格朗日方法可以推导出钻孔周围弹塑性区内土的应力和变形解为：

$$d\sigma'_r = -\frac{\sigma'_r - \sigma'_\theta}{1 - \xi - v_0/[v(1-\xi)]} d\xi \tag{6a}$$

$$\frac{d\sigma'_\theta}{d\xi} = -\frac{c_{21}}{c_{11}}\left\{\frac{\sigma'_r - \sigma'_\theta}{1 - \xi - v_0/[v(1-\xi)]} - \frac{c_{12} - c_{11}}{1 - \xi}\right\} - \frac{c_{22} - c_{21}}{1 - \xi} \tag{6b}$$

$$\frac{d\sigma'_z}{d\xi} = -\frac{c_{31}}{c_{11}}\left\{\frac{\sigma'_r - \sigma'_\theta}{1 - \xi - v_0/[v(1-\xi)]} - \frac{c_{12} - c_{11}}{1 - \xi}\right\} - \frac{c_{32} - c_{31}}{1 - \xi} \tag{6c}$$

$$\frac{dv}{d\xi} = \frac{v}{c_{11}}\left\{\frac{\sigma'_r - \sigma'_\theta}{1 - \xi - v_0/[v(1-\xi)]} - \frac{c_{12} - c_{11}}{1 - \xi}\right\} \tag{6d}$$

式中，

$$c_{11}=E_0(1-\mu)-S_0A_1B_1, \quad c_{12}=E_0\mu-S_0A_1B_2, \quad c_{13}=E_0\mu-S_0A_1B_3$$
$$c_{21}=E_0\mu-S_0A_2B_1, \quad c_{22}=E_0(1-\mu)-S_0A_2B_2, \quad c_{23}=E_0\mu-S_0A_2B_3$$
$$c_{31}=E_0\mu-S_0A_3B_1, \quad c_{32}=E_0\mu-S_0A_3B_2, \quad c_{33}=E_0(1-\mu)-S_0A_3B_3$$
$$A_1=E_0[a_r(1-\mu)+a_\theta\mu+a_z\mu], \quad B_1=E_0[b_r(1-\mu)+b_\theta\mu+b_z\mu]$$
$$A_2=E_0[a_r\mu+a_\theta(1-\mu)+a_z\mu], \quad B_2=E_0[b_r\mu+b_\theta(1-\mu)+b_z\mu]$$
$$A_3=E_0[a_r\mu+a_\theta\mu+a_z(1-\mu)], \quad B_3=E_0[b_r\mu+b_\theta\mu+b_z(1-\mu)]$$
$$S_0=1/[A_1b_r+A_2b_\theta+A_3b_z], \quad a_i=\partial F/\partial\sigma'_i, \quad b_i=\partial G/\partial\sigma'_i, \quad i=r,\theta,z$$

式（6）中，微分符号"d"和"∂"均表示对物理量的拉格朗日导数。结合初始条件 σ'_{rp}、$\sigma'_{\theta p}$、σ'_{zp} 和 v_p，使用式（6）可计算得到不同 ξ 值情况下土的 $\sigma'_r(\xi)$、$\sigma'_\theta(\xi)$、$\sigma'_z(\xi)$ 和 $v(\xi)$。ξ 的取值范围为 $\xi_p \leqslant \xi \leqslant \xi_f$，$\xi_p$ 对应土单元刚开始发生塑性变形时的 ξ，ξ_f 对应扩孔结束时的 ξ。如前所述，无穷远处的土处于初始应力状态，根据式（2）和式（5），可以解得土的弹塑性边界条件为：

$$\sigma'_{rp}=\sigma'_{h0}+\sqrt{q_p^2-(\sigma'_{h0}-\sigma'_{v0})^2}, \quad \sigma'_{\theta p}=2\sigma'_{h0}-\sigma'_{rp}, \quad \sigma'_{zp}=\sigma'_{v0}, \quad v_p=v_0,$$
$$\xi_p=(\sigma'_{rp}-\sigma'_{h0})/[E_0(1-2\mu)], \quad q_p=(p'\tan\varphi-c)/R_{mc}$$

在土的弹塑性边界条件中，参数 R_{mc} 是应力洛德角 θ_σ 的函数，因土体初始屈服时的应力洛德角 $\theta_{\sigma p}$ 不能直接计算。参数 R_{mc}、σ'_{rp} 和 $\sigma'_{\theta p}$ 在计算时可结合式（5）和 q_p 的计算式多次迭代求出。另外，由式（6）求解得到的 σ'_r、σ'_θ、σ'_z 和 v 均是关于辅助变量 ξ 的表达式，为便于分析，须将计算结果变换为关于径向位置 r 的表达式，用 ξ_a 表示孔壁处的 ξ 值，转换式为：

$$\ln\left(\frac{r}{a}\right)=\exp\left\{\int_{\xi_a}^{\xi}\frac{d\xi}{1-\xi-v_0/[v(\xi)(1-\xi)]}\right\} \tag{7}$$

四、干成孔钻孔收缩算例

采用控制单一变量方法，使用算例分析土体参数，如静止侧压力系数 K_0，抗剪强度指标 c、φ，剪胀角 ψ 和弹性模量 E 对干成孔钻孔收缩过程的影响。为便于分析，下文图中的土体应力均使用初始平均有效应力 p'_0 进行归一化处理。

如图 2 所示，当土中钻孔收缩至孔壁压力 σ_a 为 0 时，三种不同 K_0 情况下的孔周应

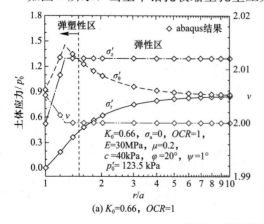
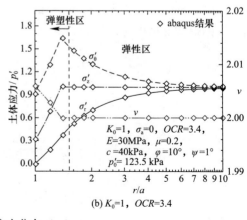

(a) $K_0=0.66$, $OCR=1$ (b) $K_0=1$, $OCR=3.4$

图 2   钻孔周围应力分布（一）

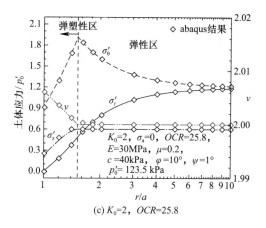

(c) $K_0=2$，$OCR=25.8$

图 2 钻孔周围应力分布（二）

力均可分为两个区：弹性区和弹塑性区；弹性区内的径向有效应力 σ_r' 均随 r/a 的减小而减小，环向有效应力 σ_θ' 随 r/a 的减小而增大，竖向有效应力 σ_z' 和土体体积 v 不发生变化；弹塑性区内土体发生塑性变形并出现体积剪胀，而且越靠近孔壁，剪胀量越大，σ_r'、σ_θ' 和 σ_z' 均随 r/a 的减小而剧烈减小。除此之外，孔壁卸荷引起的孔周弹塑性区的范围随 K_0 的增大而增大。

如图 3 所示，不同土体参数情况下的钻孔缩孔曲线变化规律均为：在孔壁土的弹性变

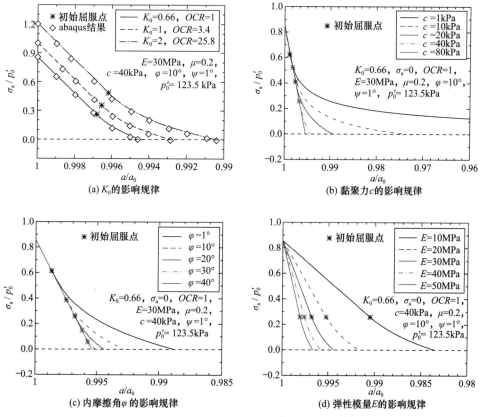

图 3 孔壁压力的变化（一）

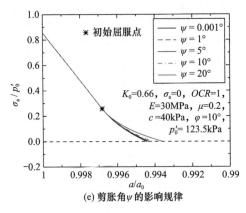

(e) 剪胀角 ψ 的影响规律

图 3　孔壁压力的变化（二）

形阶段，钻孔直径 a/a_0 随孔壁压力 σ_a 的减小而线性减小，土体屈服后，a/a_0 减小的速度均不断增大，呈曲线变化的形式。不同 K_0 时的钻孔缩孔曲线变化规律基本一致，但 K_0 越小，孔壁土体初始屈服以及 σ_a 卸载至 0 时对应的桩孔收缩位移（$1-a/a_0$）越小，越不易塌孔。c、φ 越大，孔壁土体初次屈服及 σ_a 卸载至 0 时所需的缩孔位移越小，其中，当 $\varphi=20°$、$c=80$kPa 时，孔壁土体在 σ_a 卸载至 0 时，仍处于弹性变形阶段，未发生屈服。不同 E 和不同 ψ 情况下，钻孔壁土体屈服应力是相同的，E 越大，孔壁土体初始屈服以及 σ_a 卸载至 0 时的桩孔收缩位移（$1-a/a_0$）越小，而 ψ 变化对钻孔缩孔曲线的影响很小。

使用 abaqus 软件对 $K_0=0.66$、1 和 2 的土中钻孔收缩力学过程进行了计算。从图 2 和图 3（a）可以看到，针对图中三种土中钻孔收缩算例，本文理论解的计算结果与 abaqus 软件所得的结果非常接近，证明了本文方法的正确性。

五、结论

（1）基于 Mohr-Coulomb 本构模型推导的土中灌注桩干法成孔的钻孔收缩问题的理论解，考虑了土体三维强度的影响，可以更加合理地反映土中干作业法成孔钻孔的缩孔效应。

（2）土的静止侧压力系数越小、弹性模量和抗剪强度指标越大，孔壁土体初始屈服以及孔壁压力卸载至 0 时的钻孔收缩位移越小，钻孔越不易塌孔。

（3）孔壁土体在卸载初期发生弹性变形，钻孔直径随孔壁压力的减小而线性减小；土体屈服后，孔径减小速度逐渐变大，同时孔周分为弹性区和弹塑性区两个区域，其中土的静止侧压力系数越小，弹塑性区的范围越小。

参 考 文 献

[1] Westergard H M. Plastic state of stress around a deep well [J]. Boston Society of Civil Engineers, 1940, 27（1）：1-5.

[2] 龚辉, 赵春风. 基于统一强度理论桩孔稳定性分析 [J]. 沈阳建筑大学学报（自然科学版）, 2011, 27（2）：237-241, 271.

[3] 李尚飞, 黄安芳, 鲁嘉, 等. 钻孔灌注桩成孔孔径变化及其卸荷效应机理研究 [J]. 建筑科学,

2010，26（1）：76-80，106.

[4] Zhao C F，Fei Y，Zhao C，et al. Mohr-Coulomb Criterion-Based Theoretical Soluti ons for Borehole Contraction in the Anisotropic Initial Stress Condition［C］//Proceedings of GeoShanghai 2018 International Conference：Fundamentals of Soil Behaviours. Springer Singapore，2018：442-451.

[5] Chen W F，Han D J. Plasticity for structural engineers［M］. Berlin：Springer，2007：97-102.

[6] Menetrey P. Numerical analysis of punching failure in reinforced concrete structures［R］. Lausanne：Suiss Federal Institue of Technology in Lausanne，1994：37-41.

[7] 张亚国，肖书雄，翟张辉，等. 考虑黏土结构性影响的柱孔卸荷收缩问题解析及数值验证［J］. 中国公路学报，2023，36（5）：88-98.

垃圾焚烧发电厂垃圾池有机物变化特性研究

周红[1]，解昶[1]，李晨琨[1]，瞿鹏[1]，冯佳子[1]，董建锴[2]

(1. 中国电建集团核电工程有限公司，山东 济南 250102；
2. 哈尔滨工业大学建筑学院，黑龙江 哈尔滨 150090)

摘　要：辽宁北镇中电环保发电项目为垃圾焚烧发电项目，因垃圾含水量高，冬季易出现冻结现象，影响焚烧温度和稳定性。本文主要围绕池内垃圾在10d的发酵周期内其有机物随温度变化的规律及特性开展研究，为池内微生物发酵产生热源和电厂内垃圾渗滤液处理方面的相关研究提供发酵温度和时间等数据支持。

关键词：垃圾焚烧；厌氧发酵；余热；冰冻垃圾；渗滤液

Study on the Change Characteristics of Organic Matter in Waste Pond of Waste Incineration Power Plan

Zhou Hong[1], Xie Chang[1], Li Chenkun[1], Qu Peng[1], Feng Jiazi[1], Dong Jiankai[2]

(1. Power China Nuclear Engineering Company Limited, Jinan Shandong 250102;
2. School of Architecture, Harbin Institute of Technology, Harbin Heilongjiang 150090)

Abstract: Liaoning Beizhen Zhongdian environmental protection power generation project for waste incineration plant is easy to freeze in winter due to the high water content of waste, which shall affect the incineration temperature and stability. This paper mainly studies the rule and characteristics of organic matter changes with temperature during the 10-day fermentation cycle of waste in the pond, and provides data support, such as fermentation temperature and time for the research of heat source generated by microbial fermentation in the pond and the treatment of landfill leachate in the power plant.

Key words: domestic waste incineration; anaerobic digestion; afterheat; frozen rubbish; landfill leachate

一、引言

随着经济与城市建设的高速发展，垃圾量逐年增加，常见处理方法是填埋、堆肥及焚烧[1]。冰冻垃圾不易脱水，对垃圾的焚烧和焚烧炉的运行工况产生严重影响[2]。宋吉钊[3]通过对东北某垃圾焚烧发电厂运行情况进行分析，总结了由于冬季环境温度过低导致垃圾发酵不足的问题。孔昭健等人[4]提出了通过增加入炉垃圾热值的措施，以改善冬季垃圾焚烧发电厂垃圾燃烧状况。针对上述现象，垃圾焚烧厂中的生活垃圾在入炉焚烧前，通常会采取将原生垃圾在焚烧炉前的储坑中堆放发酵2～10d，利用压实、重力渗流等使垃圾中部分水分析出，并使垃圾在储坑中发酵熟化[5]，利用微生物作用使降解水析出，以降低垃圾含水率，提高待入炉垃圾的低位热值。本研究通过采集具有代表性的生活垃圾在-20℃下冰冻处理,模拟垃圾焚烧发电厂冰冻垃圾的特性,采用热风解冻工艺对垃圾样品进行预热,通过控制送风温度来控制垃圾温度,热风解冻属于强制对流换热,样品内部充满孔隙,解冻效果较为理想。另通过实验室小试和数值模拟的方法,研究其在不同温度下的发酵情况。通过监测发酵前、中、后垃圾样品含水率和有机物理化性质,探究微生物种群所需要的适宜温度,使得发酵后垃圾样品的含水率更低,微生物产生的热量更多,为冰冻垃圾加热等操作提供理论指导,以促进垃圾解冻,提高入炉垃圾品质,降低垃圾渗滤液中有机物和氮磷的含量。垃圾在垃圾池内堆放发酵过程中析出的水分即为垃圾渗滤液[6,7]。

二、垃圾物料组成

根据模拟垃圾及相关文献资料,北方严寒地区生活垃圾物料组成如图1所示。其中不能参与破碎及发酵的成分(如塑料、金属、玻璃、砖瓦等)占生活垃圾总量的38.03%。

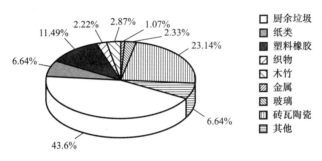

图1 北方严寒地区生活垃圾物料组成

三、垃圾发酵过程中理化性质分析

(一)可降解性(BOD$_5$/COD,简称B/C)

由图2可知:从发酵时间来看,当发酵的温度高于30℃时,发酵时间已不是影响渗滤液可生化性的主要因素,在较短的时间内,可生化降解性开始迅速上升,此时温度对反应活性的影响更为显著。因此,随着厌氧反应温度的提高,从10℃变化到50℃的范围内,微生物的活性提高,水解作用增强,对渗滤液中难降解有机物的水解程度也越完全。从严

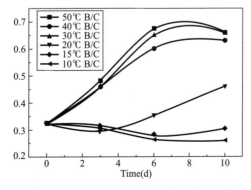

图2 不同厌氧发酵温度下B/C值随时间变化趋势

寒地区垃圾结冻后升温解冻并综合经济效益的角度考虑，从提高渗滤液可生化降解性能上选择垃圾解冻后的温度达到 20~30℃范围相对合理[8]。

（二）BOD_5、COD、TOC 联合分析

由图 3 可知：在 40℃厌氧条件下，样品 BOD_5 处于上升状态，0~3d 样品渗滤液 COD 值稳定较高，营养物充足，微生物对难降解有机物的水解速率与利用营养物质生长繁殖速率相当，提高了可生化性。随着厌氧发酵进行、微生物对环境的适应，对难降解有机物的消耗速率远高于水解速率，营养物质以较快速率减少，COD 值和 TOC 值降低，在 4~6d 这段时间内，B/C 值接连 0~3d 的趋势不断增大。在厌氧后期，由于水解作用，

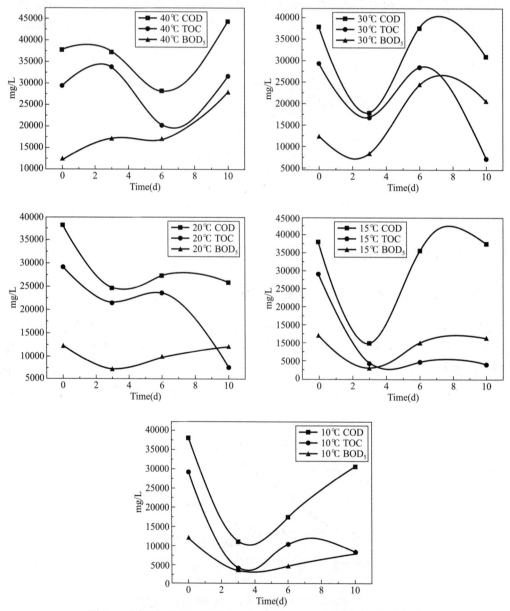

图 3　不同厌氧发酵温度下 COD、BOD_5、TOC 值随时间变化趋势

大分子有机物生成小分子物渗入渗滤液中,有机成分浓度和可生化性提升,使 COD、TOC、BOD_5 近乎同步增加,此时 BOD_5 值上升速度更快,中期随着样品中有机物减少,微生物对大分子有机物的水解速率加快,此时 B/C 值保持稳定,可生化性较好。在 30℃ 厌氧条件下,B/C 值相对较低,但可生化性仍较好。在 20℃ 厌氧条件下,发酵后期 7～10d,COD 值相对较为平稳,有一个小幅度下滑,TOC 值快速下降,微生物更多的活动为利用营养物维持生命,此时 B/C 值相较发酵前中期提升更快,在 10d 落在 0.45 左右,可生化性一般。在 15℃ 厌氧发酵条件下,微生物活性进一步下降,整个周期中 B/C 数值基本低于 0.35,可生化性相对较差。10℃ 厌氧条件下微生物活性较低,仅有少量嗜低温微生物,消耗易生物降解的有机组分,B/C 数值不断降低,始终低于 0.35,渗滤液生化降解难度不断增大。

(三) 总磷(TP)

由图 4 可知,在 40℃ 以及 50℃ 厌氧发酵条件下,微生物总体活性明显大于其他温度下微生物活性,由 COD 变化趋势可知,在营养物质充足的条件下,微生物很快适应厌氧环境,开始吸收磷和营养物质生长、繁殖,同时聚磷菌对磷进行吸收,微生物浓度提升,前中期总磷浓度以较快速度下降;后期微生物竞争激烈,相对更低的磷浓度水平降低了微生物合成 ATP 的速率,部分微生物为维持生命活动分解 ATP,断裂高能磷酸键,释放入渗滤液中,快速消耗各类营养物质,对磷的消耗速率低于吸收速率,造成了渗滤液中磷浓

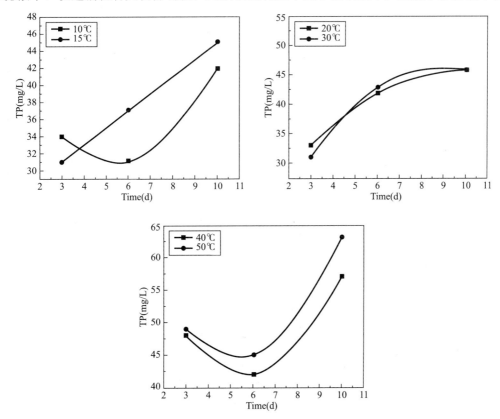

图 4 不同厌氧发酵温度下 TP 随时间变化趋势

度大幅上升。在 20℃及 30℃条件下，前中期的渗滤液中营养物质增加，提供了充足的营养物质，使其能在发酵前期充分吸收营养物质，通过先行释放的 ATP 获得能量驱动微生物对环境进行适应，使发酵实验前中期 TP 浓度呈上升趋势；在中后期，微生物已适应环境，对环境中磷进行吸收以补充自身 ATP 的合成，使磷浓度变化趋势平缓，甚至在后期保持平衡。微生物在 10℃和 15℃下均有一定的活性但不强，其对于磷的利用主要靠聚磷菌转化，在 10℃下，微生物对磷的吸收相对更快，导致了一定程度的磷浓度下降，随后在低温情况下由于 ATP 分解，高能磷酸键释放，微生物活性提高，磷浓度提升。在 15℃下，微生物活性明显更高，可能在发酵前期对环境的适应使其活性得到提升，营养物质的缺少导致微生物大量分解体内 ATP 以维持生命，造成渗滤液中磷浓度的上升。

（四）氨氮（NH_4^+—N）

由图 5 可知，在 40℃以及 50℃发酵温度下微生物整体活性更高，氨氮浓度变化幅度更大。发酵前中期由于较高的营养物质浓度水平以及较高的微生物活性，氨氮被利用的速率高于微生物水解速率，氨氮浓度下降，微生物浓度提升。在发酵后期，微生物浓度上升，氨氮浓度下降，加快了微生物的水解作用，微生物竞争相对激烈，在较高温度下，可能存在着优势菌群的变化，导致后期的氨氮浓度快速上升。20℃发酵条件下渗滤液中氨氮浓度相对 30℃发酵条件下，微生物的活性更低，在发酵初始阶段，由于底物浓度充足，微生物对氮源进行分解代谢来维持生命活动[9,10]，前中期呈现了下降趋势，后期随着微生

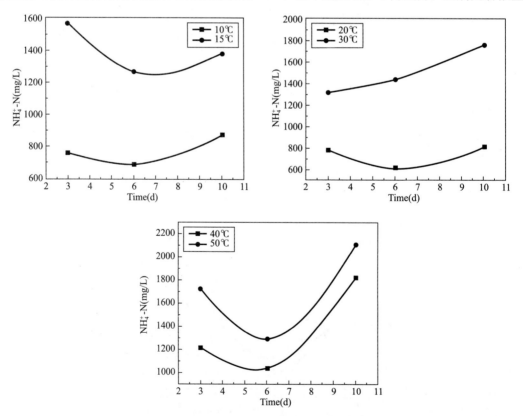

图 5 不同厌氧发酵温度下中 NH_4^+—N 随时间变化趋势

物浓度上升及氨氮浓度下降，微生物间竞争增强，同时微生物对有机物的分解代谢与合成代谢作用增强，在发酵后期氨氮得到一定量的积累，浓度有所上升。30℃厌氧发酵条件下，氨氮浓度始终保持相对较高的水平以及持续上升的趋势，微生物对含氮有机物的利用速率低于对有机物的水解速率，其中可能具有水解作用的微生物发挥更大作用，渗滤液中的氨氮浓度处于较高水平，较高的氨氮浓度对微生物利用氨氮的速率有一定的抑制作用，因而保持了持续上升的趋势。在10℃及15℃发酵条件下，微生物总体活性仍处于较低水平，酶活性也较低，因而可以明显看出相对温度较低的发酵条件下，氨氮浓度变化的幅度相对更小。在0～6d微生物经历较长的适应过程，并不断利用原有的含氮有机物合成自身细胞物质以维持生命与繁殖，并且利用速率大于水解速率，使两氨氮浓度有不同程度的下降，同时表现出15℃相对10℃厌氧发酵条件下变化幅度更大的现象。此后随着微生物对含氮有机物的水解速率增加，氨氮在渗滤液中形成一定量的积累并对微生物产生一定的抑制，一定程度上降低了对氨氮的利用速率，使氨氮浓度在实验后期有一定幅度的上升。

四、结论

综上所述，在20～30℃中温堆酵3～7d时，大量的大分子有机物被降解为小分子有机物，有机氮降解为NH_4^+-N，固体磷析出并逐步转移到垃圾渗滤液中，是导致堆酵垃圾中TP、TN、TOC、COD、BOD_5、NH_4^+-N含量在厌氧发酵中期上升的主要原因，纤维链断裂会降低焚烧垃圾的热值，影响垃圾焚烧效果。当温度在10℃时，固体垃圾中大分子有机物开始降解，时间延后至第6～7d。从冬季生活垃圾结冻后升温解冻并综合经济效益的角度考虑，结合辽宁北镇中电环保发电项目具体情况，冬季垃圾在仓中的堆酵时间和温度条件分别控制在3～6d和20℃左右为宜。

参 考 文 献

[1] 朱飞鹰. 城市环卫规划中生活垃圾处理方式的思考[J]. 资源节约与环保, 2020, 5: 133.
[2] 范春平, 郑世伟, 邢艳明. 高寒地区垃圾焚烧厂冰冻垃圾危害及防治措施[J]. 环境卫生工程, 2013, 21 (4): 39-40.
[3] 宋吉钊. 垃圾发电厂冬季垃圾焚烧总结[J]. 科技与企业, 2013, 18: 1.
[4] 孔昭健, 张瑛华, 刘海威. 某垃圾焚烧电厂冬季燃烧状况改善措施探讨[J]. 环境卫生工程, 2016, 24 (2): 61-63.
[5] 商平, 李芳然, 郝永俊, 等. 城市生活垃圾焚烧前堆酵脱水研究进展[J]. 环境卫生工程, 2012, 20 (1): 5-8.
[6] 杨柳, 耿晓丽. 城市生活垃圾焚烧厂渗滤液特点及处理现状[J]. 中国沼气, 2014, 32 (4): 24-47.
[7] 张磊, 孙琪琛, 刘宁, 等. 中国城市生活垃圾焚烧处理分析[J]. 环境与发展, 2018, 30 (6): 32-36.
[8] 陈正瑞, 张适, 尹琳琳, 等. 北方寒区焚烧发电厂垃圾发酵渗滤液中有机物变化规律[J]. 环境工程, 2023, 41 (3): 97-102.
[9] 李建政, 任南琪. 污染控制微生物生态学[M]. 哈尔滨: 哈尔滨工业大学出版社, 2005.
[10] 任南琪, 马放. 污染控制微生物学厂[M]. 哈尔滨: 哈尔滨工业大学出版社, 2002.

浅谈大跨度双曲面钢网架整体顶升施工技术

龚晋德,王宇明,许素环,冉茂旺

(中建新疆建工(集团)有限公司,新疆 乌鲁木齐 831400)

摘 要:钢结构作为一种可回收、可再利用的绿色建筑材料,在大型公共建筑、体育场馆、工业厂房等领域已成为首选。以绍兴市十运会"两馆一场"项目作为工程实例,为确保绍兴市十运会的按期顺利召开,针对游泳馆大跨度双曲面焊接球网架,结合场地条件及游泳馆泳池区、池岸平台区以及观众看台区的特点,借助 BIM+施工仿真技术,采取三阶段扩拼顶升的措施。通过本次整体顶升施工创新,实现了"高精度、高效率、低风险"目标,可为后续同类工程提供宝贵经验。

关键词:双曲面;焊接球;整体顶升;施工模拟

A Brief Discussion on Integral Jacking-Up Construction Technique of Large-Span Hyperbolic Steel Grid Structures

Gong Jinde, Wang Yuming, Xu Suhuan, Ran Maowang

(China Construction Xinjiang Construction (Group) Co., Ltd., Urumchi Xinjiang 831400)

Abstract: Steel structures, as recyclable and reusable green building materials, have emerged as the preferred choice in the construction of large-scale public buildings, sports venues, industrial facilities, and other related sectors. "Two Halls and One Stadium" project for the 10th Shaoxing City Games as an engineering example, to guarantee the punctual and smooth commencement of the Shaoxing 10th Sports Festival, in response to the high-span hyperbolic welded-sphere grid structure of the natatorium, utilizing BIM and construction simulation technology, a three-phase expansion, assembly, and jacking-up approach has been adopted, incorporating the site conditions and the unique characteristics of the swimming pool area, poolside platform, and spectator stand. Through this innovative integral jacking construction methodology, achieving the objectives of "high precision, high efficiency, and low risk" can provide valuable experience for subsequent similar projects.

Key words: hyperboloids; welded-sphere; integral jacking; construction simulation

一、前言

随着国家的繁荣昌盛,围绕加快建设体育强国的目标,体育馆、博览中心等大型场馆类项目成为主流。而钢网架结构被广泛应用,此结构系由多根杆件通过节点连接,构成特定的网格体系,具有优异的空间受力分布、轻量化设计、刚度大和出色的抗震性能等专业特性[1,2]。

由于钢结构其空间结构的可多变性,双曲面网架结构也成为工程施工技术创新的代表[3]，其复杂的多杆节点、空间各点安装精度、施工安全稳定性等具有重大的研究及实践意义[4]。本文从工程实践出发，进行全过程分析及施工，达到安全性、精确性、快捷性的目的。

二、工程概况

绍兴市十运会"两馆一场"改建项目游泳馆位于项目东南角，占地面积 3750.50m²，建筑面积 6295.79m²，地下 1 层，地上 2 层，建筑高度 17.15m，主体结构为框架结构，屋顶为钢网架结构（见图 1）。

游泳馆网架呈椭圆形，平面尺寸长 89m，宽 59m，投影面积 4176.87m²，总重量 158.88t，结构形式采用焊接球正放四角锥，为双层曲面网架，厚度 2.2~2.8m，支承形式为下弦多驻点支承，共计 781 个焊接球节点，3099 根杆件。在游泳馆结构形式复杂、场地限制及为迎接十

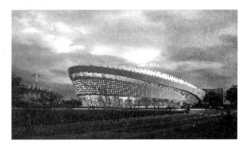

图 1 游泳馆效果图

运会顺利召开、时间紧迫的前提下，如何同时保证施工进度、施工作业安全及高空不规则双曲面网架的拼装精度是重中之重。

三、工程重难点

（1）本工程网架属于大跨度屋盖钢网架体系，网架整体"西高东低"，各空间点位多，焊接球体、各类杆件等数量多，因此，网架拼装精度控制难度大。

图 2 游泳馆结构模型

（2）场地空间受限：游泳馆内部结构标高不一致，包括泳池区，平台功能室区以及观众看台区（见图 2）；施工场地狭窄，游泳馆东侧距原有建筑物仅 5m，西侧及东南侧距围墙分别仅为 3.5m 和 2.1m，起重机械无法站位且视线较差，如何确保施工部署是重点。

（3）顶升点位的确定：网架受力变形受多种因素共同影响，对于顶升外力这一强作用且持续的力控制则尤为重要，因此，需要特别分析顶升受力点，选取合适的点位，确保网架整体稳定性。

（4）整体顶升过程控制：网架提升过程需由多点位共同控制，各点位轻微的精度控制误差均会导致网架受力不均匀而产生变形，操作难度大。

四、施工工艺流程

（一）施工部署及施工工艺流程

结合游泳馆场地及结构特点，网架安装时由内往外逐圈安装，先安装最里圈网架，从中心点往四周环向安装，一个环形网格安装完成后再安装下一圈的环形网格，一圈一圈安

装闭合，当安装过程中遇到建筑物或者构筑物时，用提升架将网架提升一定高度，然后继续拼装（见图3），如此循环往复，直至安装完成，然后拆除提升架，焊接提升架处节点及单元，网架完成。

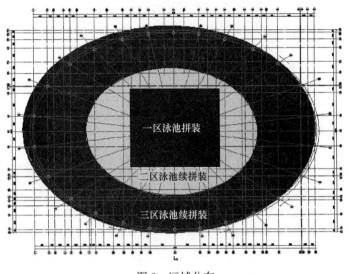

图3　区域分布

整体施工工艺流程：施工准备→定位放线→搁置下弦球及标高调整→下弦杆焊接→上弦、腹杆焊接→检查→校正→初验→试顶升1m→顶升至设计标高→焊接支座及落位→顶升架体拆除→补装顶升架处杆件→验收。

（二）施工模拟及顶升点确定

建立钢网架及顶升系统组合结构分析模型，采用有限元软件MIDAS Gen对其进行仿真分析，计算出被提升结构的力学性能。根据施工方案模拟各阶段下的施工工况，分析在顶升工况下的受力及变形状态，确定顶升点的布置位置（见图4～图5）。

  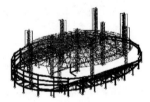

图4　一阶段地面受力、顶升状态及拼装状态

  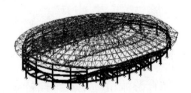

图5　二阶段顶升受力状态及三阶段施工及顶升架拆除、落位状态

对于细部构件的分析选用同济大学 3D3S 软件，通过对提升设备进行细部分析以保证施工的安全（见图 6～图 9）。

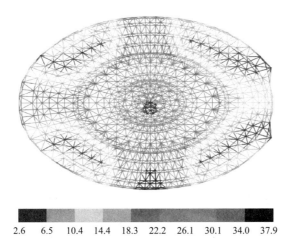

图 6　最大位移组合点位

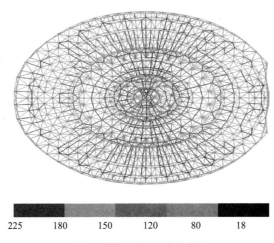

图 7　构件长细比受力分析

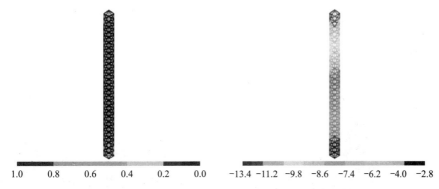

图 8　弯矩 M_2 最大显示构件颜色（左 1）组合最大位移（左 2）

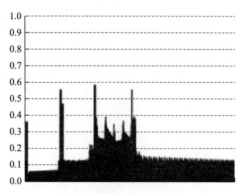

图 9　杆件应力比（右 1）

根据模型分析计算结果，选取三次顶升设备转换，共计 18 个顶升点位（见图 10）。

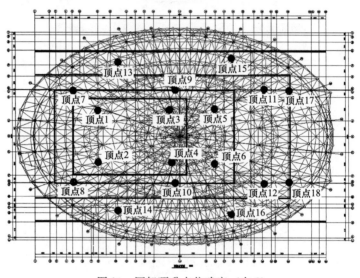

图 10　网架顶升点位确定（右 2）

（三）顶升系统选定

采用液压同步顶升系统：主要由液压执行系统、PLC 控制系统和 HMI 监视控制系统三大部分组成，通过计算机控制 PLC 系统，再精确调整液压缸同步顶升，从而保证整体顶升的一致性，避免了多点位顶升时网架受力不均匀而产生变形。

顶升设备比选见表 1。

顶升设备比选　　　　　　　　　　　　　　　　　　　　表 1

项目	方案一：QF 型分离式油压千斤顶	方案二：PLC 同步顶升系统
示意图		

续表

项目	方案一：QF 型分离式油压千斤顶	方案二：PLC 同步顶升系统
适用性	需一人一机控制，精度受操作者影响大，同步顶升难度大，安全风险大	通过计算机控制 PLC，可精确调整液压缸，监控系统实现可视化，能极大降低风险以及确保顶升质量
经济性	根据现场实际，最大同步顶位 8 个，租赁费用 8 台×1900/台＝15200 元	根据现场实际，需 8 同步点数 PLC 设备，租赁费用 17000 元
结论	由于网架倾斜，分离式千斤顶控制难度大且两种设备费用接近，所以采用 PLC 同步顶升系统	

（四）顶升施工

1. 泳池区施工

在泳池区域拼装 5 轴—14 轴/F 轴—K 轴，待网架焊接完成后，安装顶点 1 至顶点 6（6 套顶升支架）；一切准备就绪后，进行网架预顶升，同时启动油泵，待网架离开支撑点 10cm 时，悬停 24h，在此期间设置专人对网架进行检查，包括且不限于顶升支架的稳定性、网架杆件有无弯曲现象、顶点地面有无沉降等情况，排除安全隐患后方可继续顶升（见图 11～图 15）。

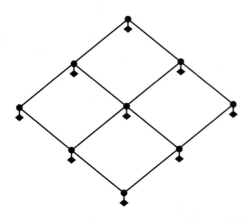

图 11 网架下弦焊接安装

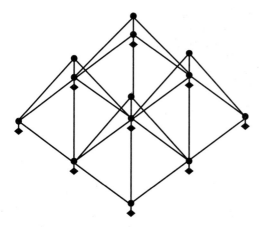

图 12 网架上弦球及腹杆安装

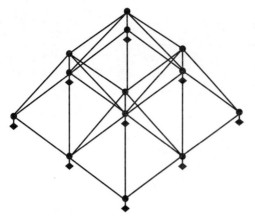 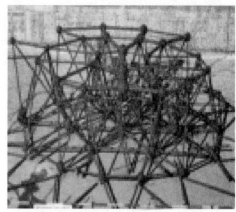

图 13　网架上弦杆安装

图 14　安装液压顶升设备及设置缆

图 15　泳池区顶升

2. 池岸平台区施工

向四周看台方向扩大延伸网架安装（3 轴—18 轴/E 轴—L 轴）；此阶段顶升点位做第一次转换，转换过程中需保证各顶升设备受力点受力且无沉降、位移等危险现象后进行顶升（见图 16）。

图 16 平台区网架焊接拼装及顶升

3. 看台区施工

继续拼装 B 轴—Q 轴区域内网架,待网架焊接完成后,安装顶点 13 至顶点 18(6 套顶升支架);观测网架受力状况及沉降位移,确认无误后,卸载顶点 9、顶点 10、顶点 11 及顶点 12;由于看台为台阶状,此区域采取随拼随顶的方式(见图 17)。

图 17 看台区网架焊接拼装及顶升

4. 网架落位及设备拆卸

待网架整体落位(见图 18 和图 19),各节点满焊后进行设备拆除。顶升设备拆卸同塔式起重机拆卸原理,均为顶升油缸伸长配合拆卸标准节的方法。

图 18 支座焊接及网架落位完成

图 19　整体顶升完成效果

5. 效果检查

通过对整个顶升过程的跟踪测量及质量管控，游泳馆网架顺利完成落位；网架卸载后，持续对网架进行测量及观察，随机抽取 10 个焊接球同设计坐标点进行比较（见表 2 和表 3），偏差均小于 3mm，此次施工达到目标值。

卸载后实测数据（2023 年 4 月 8 日）　　　　　　　　　　　表 2

监测点	X	Y	Z
1	64.736	−14.814	14.251
2	48.753	−28.625	18.077
3	50.013	−24.311	16.729
4	52.764	−33.097	16.982
5	60.480	−27.546	15.883
6	71.183	−15.046	11.734
7	63.693	−32.590	14.865
8	70.707	−22.539	13.051
9	60.352	−38.830	14.702
10	70.624	−32.481	13.068

卸载后实测数据（2023 年 4 月 22 日）　　　　　　　　　　表 3

监测点	X	Y	Z
1	63.169	−12.944	12.366
2	46.193	−26.746	16.694
3	48.623	−21.896	14.117
4	50.069	−31.547	15.136
5	58.293	−25.874	13.816
6	68.748	−13.024	9.821
7	61.652	−30.863	12.661
8	68.583	−20.438	11.014
9	58.129	−36.956	12.746
10	68.881	−30.296	11.244

五、结语

本工程通过技术先行,进行"施工模拟、同步整体提升、过程安全质量把控"的方法,完美地达到了预期效果。采用整体顶升施工,极大地减少了施工人员的高空作业,保障了施工安全;智能化控制顶升施工,实现了精准安装、质量保证。与此同时,相比较高空散拼施工,减低了施工成本,提高了空间大跨度双曲面网架施工效率,节约了工期,为以后的类似工程施工提供可借鉴意义[5]。

然而,整体顶升法因其主要设备为液压千斤顶,可能对较低的建筑物更为适用,当建筑物较高时,对其顶升点位的选取和顶升架体的稳定性更需要重点把控和慎重考虑。

参 考 文 献

[1] 中华人民共和国住房和城乡建设部. 空间网格结构技术规程:JGJ 7—2010 [S]. 北京:中国建筑工业出版社,2011.
[2] 许宏成,高鹏,朱乾. 游泳馆类空间异型焊接球网架钢屋盖混合施工工艺 [C]. 第二十届全国现代结构工程学术研讨会论文集. 2020.
[3] 任嫒,杨国栋. 浅析双曲面大跨度钢结构网架施工技术 [J]. 施工技术,2018,1:92-93.
[4] 宫健,宋红智. 钢网架整体提升施工工艺 [J]. 天津建设科技,2013,1:13-15.
[5] 胡祖顺. 焊接球网架提升二次受力转换施工技术 [J]. 建筑技术,2021,1:57-59.

新型多用途移动模块化组合式大件吊装技术

吴标,陈小平,王朱勤,谢嘉诚

(中能建建筑集团有限公司,安徽 合肥 230000)

摘 要:大型火力发电厂、燃机机组发电机定子、高中压缸模块、燃机模块等设备均为超重、超宽件,重量为300~600t。常规电厂永久起吊设施布置一般不具备超重、超宽、超长设备起吊能力,且电厂主厂房内安装位置空间狭小,给大型设备起重吊装作业带来巨大困难与挑战。本文以阜阳华润电厂二期 2×660MW超超临界燃煤机组工程发电机定子吊装为例,详细描述了方案执行过程中的关键技术措施,该吊装技术是通过设计多用途移动模块化组合式大件吊装装置,实现快速安装,全程自动化,保证了发电机定子顺利就位。该吊装技术可供同类工程施工借鉴。

关键词:660MW;发电机定子;吊装;模块化;自动化

New Multi-purpose Mobile Modular Mombined Large Lifting Technology

Wu Biao, Chen Xiaoping, Wang Zhuqin, Xie Jiacheng

(AEPC1 of CEEC, Hefei Anhui 230000)

Abstract: Large thermal power plants, gas turbine units generator stators, high pressure cylinder modules, gas turbine modules and other equipment are overweight, ultra-wide parts, weighing between 300t and 600t. The design of permanent lifting facilities in conventional power plants generally does not have the lifting capacity of overweight, ultra-wide and ultra-long equipment, and the installation space in the main building of the power plant is narrow, which brings great difficulties and challenges to the lifting operation of large-scale equipment. In this paper, the generator stator hoisting of Fuyang Huarun Power Plant Phase II 2×660MW ultra-supercritical coal-fired unit project is taken as an example, and the key technical measures in the implementation process are described in detail. The hoisting technology is to design a multi-purpose mobile modular large lifting device to realize rapid installation and full automation, and ensure the smooth installation of the generator stator. The hoisting can be used as reference for the construction of similar projects.

Key words: 660MW; generator stator; hositing; modularization; automation

一、引言

大型设备吊装一直以来都是火力发电厂施工的关键环节,同时也是项目安全管理的主要控制点。在施工过程中吊装环境千变万化,如在场地狭窄、厂房内无法容纳大型机械、发电机定子等大件在厂房封顶后才到厂的情况下,大吨位的起重机械可能会因为施工预算、场地、环境等各方面影响而不能使用。新型多用途移动模块化组合式大件吊装技术可以用于火力发电厂定子、高压缸、低压缸等大件吊装。本文以阜阳华润电厂发电机定子吊装为例，来介绍该吊装装置的设计以及运用。

阜阳华润电厂二期 2×660MW 超超临界燃煤机组工程汽机房为横向布置，只布置一台行车，发电机定子安装在汽机房运转层（15m）。发电机定子尺寸为 10.35m×3.556m×4.225m（包含吊耳），重量 325t。

二、定子吊装存在的问题

（一）汽机房行车不满足双机抬吊要求

该火电厂汽机房的布置与常规火电厂不同，由于布局发生改变，汽机房只配置了一台 150t 行车。发电机定子重量为 325t，行车主钩额定起重量 150t，因此无法使用行车直接吊装定子；在行车上布置液压提升装置进行定子吊装也需要借助两台行车主梁，因此无法使用该方法进行定子吊装。

（二）大型履带吊直接进行设备吊装

选择采用大型履带吊进行吊装，考虑发电机定子重量 325t，安装高度 15m，需布置一台 2000t 级以上履带吊进行吊装。采用这个方案需要厂房打开封闭，且大型履带吊的机械进退场费用和吊装费用高，因此不能作为常规方案使用。

综上所述，使用新型多用途移动模块化组合式大件吊装技术是最佳解决途径。

三、定子吊装的技术解决方案

（一）采用门架组合进行吊装

针对该火力发电厂当前情况，唯有采用门架组合进行定子吊装，根据以往经验，传统门架组合吊装耗时耗力，为了减少工作量，节约成本，须重新设计整套吊装装置。该装置由固定钢架、移动门架、轨道梁、无基础底板、组合型吊装框等部分组成，并配置成套的液压提升装置、驱动系统来远程操控移动门架自行走，此项装置的设计研发重点是解决火电厂、燃机电厂主厂房内各类型主机设备尺寸、重量、吊耳间距等不同参数和不同安装位置；吊装设备安装空间狭窄，不具备自行转向或行走功能；设备安装空间内，存在无大型起重机械直接吊装设备等关键问题。

1. 免基础快速安拆技术

该专用吊装装置安拆使用频率较高，需应对不同地质条件的实际使用情况，设计一套专用路基箱基础（图 1），从而达到快速安拆和重复使用的目的，这解决了常规混凝土基础施工成本高、周期长和环境污染等问题。

2. 多场景装配式钢架拼装

固定钢架采用装配式、模块化、单向敞口式设计，各结合面具有通用性，满足不同尺寸，根据不同设备的安装高度，经过优化选择，组装部件高度分为 7m、3m、7m 三种规格，并同时配置一组 1m 的高度组合，这样可灵活组合以满足不同的高度需求。可按照设备安装高度组合成 3~17m 不同的吊装高度，如图 2 所示。

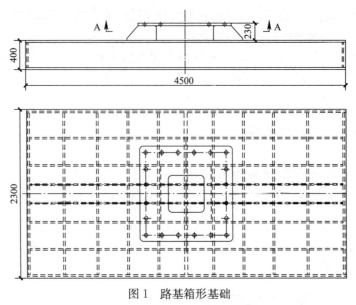

图1 路基箱形基础

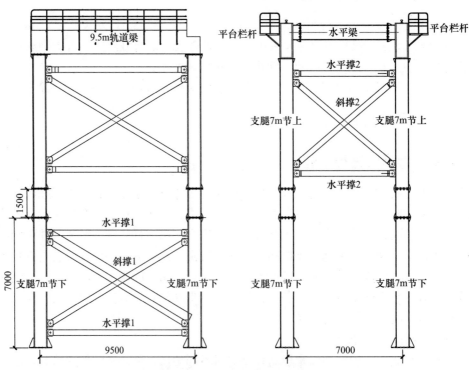

图2 固定钢架组装示意图（单位：mm）

钢架为四柱框架结构，长度方向，内部尺寸为9.5m，设计成内侧为敞口式的，当吊装的设备长度大于9m时，可以将固定钢架位置向基础外平移，满足超长设备的吊装需求；高度方向，根据设备安装位置高度进行组合，满足设备吊装高度。

3. 大跨度轨道梁设计使用

设计的轨道梁满足吊装600t设备在上面行走的强度，且满足厂房轴线之间的跨距，轨道梁吊装钢架部分为9.5m，从而实现轨道梁在固定钢架和基座上同时承载，避免对轨道梁下方厂房结构的附加荷载影响。同时两根轨道梁之间采用 Z 字形结合面，增强抗剪切力，提升强度，如图 3 所示。

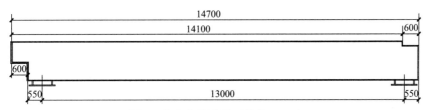

图 3　大跨度轨道梁（单位：mm）

4. 大型设备自动化水平位移技术

移动钢架具备在上方布置液压提升装置和自行行走的条件，移动架横向跨度为 7m，与固定钢架同宽；高度设计成 2 节组合型，最高达到 9.6m。同时在移动钢架下方增设驱动系统、操作平台，远程遥控系统，实现设备自动化行走；设计高空作业大平台，实现吊装设施布置和人员安全作业空间，如图 4 所示。

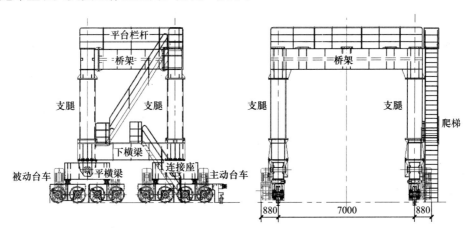

图 4　移动门架组装示意图（单位：mm）

5. 多功能组合型吊装工具

为解决不同设备的吊耳间距不同的配置问题，研发一套组合型吊装工具，根据设备吊耳间距，调整吊装框受力点，直接将吊具挂在对应的吊装框位置，如图 5 所示。

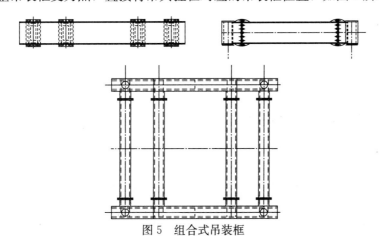

图 5　组合式吊装框

6. 液压提升装置安装

液压提升装置安装严格按照《GYT-200C 型钢索式液压提升装置组装、使用与维护说明书》进行安装。首先对钢绞线、上下锚头等关键部位进行检查。在移动门架上搭设临时脚手架平台和钢绞线导向架。将液压泵站和千斤顶放置到临时平台上，按说明书要求连接好各电路、管路、上下锚头以及钢绞线。以上工作完成后，对液压提升装置依次对各个单缸和 4 缸联动进行调试。将吊装用的吊带或者钢丝绳等吊具直接挂在吊装框上。

7. 专用吊装装置试吊

吊装系统调试完成后，要在现场寻找与吊装设备重量相同的物品进行试吊。

除定子以外高压缸等大件吊装同样可使用此吊装设施。

（二）定子卸车、吊装就位

定子往平板车上装运时应注意使发电机定子励端朝着平板车的车头方向，并确认方向无误。汽车平板将定子运至汽机房 A 排轴线外吊装架正前方后倒车使定子进入吊装架内；平板车停稳后，用千斤顶顶住车身。用 4 根 160t 吊带将定子吊耳和定子吊装框架连接并用紧线器预紧每根钢索，使每根钢索受力一致。

操作液压泵站将定子缓慢吊离车板悬停 30min，然后将平板车开走，进行悬停试验并检验地基沉降。检验合格后，液压提升装置开始继续起升发电机定子，直到定子高度超过运转层，且不影响发电机定子平移为止。等定子平稳后，开始启动移动钢架行走结构，沿着轨道向定子就位位置行走，直到定子安装位置上方，高压缸等其他大件也使用同类方案进行吊装，如图 6 所示。

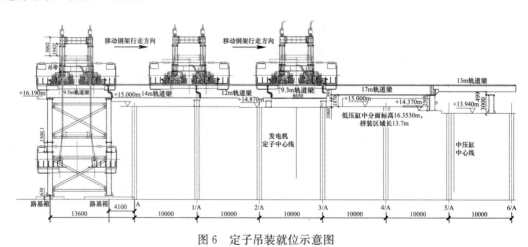

图 6 定子吊装就位示意图

四、定子吊装的相关保障措施

（一）力能供应

发电机定子吊装推移过程中，汽机房内应停止其他使用大功率电源的作业，保证液压提升装置的电源供应通畅，电路接线防止漏电，并准备备用电源。

（二）场地

发电机定子运输通道的道路需要平整，对影响定子运输、起升、移动的障碍物必须清理干净，拆除后同时拉设水平安全绳和红白警示带。

（三）上道工序

(1) 汽机房屋架、整体混凝土框架土建验收合格，同意吊装；
(2) 发电机定子台板安装结束，并验收合格，满足发电机定子吊装条件；
(3) 发电机定子吊具准备齐全，道路具备运输条件；
(4) 发电机定子经验收合格，无影响吊装的质量隐患；
(5) 定子吊具主要是移动门架，到场安装进行试吊，检查合格；
(6) 现场轨道连接关键位置的拧紧力矩须检测合格。

（四）工作环境

发电机定子吊装作业开始前，在吊装区域拉设红白警示带并安排专人进行监护，与发电机定子吊装无关的作业人员严禁入内。

（五）临时工作设施

发电机定子吊装时，吊装区域应无影响吊装的障碍物，安全围栏拆除后的临边防护采用拉设安全水平绳结合红白警示带的方法进行临时防护。

（六）安全防护设施和用品

作业区域必须拉设红白警示带进行警示，并设专人监护，无关人员严禁入内。

五、经济效益和社会效益

新型多用途移动模块化组合式大件吊装技术，先后在 2021 年华润电力仙桃电厂新建 2×660MW 超超临界燃煤机组工程（发电机定子重量 362t）、2022 年阜阳华润电厂二期 2×660MW 超超临界燃煤机组工程（发电机定子重量 325t）、2022 年广州开发区东区 2×460MW 级"气代煤"热电冷联产项目（发电机定子重量 241t）、2022 年广州珠江 LNG 电厂二期骨干支撑调峰电源项目（发电机定子重量 344t）中得到应用，取得显著的经济效益和社会效益，效益分析如下：

以华润阜阳项目为例：厂房内布置一台 150t 行车，无法采用常规的双行车抬吊发电机定子吊装，则选择采用大型履带吊进行吊装，考虑发电机定子重量 325t，安装高度 15m，需布置一台 2000t 级以上履带吊进行吊装，但成本过高。

采用本套装置，安装周期 10d，人工 15 人，机械采用厂房内 150t 行车及 80t 汽车吊一台。人工费 7.5 万元，机械费 4 万元，现场材料费 8.5 万元，合计 20 万元。本套装置可重复使用，制作费 500 万元，按照应用 20 次计算，每次均摊费用 25 万元。总计费用 45 万元。采用本套装置，相对于采用履带吊吊装可节省费用 75 万元，且本装置安装对厂房封闭无影响，对厂房施工工期不产生制约。

六、结语

本文通过阜阳华润电厂二期 2×660MW 超超临界燃煤机组工程发电机定子吊装方案详细论述新型多用途移动模块化组合式大件吊装技术，该电厂发电机定子吊装受到汽机房布局不同而发生改变，与常规汽机房布置不同，施工工序存在调整，为整个发电机定子吊装带来难度，但是通过实际操作，证明了上述吊装过程的可行性。

在广州恒运项目吊装燃机定子与高压缸的实际应用中也证明此装置安全可靠，能够应用在定子、高压缸、低压缸等大件吊装。

本套装置在实施过程中，提升、行走、降落动作平稳，装置牢固稳定、安全可靠，投入施工机械少，可重复使用，减少了现场气体排放，具有保护环境、节能减排的作用，通过阜阳项目的成功实践，具有较好的推广价值和社会效益。

参 考 文 献

[1] 国家能源局. 电力建设施工技术规范第 3 部分：汽轮发电机组：DL 5190.3—2019 [S]. 北京：中国电力出版社，2019.

[2] 国家能源局. 电力建设安全工作规程第 1 部分：火力发电：DL 5009.1—2014 [S]. 北京：中国电力出版社，2014.

[3] 中华人民共和国住房和城乡建设部. 钢结构设计标准：GB 50017—2017 [S]. 北京：中国建筑工业出版社，2018.

[4] 刘鸿文. 材料力学 [M]. 北京：高等教育出版社，2004.

[5] 谢英杰，等. 一种组合型吊装工具 CN202022419069 [P]. 中国专利. 2020-10-27.

车载钢轨激光除锈系统研制与应用

丁宇

(中国中铁上海工程局集团有限公司，上海 201900)

摘 要：在城市轨道交通无缝线路施工中，钢轨闪光对焊工艺要求钢轨与焊机接触良好，不得有锈蚀等污物；此外，在线路运营时，钢轨锈迹会侵蚀轨面，降低钢轨的服役寿命，还会造成钢轨电路分路不良，影响铁路信号的传输。传统人工机具打磨除锈如手持砂轮机等，一般要在每个作业面配备多个工作人员，作业流程烦琐、效率低且施工质量难以保障，打磨粉尘还会污染环境并造成除锈工人职业病高发。研制一套兼具新能源移动式作业、烟尘全向收集功能以及程序自动控制的智能激光除锈设备，在无缝线路钢轨焊前除锈和线路运营前除锈过程中能有效改善作业环境、降低劳动强度。

关键词：无缝线路施工闪光对焊；钢轨除锈；智能电控系统；激光除锈设备

Development and Application of Laser Rust Removal System on Rail Car

Ding Yu

(Shanghai Civil Engineering Group Co., Ltd. of CREC, Shanghai 211900)

Abstract: In the construction of seamless lines of urban rail transit, the rail flash butt welding process requires good contact between the rail and the welding machine, and no rust and other dirt. In addition, during the operation of the line, rail rust will erode the rail surface, reduce the service life of the rail, and cause poor rail circuit shunt, affecting the transmission of railway signals. Traditional manual grinding and rust removal, such as hand-held grinder, generally need to be equipped with multiple staff in each operation surface, the operation process is cumbersome, efficiencyis low and construction quality is difficult to guarantee, grinding dust will pollute the environment and cause high incidence of occupational diseases of rust removal workers. A set of intelligent laser rust removal equipment with new energy mobile operation, omnidirectional collection of dust and automatic program control is developed, which can effectively improve the working environment and reduce labor intensity in the process of rust removal before rail welding and line operation.

Key words: seamless line construction flash butt welding; rail rust removal; intelligent electronic control system; laser rust removal equipment

一、引言

在城市轨道交通无缝线路施工中，钢轨闪光对焊工艺要求钢轨与焊机接触良好，不得有锈蚀等污物；此外，在线路运营时，钢轨锈迹会侵蚀轨面，降低钢轨的服役寿命，还会造成钢轨电路分路不良，影响铁路信号的传输。传统钢轨除锈方法主要采用砂轮机等手持机具打磨，一般要在每个作业面配备多个工作人员，人工打磨除锈流程烦琐、效率低且施工质量难以保障，作业产生的粉尘还会污染环境并造成除锈工人职业病高发。

因此，研制一套兼具新能源移动式作业、烟尘全向收集功能以及程序自动控制的智能激光除锈设备，对于在无缝线路钢轨焊前除锈和线路运营前除锈过程中改善作业环境、降低劳动强度是十分必要的。

二、设备系统布局

（一）整机结构组成

新能源移动式钢轨智能激光除锈集成设备（图1）整体为箱形结构，将激光器主机、激光发射装置、集尘器、控制系统等集成布局于箱体中，结构紧凑，自带动力可实现在轨道上进行移动。作业时激光发射装置从箱体内伸出，通过控制界面调整激光参数，自动对钢轨进行精准高效除锈，集尘器能及时收集除锈作业产生的粉尘，替代了传统的打磨除锈作业方式，提高了施工效率。

该设备主要由激光除锈系统、烟尘收集系统、自行式运输系统以及整机框架系统构成。烟尘收集系统由集尘主机和全向吸尘罩构成。自行式运输系统主要由运载平板、钢轨走行轮组（图2）、驱动装置、电控系统等组成。运载平板上搭载激光除锈系统以及烟尘收集系统，底部安装钢轨走行轮组，通过驱动装置，从动力装置获取动力。该设备在常规新能源动力平板车功能（蓄电池供电、运行距离不受限制、无线遥控、运行速度可调）的基础上，增加了红外及视觉传感器，具备碰撞检测、超速制动、紧急避险、锁定装置防斜坡溜车等功能。

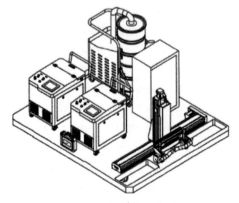

图1　设备结构示意图

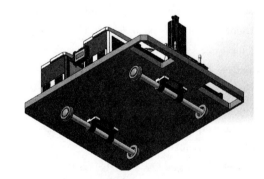

图2　平板车走行轮组

（二）激光除锈系统

根据钢轨断面尺寸、标准轨距和钢轨锈蚀特点，研制一套移动导轨式激光除锈系统，搭载在平板车上，实现与移动导轨配合完成钢轨除锈的功能。激光除锈系统包括激光器主机、激光发射装置及移动导轨集成。激光发射装置（图3）包括激光头支架、隔离器、振镜、集尘口。其余还有光路传输系统（光纤）及光路冷却系统。

焊缝除锈和运营前除锈的作业部位有所不同，设计有两种工装，如图4所示。在无缝线路钢轨焊缝除锈作业中，轨腰部分为平面，通过设计合理的激光光带以适应轨腰尺寸特点，用普通激光发射装置即可实现除锈扫描；而在线路运营前钢轨除锈作业中，轨头踏面结构和轨距角的特点较为复杂，需要对激光发射装置进行优化设计，通过调整激光头振镜和场镜，以实现运营前的钢轨轨顶除锈。

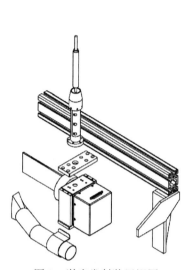

图3 激光发射装置视图

图4 发射装置优化设计

三、技术参数

整机参数见表1。激光除锈系统技术参数见表2。

整 机 参 数　　　　　　　　　表1

序号	项目名称	技术参数
1	长×宽×高	2600mm×2400mm×2100mm
2	电源形式	直流48V1500AH
3	整机功率	19kW
4	设备总重	2t
5	运行速度	≤30m/min 无极可调
6	续航	6~8h
7	平板车重量	1t
8	平板车极限载重	3t
9	最大制动距离	5m
10	最小行驶半径	350m
11	底盘离轨面间隙	≥50mm

激光除锈系统技术参数　　　　表 2

序号	参数名称	技术指标
1	除锈时间	≤5min/焊头
2	除锈方式	单边除锈
3	激光器功率	200W
4	除锈效果	不损伤母材
5	出光模式	二维矩阵
6	工作距离	配 F160 场镜
7	光束直径	7.0±0.5mm
8	光带尺寸	≤100×20mm
9	除锈精度	1mm
10	最大脉冲能量	≥1.5mj
11	频率范围	1~4000kHz
12	脉冲宽度	20~500nm
13	输出稳定度	<5%

四、控制系统

设计钢轨激光除锈设备智能控制系统，编写程序对设备各功能包括各系统供能、伺服定位控制等部件进行统一化控制，如图 5 所示。除锈施工人员也能通过反馈至显示屏的信

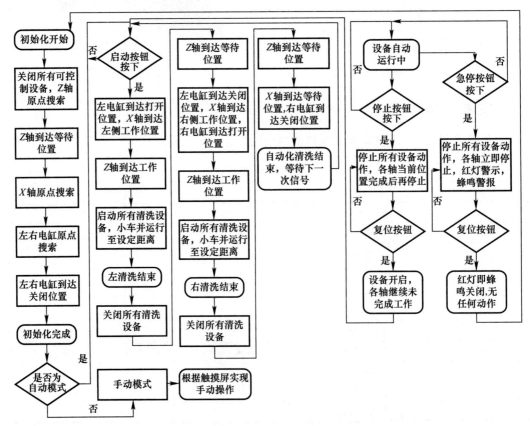

图 5　程序动作流程图

息快捷有效地了解设备运行状态。同时需要加上安全控制程序，以确保设备各部分工作时不发生干涉，并在设备出现故障时发出警报提醒除锈施工人员，保证了设备在工作时的安全。

五、关键技术研究

基于光纤脉冲智能激光技术（图6）研制的激光除锈设备，利用高能激光束照射钢轨表面，使表面的污物和锈斑层瞬间剥离，高速有效地清除钢轨表面锈蚀。激光发生装置产生激光后，由光纤传输至移动导轨端头的激光发射装置，由激光头对指定区域进行除锈清理。

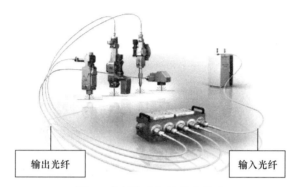

图6　光纤脉冲智能激光技术

不同波长的激光有不同的振动频率，只会对特定物质起反应，针对铁锈特性选定1064nm波长的激光。光纤激光器具有结构紧凑、能耗低、寿命长、稳定性高、光束质量优越、光电转换效率高等特征，因此初选光纤作为激光器的增益介质，见表3。

初选条件　　　　　　　　　　　　　　　表3

序号	参数名称	技术指标
1	波长 λ	1064nm
2	光束直径 D	6mm
3	光束质量 M^2	2.5
4	脉冲能量 E	1.5mj
5	平均输出功率 P	200W
6	振镜焦距 F	160mm
7	脉冲频率 f	130～800kHz

平均输出功率是激光器最重要的参数，决定了最终的除锈效果，过低不能清除锈蚀，过高则容易损伤钢轨基底材料，本项试验使用不同功率的激光器对不同污物进行激光除锈，经检验200W功率适合钢轨除锈，试验结果如图7、图8所示。

根据Solidworks内置的结构分析工具Simulation，使用有限元分析FEA法，通过虚拟测试CAD模型来进行线性、非线性静态力学功能，验证关键结构强度和刚度。

主要分析 Z 轴与激光发射装置连接位置的加工件（图9），材质选择铝合金。

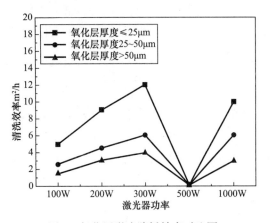 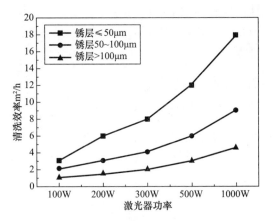

图7　氧化层激光除锈效率对比图　　　　　图8　锈蚀层激光除锈效率对比图

有限元分析如图10～图12所示。

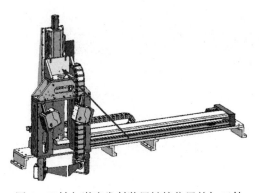 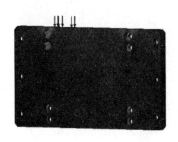

图9　Z轴与激光发射装置链接位置的加工件　　　　图10　应力云图

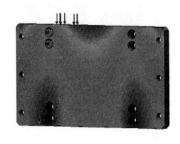 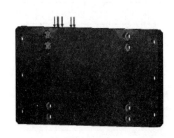

图11　位移云图　　　　　　　　　　　图12　应变云图

经分析，关键结构强度在许用范围之内。

六、结论

设备成功应用于天津地铁4号线北段工程及东莞市轨道交通1号线一期工程，除锈效果良好，经处理后的钢轨焊接正常，落锤试验指标符合相关要求，断面晶粒均匀、无夹渣，如图13～图15所示。

图 13　设备上线图

图 14　除锈效果

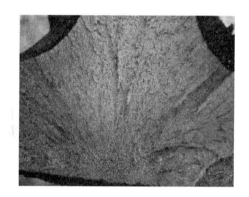

图 15　除锈后落锤试验的轨道横断面图

通过对钢轨智能激光除锈系统的研究，改变了现有钢轨除锈技术水平，大幅提高了钢轨除锈效率，降低了人员劳动强度，增加了企业经济效益，提高了企业技术水平，获得了项目、监理及业主的一致认可，对加快提高钢轨除锈效率以及技术队伍的专业成长、新施工技术的形成，具有极高的实践意义与应用前景，值得同行业进行推广和应用。

参 考 文 献

[1]　徐晓光，喻道远，饶运清. 工程机械的智能化趋势与发展对策 [J]. 工程机械，2002，33（6）.
[2]　韩宁. 机械制造工艺与机械设备加工工艺要点 [J]. 信息记录材料，2017，18（11）.
[3]　濮良贵，陈国定，吴立言. 机械设计 [J]. 工程机械，2013，5.

超埋深、长距离钻爆隧洞大体积大吨位钢管安装施工技术

刘培玉,尚天丽,李文龙

(中国水利水电第四工程局有限公司,青海 西宁 810007)

摘 要:为实现有压输水隧洞在地质条件复杂、上方软土覆盖层深厚、隧洞转弯半径小、洞内作业环境狭窄的情况下,钢管安全、顺利吊装及洞内水平运输、安装[1],本文依托国家节水供水重大水利工程——珠江三角洲水资源配置工程深圳分干线钻爆隧洞大体积、大吨位内衬钢管运输安装施工[2],通过工程实践,选用合适的施工参数和最优的施工方法,研究出如何在超埋深、长距离钻爆隧洞狭小空间内大体积、大吨位内衬钢管垂直吊装、洞内水平运输、定位安装技术措施、几何尺寸、线形的精度控制[3],为类似工程的推广及应用提供参考,取得了良好的经济、社会和环保效益。

关键词:超埋深;长距离;隧洞;大吨位;钢管;安装

Installation Technology of Large-Volume and Large-Tonnage Steel Pipe for Over-Buried Deep and Long-Distance Drilling-Blasting Tunnel

Liu Peiyu, Shang Tianli, Li Wenlong

(China Fourth Hydropower Engineering Corporation Limited, Xining Qinghai 810007)

Abstract: In order to realize the pressure water conveyance tunnel under the conditions of complicated geological conditions, deep soft soil overburden, small turning radius and narrow working environment, safe and smooth hoisting of steel pipe and horizontal transportation and installation in tunnel, based on the construction of large-volume and large-tonnage lined steel pipe transportation and installation of drill-and-blast tunnel in Shenzhen branch of the Pearl River Delta Water Resources Allocation Project, a national water hydraulic engineering, this paper presents a case study of the project, choosing proper construction parameters and optimal construction method. It studies how to control the precision of large-volume, large-tonnage lined steel pipe vertical hoisting, horizontal transportation, positioning and installation, geometric size and linear shape in the narrow space of tunnel with over-buried depth and long distance drilling and blasting, provides reference for the popularization and application of similar projects, and achieves good economic, social and environmental benefits.

Key words: ultra-deep; long-distance; tunnel; tonnage; steel pipe; installation

一、引言

为减少输水管路占用城市地面空间,引调水工程通常会借助地下埋设输水管道的方式

进行,目前在我国长距离、大直径的有压管网施工中,主要运用预应力钢筋混凝土管以及混凝土衬砌,压力钢管内衬施工技术研究在国内很少见相关报道,国外对隧洞内安装4.8m超大直径输水压力钢管的研究也不多。随着国家水利工程大规模建设和发展,压力钢管内衬施工也十分常见,相关施工技术不断发展成熟,研究其在超埋深、长距离钻爆隧洞狭小空间内的使用具有积极意义,能助力施工建设全面开展。

二、工程概况

深圳分干线钻爆隧洞工程作为珠江三角洲水资源配置工程的组成部分,钢衬段长度1802m,钢管外径4.852m,壁厚26mm,加劲环高120mm,单节钢管重量为27t,钢管与初支面的最小空间18cm。钻爆隧洞钢管内衬断面结构如图1所示。

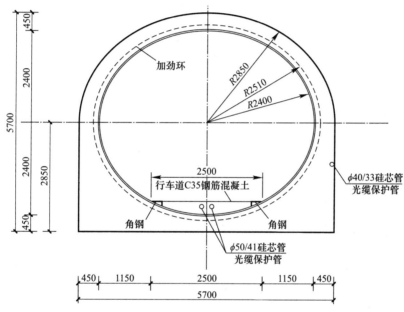

图1 钻爆隧洞钢管内衬断面结构示意图(单位:mm)

三、工艺原理

钻爆隧洞钢管吊装采用150t履带吊及专用吊装夹具垂直运输,借助DCY45型轮胎式专业液压台车,在指定的位置进行定位安装,并实现钢管在隧洞内的水平运输、重载爬坡及钢管组对调节,达到快速安装的目的。

四、施工工艺流程及操作要点

(一)施工工艺流程

钢管内衬工艺流程如图2所示。

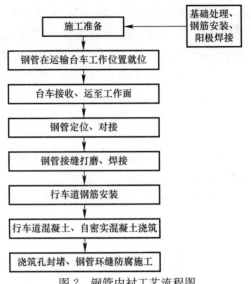

图2 钢管内衬工艺流程图

（二）操作要点

1. 钢筋安装

钢管外环钢筋分两次安装，首先安装隧洞腰线以下部分钢筋，然后浇筑15cm底板，再统一安装腰线以上部分钢筋。

2. 阴极保护安装

沿钢管环缝两侧均布设置24块锌合金阳极。用电焊将阳极两端345C钢芯焊脚焊牢在管壁上沿着钢芯两边对焊焊缝长度60mm。

3. 钢管吊装

将钢管运输到指定位置后，采用专业吊装夹具起吊，钢管端部的夹具保持水平状态，先试吊再起吊，保证钢管受力均匀，夹具夹在钢管内壁，夹具与钢管水平夹角69°，夹具加工构造图及整体吊装分别如图3和图4所示。

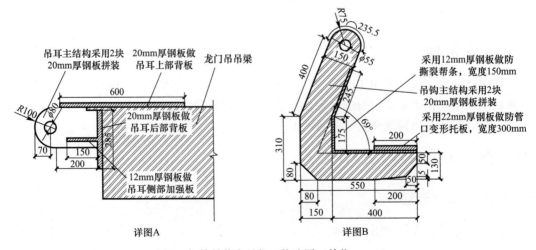

图3 钢管吊装夹具加工构造图（单位：mm）

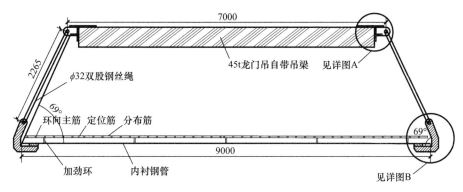

图 4　钢管整体吊装图

4. 钢管洞内水平运输及安装

（1）测量定位

由测量队对第一节钢管位置放线，标记出钢管位置。

（2）洞内运输、安装

通过使用 DCY45 型轮胎式专业液压台车（图 5），实现精准的安装，提高运输效率，该台车可实现钢管在隧洞内的水平运输、重载爬坡及钢管组对调节要求。

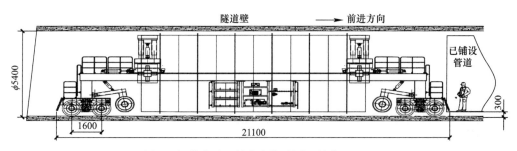

图 5　钢管水平运输台车构造图（单位：mm）

① DCY45 型管道运输车首先正常行走至装载区，此时管道运输车辅助轮抬起，如图 6 所示。

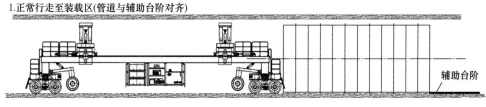

图 6　台车站位示意图

② 管道运输车到达装载区后，前段辅助轮放下，前端 2 轴线离地。辅助轮向前前进，直到辅助轮靠近待运输管道，如图 7 所示。

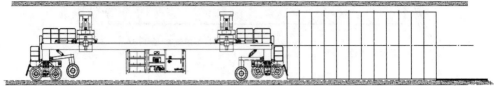

图 7　台车姿态调节示意图

③ 前端 2 轴线下降，落至待运输管道内壁，辅助支撑轮轴提升，运输车进入管道，如图 8 所示。

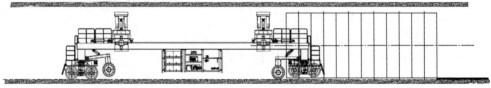

图 8　钢管装车示意图（一）

④ 运输车顶部的顶升装置开始运作，在运输车上装置传感器，实现有效测量，水平仪等辅助器具辅助操作人员通过调节竖直支撑油缸，顶升装置通过纵横移油缸准确定位，如图 9 所示。

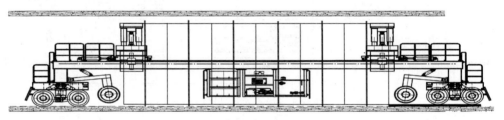

图 9　钢管装车示意图（二）

⑤ 运输车顶升装置继续抬升，将整个管道驮运返回，当辅助支撑轮离开辅助台阶后着地，并继续行驶，如图 10 所示。

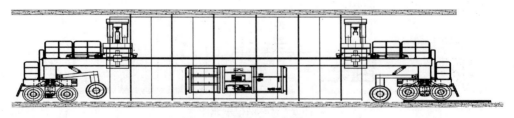

图 10　钢管装车示意图（三）

⑥ 运输车继续行驶，当全部走出辅助台阶后，调节 2 轴线至合适高度，辅助支撑轮离地，整机正常行驶至铺设区，完成整个钢管装车运输工序，如图 11 所示。

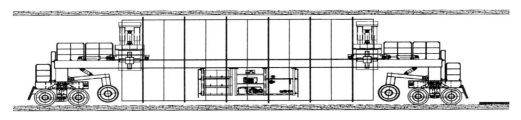

图 11　钢管就位示意图

(3) 钢管固定

钢管运输到位后放置在设置好的固定台墩上，固定台墩提前加工，采用 20 号工字钢，台墩纵向间距每 1m 设置 1 道，进行钢管对接微调采用楔铁。

5. 钢管环缝焊接

钢管环缝焊接时要重视打底焊接，分层进行，运用手工混合气体对其进行保护，以"V"形坡口形式进行焊接，这样能够避免出现钝边情况，确保了单面焊接时能够促使双面成型（图 12）。

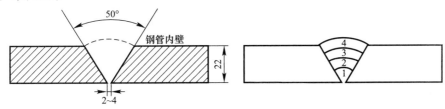

图 12　钢管安装焊接顺序示意图

五、质量控制措施

(1) 以单面焊接、双面成型为主。主要包括根部间隙装配、坡口角度和钝边尺寸。焊接可通过连弧焊方式来实现。

(2) 钢内衬焊接前采用电弧焊进行定位焊接，定位焊后，要有效地进行刨根清理，确保清除干净，以此才能进行正缝焊接。

(3) 需要预热的钢板，预热温度要比正缝预热高 20～30℃，确保定位焊周边 150mm 的预热范围，预热后方可进行焊接。

(4) 钢内衬要进行有效的涂层涂装。可通过喷砂、打磨等方式除锈后，借助吸尘器清除灰尘，确保涂装基面满足要求。

六、安全技术措施

(1) 临时用电配电系统为三级配电两级防护，由专业电工专人负责。

(2) 起重机械作业前要认真检查制动装置、钢丝绳、吊具等，做好维护保养工作。

(3) 严格执行"十不吊"，隧洞内行车由专人指挥。

(4) 隧洞内轴流风机进行钢管安装施工期间洞内应通风，满足通风要求。

七、结语

钢内衬为少能化、机械化、智能化施工，安全可靠、施工速度快、耐久性好，有效减小了环境污染，对城市居民的出行、生活不构成任何影响，社会反映良好。

钢管本身强度高，耐久性好，其与外壁充填的混凝土及岩体形成整体的抗压体系，有效平衡了隧洞内水与外水的压力，起到了良好的止水效果，减少了混凝土衬砌修补处理的时间及成本，作业人员职业健康得到保障，后期运营维护方便。

综上所述，作为输水隧洞的一种内衬类型，钢内衬施工质量有保障、安装速度快，具有良好的经济、社会及环保效益，可借鉴、推广应用。

参 考 文 献

[1] 姜德华. 超大直径压力钢管隧洞内安装施工技术研究与应用［J］. 建筑施工，2018（40）：120-121.

[2] 华绪银. 超大直径输水钢管隧洞运输安装技术研究［J］. 广东水利水电，2020（8）：87-88.

[3] 林江涛，吴海宏，李世增. 盾构隧洞内大直径钢管组对安装工艺研究［J］. 广东水利水电，2019（12）：48-49.

火灾下的建筑室内环境升温曲线模型探讨

李娜[1]，钟亚军[2]，王雪婷[3]，徐彬[2]，付波[4]

（1. 杭州铁木辛柯工程设计有限公司，浙江 杭州 311215；2. 浙江省建设投资集团股份有限公司，浙江 杭州 310063；3. 浙江江南工程管理股份有限公司，浙江 杭州 310000；4. 杭州铁木辛柯建筑结构设计事务所有限公司，浙江 杭州 311215）

摘 要：现行防火设计规范要求的构件耐火极限，通常都是基于标准火灾作用进行计算，关于构件抗火性能的研究也多采用 ISO 834 标准升温曲线。标准火灾升温曲线并不是实际的火场升降温曲线，只是鉴于实际火灾的复杂性，为了对结构提出统一的抗火要求，并作为构件和结构抗火试验的依据而对真实火场的一种简化计算。本文对建筑室内火灾的类型和特点进行介绍，梳理现有火灾下的建筑室内环境升温曲线模型，基于现有的模型对影响室内环境升温的因素进行定量分析，研究各模型的适用范围和模型之间的异同，最后从建筑使用功能出发，推荐适用于钢结构抗火设计的室内火灾升温曲线。

关键词：升温曲线；高大空间；等效曝火时间

Discussion on the Heating Curve Model of Building Indoor Environment under Fire

Li Na[1], Zhong Yajun[2], Wang Xueting[3], Xu Bin[2], Fu Bo[4]

(1. Hangzhou Temuxinke Engineering Design Co., Ltd., Hangzhou Zhejiang 311215；
2. Zhejiang Provincial Construction Investment Group Co., Ltd., Hangzhou Zhejiang 310063；
3. Zhejiang Jiangnan Project Management Co., Ltd., Hangzhou Zhejiang 310000；
4. Hangzhou Tiemuxinko Architectural Structure Design Co., Ltd., Hangzhou Zhejiang 311215)

Abstract: In current fire protection design standards, the requirement of components fire resistance rating is calculated based on the standard fire action, and the research of the components fire performance adopts ISO 834 standard temperature curve. It is the uniform fire resistance requirements for general structures, which is a kind of simplified calculation method. However, because of the complexity of actual fires, ISO 834 standard temperature curve is not the actual fire rise-fall curve, it will cause the obvious difference in calculation of components fire resistance rating. This paper introduces the types and characteristics of compartment fire, it also clearly lists the existing compartment temperature rise curve models. Then, quantitatively analyzing the factors which can influence the compartment temperature based on the existing models. After that, finding out the similarities and differences and scope of application for each model. Finally recommending the fire temperature rise curve which is suitable for the fire resistance design of steel structures based on the several architectural functions.

Key words: temperature rise curve; tall space; equivalent exposure time

一、引言

现行防火技术规范[1]要求的构件耐火极限，通常都是基于标准火灾作用进行计算，关于构件抗火性能的研究也多采用 ISO 834 标准升温曲线。标准火灾升温曲线并不是实际的火场升降温曲线，只是鉴于实际火灾的复杂性，为了对结构提出统一的抗火要求，并作为构件和结构抗火试验的依据而对真实火场的一种简化计算。

英国 BRE 火灾测试中心进行的 8 层足尺钢框架 Cardington 受火试验中，钢梁翼缘处温度和 ISO 834 标准升温曲线所对应的温度相差很大[2]。其他研究也表明[3]，钢构件在标准火和真实火下的力学性能存在一定的差异。《建筑钢结构防火技术规范》GB 51249—2017 第 6.1.2 条规定，当能准确确定建筑的火灾荷载、可燃物类型及其分布、几何特征等参数时，火灾升温曲线可按其他有可靠依据的火灾模型确定，但是该规范中仅给出了以纤维类物质为主和以烃类物质为主的标准火灾升温曲线，没有提供更一般的室内火灾升温曲线。

本文对建筑室内火灾的类型和特点进行介绍，梳理现有火灾下的建筑室内环境升温曲线模型，基于现有的模型对影响室内环境升温的因素进行定量分析，研究各模型的适用范围和模型之间的异同，最后从建筑使用功能出发，推荐适用于钢结构抗火设计的室内火灾升温曲线。

二、建筑室内火灾的分类及主要特征

（一）室内火灾的分类

一般室内火灾的发展遵循一定的规律。火灾初始发生阶段，由于燃烧面积有限，此时室内温度还没上升起来，烟气不多且流动缓慢。此时，若室内通风条件不佳，火灾可能会因为氧气不足而自行熄灭。反之若室内通风条件良好，室内可燃的织物、装修、家具等会随着氧气的大量涌入而轰燃起来，这时火灾就进入全盛阶段。随着燃烧的持续，室内温度也会快速上升，最高温度可达到 800～1200℃。一旦室内可燃物消耗殆尽，且室内温度降至最高温度的 80% 以下时，我们可以判断火势进入了衰退阶段。当燃烧物全部烧光后，火势趋于熄灭[2]。

高大空间火灾的特性不同于一般室内火灾。首先由于建筑空间较"高"较"大"，火灾（火源）会集中在一定区域，不易发生"轰燃"——所有的室内可燃物质同时燃烧的现象。其次空气升温也会相对缓慢，最高温度也不会像一般室内火灾那样高。必须指出的是，高大空间火灾着火空间的环境温度虽然不一定很高，但是对于火灾区域及邻近的构件，还应考虑可能被火焰吞没、火焰辐射对其升温的影响。

（二）一般室内火灾空气升温的影响因素

1. 可燃物资的数量及其空间分布

若是其他因素均相同，建筑室内火灾中释放的热量、环境升温的速度及最大值以及火灾持续时间的长短均与室内可燃物的数量正向相关。可燃物资的室内布局在火势蔓延中起着关键作用，布局不合理可能导致小火源迅速失控，演变成大火。

2. 室内空气的流通情况

试验数据表明，室内空气流通情况与 $A_v\sqrt{H_v}$ 成正比，A_v 指室内洞口面积，H_v 指洞口高度。如果房间内可燃物充足，但因门窗洞口较小，火灾时空气流通不畅，氧气的供应不足，导致燃烧不充分，这种火灾我们称之为通风控制型火灾。若门窗洞口较大，氧气的供应足以满足燃烧所需，继续增大洞口面积，不会引起燃烧速率的增大。此时燃烧率更多地取决于可燃物的性质及其在房间内的分布，这种火灾我们称之为燃料控制型火灾。

3. 室内空间的尺寸、形状与热能表现

室内空间的尺寸越大，其所能容纳的可燃物也越多，火灾发生时的最高温度也会越高。如果火灾房间的地板、墙、屋面具有较好的导热性，热量能够散发出去，火场的升温速度就会较慢。反之，火场的温度就会迅速上升。

(三) 高大空间火灾空气升温的影响因素

(1) 空气升温的最大值与火源功率正向相关。

(2) 空气升温的最大值与房间面积反向相关，但房间面积达到一定数值时，空气升温的最大值不再随房间面积增大而减小。

(3) 空气升温的最大值与建筑高度反向相关；建筑高度越高，高大空间火灾空气升温的最大值越小。

(4) 房间中，距离火源越远的位置，空气升温的最大值越小，即火源对空气温度的影响随着距离的增大而减弱。

三、各种空气升温曲线模型

(一) 单参数火灾升温曲线模型

ISO 834 标准火灾升温曲线适用于以纤维类火灾为主的建筑。针对其他类型的可燃物和室外火灾情况，《建筑构件耐火试验 可供选择和附加的试验程序》GB/T 26784—2011 给出了其他的火灾升温曲线模型。

碳氢（HC）升温曲线：$T_g - T_{g0} = 1080 \times (1 - 0.325e^{-0.167t} - 0.675e^{-2.5t})$ (1)

电力火灾升温曲线：$T_g - T_{g0} = 1030 \times (1 - 0.325e^{-0.167t} - 0.675e^{-2.5t})$ (2)

室外火灾升温曲线：$T_g - T_{g0} = 660 \times (1 - 0.687e^{-0.32t} - 0.313e^{-3.8t})$ (3)

以上 3 种火灾升温曲线与 ISO 834 标准火灾升温曲线的对比如图 1 所示。

各种单参数火灾升温曲线的适用范围和特点分别为：

(1) ISO 834 标准火灾升温曲线，简称标准火灾升温曲线，适用于以纤维类火灾为主的建筑。

(2) 碳氢（HC）升温曲线，简称烃类火升温曲线，适用于可燃物以液态碳氢化合物等烃类材料为主的火灾，常用于石油化工建筑及生产、存放烃类材料、产品的厂房等建筑的抗火设计。

(3) 电力火灾升温曲线，适用于电站、输配电设施或有机高聚物材料加工与储存场所

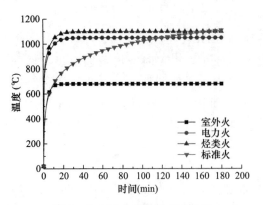

图 1 单参数火灾升温曲线比较

中，构件可能经受以有机高聚物材料为主要燃料的火灾。

（4）因为室外火灾存在大量的热量扩散现象，所以室外火的升温要比标准火有所缓和。由图 1 可知，室外火和标准火在前期的升温速度基本一致，当升温 20min 之后，室外火即达到了最高温度，后期温度不再上升，且最高温度仅为 680℃。

（二）多参数火灾升温曲线模型

如前所述，真实的火灾升温过程实际上比较复杂，单参数火灾升温曲线模型并不能考虑各种因素对室内火灾升温的影响。本节分别针对一般室内火灾升温和高大空间火灾升温两种不同的升温过程，给出精细化的多参数火灾升温曲线模型，供防火设计参考。

1. 欧洲规范参数化火灾升温曲线模型

欧洲规范 EN 1991-1-2：2002 附录 A 给出了一种参数化的火灾升温曲线模型，简称欧标参数火模型[4]。该模型可综合考虑开口因子、火灾荷载密度、房间壁面的热惰性等因素，适用于高度不超过 4m，独立空间地（楼）面面积不大于 500m² 的建筑空间，且仅存在墙面开洞的情况。主要公式如下所示：

升温段：$T_g - T_{g0} = 1325 \times (1 - 0.324e^{-0.2t^*} - 0.204e^{-1.7t^*} - 0.472e^{-19t^*})$ (4)

$$t^* = t \cdot \Gamma \tag{5}$$

$$\Gamma = [O/b]^2 / (0.04/1160)^2 \tag{6}$$

$$b = \sqrt{\rho c \lambda} \tag{7}$$

$$O = A_v \sqrt{h_{eq}} / A_t \tag{8}$$

降温段：$\begin{cases} t_{max}^* \leqslant 0.5 & T_g = T_{gmax} - 625(t^* - t_{max}^* x) \\ 0.5 < t_{max}^* < 2 & T_g = T_{gmax} - 250(3 - t_{max}^*) \times (t^* - t_{max}^* x) \\ t_{max}^* \geqslant 2 & T_g = T_{gmax} - 250(t^* - t_{max}^* x) \end{cases}$ (9)

$$t_{max}^* = (0.2 \times 10^{-3} \times q_{t,d}/O)\Gamma \tag{10}$$

$$\left.\begin{array}{l} \text{当 } t_{max} > t_{lim} \text{ 时}, x = 1.0 \\ \text{当 } t_{max} = t_{lim} \text{ 时}, x = t_{lim}\Gamma/t_{max}^* \end{array}\right\} \tag{11}$$

由以上公式可知，欧标参数火模型通过引入时间修正系数 Γ 来考虑开口因子、火灾荷载密度、房间壁面热惰性对升温过程的影响，适用于模拟一般室内火灾空气升温过程。该模型还有一个特点，当不考虑上述因素对空气升温的影响时，取 $\Gamma = 1$，此时欧标参数火模型的升温段公式可退化为 ISO 834 标准

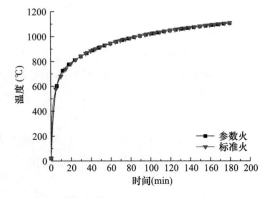

图 2 欧标参数火与 ISO 834 标准火的对比

火灾升温曲线，如图2所示。

经试算发现，对欧标参数火模型曲线影响比较大的因素主要为火灾荷载密度和开口因子。开口因子越大，升温越快；火灾荷载密度越大，升温持续时间越长，所能达到的最高温度也越高。

2. 高大空间火灾升温曲线模型

《建筑钢结构防火技术规范》CECS 200—2006 给出了高大空间火灾空气升温曲线计算公式，如式（12）所示。

$$T_{(x,z,t)} - T_g(0) = T_z \times (1 - 0.8e^{-\beta t} - 0.2e^{-0.1\beta t}) \times \left[\eta + (1-\eta)e^{-\frac{x-b}{\mu}}\right] \quad (12)$$

高大空间火灾升温曲线模型，专为高度达到或超过4m，且独立空间地（楼）面面积大于500m² 的建筑空间而设计。这一模型基于高大空间建筑火灾下空气升温场的深入理论分析，并借助120个FDS数值模拟结果的回归分析，形成了实用的空气升温经验公式。在模型构建中，充分考虑了火源功率、火灾升温速率、建筑面积、建筑空间高度以及距火源中心的水平与垂直距离等多个关键因素的影响，因此可精准地模拟高大空间火灾的升温过程，为火灾防控和应急救援提供有力支持。

图3给出的曲线均为火源中心正上方的空气升温曲线，由图可知，在其他因素相同的情况下，火灾升温速率主要影响空气温度升至最高温度的时间，火源功率则对最高温度的

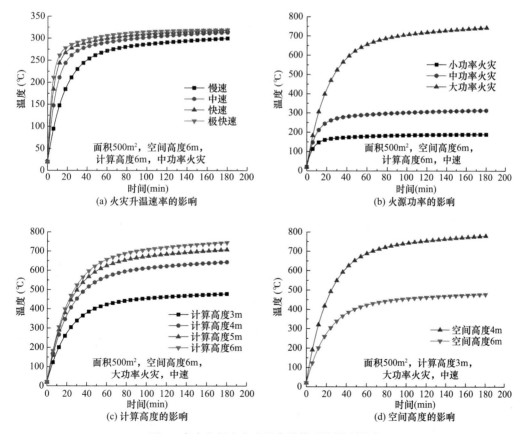

图3 高大空间火灾升温曲线模型的影响因素

影响比较显著。不同高度处的空气温度存在较大差异，表现为空气温度沿高度方向呈逐渐递增的趋势。而随着建筑面积的增加或者建筑空间高度的增加，同一高度处的升温最大值则呈明显下降的趋势。

（三）等效曝火时间

采用 ISO 834 标准升温曲线确实能为结构抗火设计带来诸多便利。然而，标准升温曲线有时并不能准确反映实际火灾的升温情况，两者之间存在显著的差异。为了更真实地反映火灾对构件的破坏程度，同时保持标准升温曲线的便利性，我们引入了等效曝火时间的概念。《建筑钢结构防火技术规范》GB 51249—2017 给出了一种确定等效曝火时间的方法，即按实际火灾升温曲线、时间轴、时刻 t 直线三者所围成的面积与标准火灾升温曲线、时间轴、时刻 t_e 直线三者所围成的面积相等的原则经计算确定，如图 4 所示。

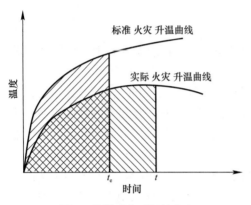

图 4　等效曝火时间的定义

该方法基于火灾释放热量相等的原则，通过曲线下方围成的面积相等条件来确定等效曝火时间 t_e。此时按实际火灾升温曲线进行设计时，即可将耐火时间 t 转化为满足标准火的耐火时间 t_e。该方法基于火灾释放热量相等的原则，考虑了火灾持续时间的影响，但在实际火灾中，热量从热烟气传递到构件的多少，其实主要取决于热烟气和构件之间的温度差异。因此，当实际火灾的升温曲线与标准火灾的升温曲线存在显著差别时，这种方法的应用可能会产生较大的误差。

四、小结

本文主要介绍了建筑室内火灾的类型及特点，列出了各种火灾下的空气升温模型，对各模型的特点和影响因素进行了分析。基于以上成果，对建筑抗火设计时的空气升温模型选择建议如下：

（1）ISO 834 标准火模型是目前最常用的模型，当不能确定建筑物室内的有关几何参数和火灾荷载密度等火灾参数时，可采用 ISO 834 标准火模型来进行抗火设计。虽然该模型与实际火灾升温过程相差比较大，但在一般情况下该模型将给出偏保守的结果。

（2）当具备设计条件时，建议根据建筑物的实际情况，采用更接近实际情况的空气升温曲线模型。对于高度不超过 4m，独立空间地（楼）面面积不大于 $500 m^2$ 的建筑空间，推荐选用欧标参数火模型。该模型考虑了影响一般室内火灾升温过程的各主要因素，适用性较好，且当忽略这些因素时，可退化为 ISO 834 标准火模型。

（3）对于高度超过 4m，独立空间地（楼）面面积大于 $500 m^2$ 的建筑空间，ISO 834 标准火模型明显与实际升温情况不符，此时建议选用高大空间火灾升温曲线模型。该模型概念清晰，可较好地反映高大空间的火灾升温过程和主要影响因素。

（4）虽然现行规范引入了等效曝火时间的概念，但从保证抗火计算精度的角度出发，建议尽量不要采用等效曝火时间来进行抗火设计。

参 考 文 献

[1] 中华人民共和国住房和城乡建设部.建筑钢结构防火技术规范：GB 51249—2017 [S]. 北京：中国计划出版社，2017.

[2] 李国强，韩林海，楼国彪，等. 钢结构及钢-混凝土组合结构抗火设计 [M]. 北京：中国建筑工业出版社，2006.

[3] 樊华，王文达，王景玄. 考虑真实火灾效应的钢管混凝土偏压构件耐火性能数值模拟 [J]. 自然灾害学报，2016，25（4）：101-108.

[4] European Committee for Standardization. Eurocode 1：Actions on structures-Part 1-2. General actions-actions on structures exposed to fire：EN1991-1-2 [S]. Brussels：European Committee for Standardization，2002：30.

深基坑钢支撑与混凝土支撑混合支撑体系交叉施工工艺研究

申卢晨，韩玉博，赵祎斐，李干，蔡耀

（中建八局上海公司，上海 200120）

摘　要：现今深基坑工程一般会采用支撑体系对基坑进行加固，分为钢支撑和混凝土支撑两种形式，每个项目在设计阶段根据需要进行设计。两种支撑的施工特点有明显区别，钢支撑安装周期短，安装速度快，安装完成后即可使用，混凝土支撑安装周期长，需要有绑钢筋、安装模板、施工混凝土、混凝土养护至强度达到设计要求、拆模等一系列施工步骤。

关键词：深基坑；混合；混凝土支撑；钢支撑

Research on Cross ConstructionTechnology of Mixed Steel and Concrete Support System for Deep Foundation Pit

Shen Luchen, Han Yubo, Zhao Yifei, Li Gan, Cai Yao

(China Construction eighth Bureau Shanghai company, Shanghai 200120)

Abstract: Nowadays, deep foundation pit engineering generally adopts the support system to strengthen the foundation pit, which is divided into two forms of steel support and concrete support, and each project is designed according to the needs in the design stage. The construction characteristics of the two supports are obviously different, the steel support installation period is short, the installation speed is fast, and the installation can be used after the installation is complete, the concrete support installation period is long, and a series of construction steps such as binding steel bars, installation templates, construction concrete, concrete maintenance until the strength reaches the design requirements, and mold removal are required.

Key words: deep foundation pit; mixed; concrete bracing; steel bracing

一、引言

当一个基坑工程出现钢支撑与混凝土支撑混合使用时，为了保证施工进度，必须重新调整施工部署，根据两个支撑体系的施工周期不同特点，结合工程施工进度部署，对支撑进行交叉施工，满足不同的工程进度需要，减少工期，加快施工进度，降低材料及人工成本。

本文基于无锡国家软件园五期项目为研究样本，以对深基坑钢支撑与混凝土支撑混合支撑体系交叉施工工艺进行实体研究。该项目基坑面积达到 7 万 m^2，开挖深度 9m 多，土方开挖量 70 多万 m^3，采用的是钢支撑和混凝土支撑混合的支撑体系来满足基坑加固的要求。

二、工程概况

本文研究的对象是位于无锡国家软件园区内的软件园五期项目，本工法于2023年应用于无锡国家软件园五期项目，本工程总占地面积77923m²，建筑面积达到230826.81m²，其中地上的建筑面积111260.59m²，地下的建筑面积119566.22m²；结构层数为地下2层至地上15层，最大高度$H=79.6m$，共11个单体，包括：1号多层公建、2号多层公建、3号多层公建、4号多层公建、5号多层公建、6号多层公建、7号高层、8号高层、9号多层公建、10号高层、11号高层、地库（含人防）组成。

本工程±0.000为+4.650m，场地自然地面标高为+4.150m，即相对标高为-0.500m。

本工程地下室结构为两层，基坑开挖深度9.45~10.05m，局部集水坑临边区域11.15m，坑中坑开挖深度1.50~3.00m，基坑开挖面积62085m²，基坑周长1030m；本工程基坑支护的设计使用年限为2年。

三、工艺概况

（1）从设计到施工，大面积深基坑开挖与支撑体系综合体全过程的综合性分区、分标段、分先后施工。

（2）混合支撑体系的工序穿插，与深基坑的流水施工相结合，使用交叉施工理念，充分确保工序的紧密连接。

（3）基于Revit模型进行的施工模拟分析，可具象化施工流程，动态化施工过程碰撞，明确施工细节，从而合理安排施工部署。

四、原理说明

（1）在设计阶段，积极与设计单位沟通，明确现场施工部署，根据施工进度轻重缓急来设计钢支撑的范围和混凝土支撑的范围，从设计源头开始，确保支撑设计与施工进度的贴合性，土方开挖先进行，进度较快的位置优先考虑钢支撑，进度略慢的区域考虑混凝土支撑。

（2）在施工组织阶段，采用平面布置图和BIM技术，还原现场平面布置，按照施工部署和施工进度要求进行分区施工，根据施工进度的先后顺序来命名分区，钢支撑在土方开挖进度快的区域，混凝土支撑在开挖进度慢的区域。

（3）该工法使用交叉施工的理念，因本项目每日土方开挖量有限，所以优先在最重要的区域进行土方开挖施工，当其土方开挖达到施工钢支撑条件时，开始施工钢支撑，此时该区域的土方开挖暂停，在钢支撑施工周期中，其他混凝土支撑区域开始开挖，挖至混凝土支撑施工条件时，开始施工混凝土支撑，此时钢支撑施工完成，基坑继续开挖，以此交叉施工混合支撑体系，以减少工期，加快施工进度。

（4）该工法有效地解决了混合支撑体系不同支撑施工时的空窗期，保持施工进度的紧凑，节约工期，加快了施工进度，减少了施工成本。

（5）采用BIM技术，建立精细化施工过程动态模型，明确施工顺序，严格把控每日的出土量与开挖进度，精确预测每个施工分区支撑体系施工时间点，在施工时间点前一周开始做施工准备，保证工序的衔接，降低施工难度。

五、实施要点

（一）施工策划

在项目开始前组织设计、业主、施工、勘察等各方参建单位以及分公司领导班子进行施工总承包策划会议，在会议上提出深基坑钢支撑与混凝土支撑混合支撑体系交叉施工工法的施工思路，针对该方法的可行性、经济性、影响性等方面，施工准备、施工流程、施工工艺、验收要求等施工阶段，各方提出自己的意见，完善该施工工法细节，为工法的完美实施提供基础，会后形成会议纪要，并严格执行。

（二）图纸设计

会后，设计单位根据施工工法的施工要点和要求，结合会议精神，完善基坑支护施工图，将会议纪要落实到施工图纸上，出图后再组织相关单位进行图纸会审，对图纸内容进行审核，检查是否满足工法施工要求，是否能指导施工。

（三）Revit 模型分析

在深基坑施工前，完成施工过程的初始 Revit 模型，通过模型分析施工流水段及部署，提前明确现场施工过程中的碰撞点和易错点，指导现场施工，提前对分包单位交底重点。

在施工过程中，跟随施工进度，实时更新 Revit 模型，保证模型是施工现场动态的反映，具有实时性、准确性、形象性以及重要的指导性。模型及时上传共享平台（图1），为现场人员提供指导工具，能更好地把控现场施工方向，更好地完成该工法的实施。

图 1 Revit 模型实时动态更新分享平台

（四）施工流水段分析

根据设计工况基坑分 3 个大区（10 个小区），整个场地先进行首层土同时开挖，开挖至冠梁底标高，为支撑施工提供空间，首层土均从北侧科研北路正大门出土，支护完成后整体开挖顺序为 A 区先开挖，在栈桥处留坡作为行车路线从西侧栈桥次大门出土，往 B 区退，A 区开挖结束后 C 区开挖，在栈桥中部留坡作为运土路线，往西侧栈桥次门出土，C 区开挖完成后，开挖 B 区，在栈桥最南侧留坡作为运土路线。

而支撑施工的分区跟随深基坑土方的分区情况，分为 A、B、C 三个分区，A、B 区为钢支撑，B 区为混凝土支撑；支撑的总体拆除顺序按 A→C→B 进行。

施工过程中,时刻关注施工进度,结合模型的进度分析,当A1-1、A1-22、A3-2区域的土方开挖至支撑可施工标高时,立即组织施工该区域的钢支撑安装,安装的同时土方开挖单位转移到A2-2、A2-1、A4-2区域开始土方开挖,该区域的土方开挖至支撑可施工标高时,A1-1,A1-22、A3-2区域的钢支撑已经安装完成并预应力施加完成,可投入使用,之后继续回到A1-1,A1-22、A3-2区域进行土方开挖,同理A2-2、A2-1、A4-2区域的钢支撑开始施工。

随着土方开挖进度向B区开挖,B区开挖至支撑标高时,安装B区的混凝土支撑,土方作业转移到C区的钢支撑范围,以此类推,最终完成土方开挖、钢支撑施工、混凝土支撑施工三者的交叉施工。

(五)工法交底

施工单位分析确认好深基坑钢支撑与混凝土支撑混合支撑体系交叉施工工法的施工方案、施工要点、施工流水段等施工要素后,为现场能严格落实工法精神,施工与方案保持一致,需在每个施工阶段正式施工前对相关的分包单位进行技术交底(图2),保证分包单位能明确工法施工要点,督促其按照要求进行施工。

图2 分包单位技术交底

(六)施工要点

1. 混凝土支撑施工要点

(1)基础处理:将支撑的位置进行清理,去除杂物和泥砂,并进行填充和夯实,确保基础牢固可靠。

(2)支撑模板搭设:根据设计要求,在支撑位置搭设好模板,确保模板的平整和牢固,如图3所示。

(3)钢筋的预埋:在模板内预先安置好所需的钢筋,确保钢筋的位置和数量符合设计要求,如图4所示。

图3 模板安装　　　　　　　图4 钢筋安装

(4)混凝土浇筑:将预先准备好的混凝土运输到施工现场,按设计要求进行浇筑,保证混凝土均匀密实，如图5所示。

（5）混凝土的养护：在混凝土浇筑完成后，进行养护工作，保持混凝土的湿润和稳定，防止开裂和变形，如图6所示。

图5　混凝土支撑浇筑

图6　混凝土养护

（6）模板拆除：待混凝土达到设计强度后，进行模板的拆除，确保支撑结构的完整性。

2．钢支撑施工操作要点

（1）钢结构安装

因基坑工作环境较为复杂，故采用起重机、挖掘机两种机械对现场构件进行吊装安装（图7~图9），其中采用卸扣、钢板钳固定钢丝绳与构件相连接，钢支撑吊装拆除过程需另行编制拆除方案。

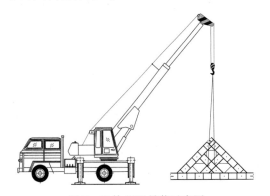
图7　坑外TW吊装示意图

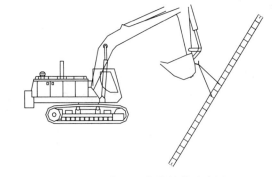
图8　坑内WA构件吊装示意图

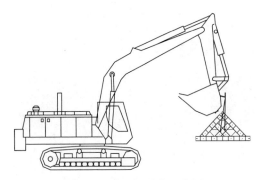
图9　坑内TW吊装示意图

（2）钢结构预应力施加

1）千斤顶的配备要可靠、压力计量装置应经实验室校准。

2）千斤顶压力的合力点应与支撑轴线重合，千斤顶应在支撑轴线两侧对称、等距放置，且应同步施加压力。

3）钢支架就位后，起重机将液压千斤顶置于主动端顶压位置，连接油管后打开泵，按设计要求逐级施加预应力。预应力到位后，将钢楔放置并焊接牢固，以固定柔性端，防止柔性端掉落。

4）千斤顶的压力应按设计要求分阶段施加。施加每一级压力后，应保持压力稳定10min，方可施加下一级压力。预压增加到设计规定值后，压力稳定10min后才能按设计预压值锁紧；采用了一种新的三次预压法[1]。第一次先施加20％的预加力，使钢支撑与钢围檩之间很好地接触；第二次施加至预加力的120％，然后等10min，看读数表指针稳定打入楔块；第三次是在打入楔块后，读数表指针往回走，然后施加预加力至120％，二次打紧楔块。在读数稳定在预加力的120％时，卸下液压千斤顶。在支撑预加力加设后的各12h之内，加密监测频率，发现预加力损失或围护结构变形速率无收敛时，复加预应力至设计值。

5）支撑施加压力过程中，当出现焊点开裂、局部压曲等异常情况时应卸除压力，在对支撑的薄弱处进行加固后，方可继续施加压力。

6）当监测的支撑压力出现损失时，应再次施加预压力。

六、总结

通过对在建筑工程中对深基坑钢支撑与混凝土支撑混合体系交叉施工工艺的研究，得出以下结论：

（1）混合支撑体系的工序穿插，与深基坑的流水施工相结合，使用交叉施工理念，充分确保工序的紧密连接。

（2）基于Revit模型进行的施工模拟分析，具象化施工流程，动态化施工过程碰撞，明确施工细节，从而合理安排施工部署。

参 考 文 献

[1] 中华人民共和国住房和城乡建设部.建筑基坑支护技术规程：JGJ 120—2012［S］.北京：中国建筑工业出版社，2012.

关于灌入式半柔性复合路面的应用探讨

党正霞,孙现波

(临沂市政集团有限公司,山东 临沂 276001)

摘 要:灌入式半柔性复合路面是近年来新兴的一种改善重载超载路段沥青路面抗车辙性能的筑路技术,具有良好的抗车辙性能,但近几年研究主要集中于大空隙沥青混合料的配合比设计与灌浆料的改善等焦点问题,没有相关学者对其长寿命的路用性能进行跟踪和评价,本文从抗车辙性、抗开裂性能及抗磨耗性能综合客观评价其应用现状,并对未来应用措施提出了思考与建议。

关键词:灌入式半柔性路面;抗车辙性;抗开裂性;脱粒麻面;长寿命

Discussion on the Application of Irrigated Semi-Flexible Pavement

Dang Zhengxia, Sun Xianbo

(Linyi Municipal Group Co., Ltd., Linyi Shandong 276001)

Abstract: In recent years, the irrigated semi-flexible pavement has been a new road construction technology to improve the rutting resistance of asphalt pavement in heavy and overloaded roads. The pavement has good rutting resistance. However, there are too many papers about the research on large-void asphalt mixture and the improvement of grouting material, few researchers have followed or evaluated the long-period of irrigated semi-flexible pavement. This paper evaluates the application status of rutting resistance、cracking resistance and abrasion resistance of irrigated semi-flexible pavement, making suggestions as to applications of the irrigated semi-flexible pavement in the future.

Key words: irrigated semi-flexible pavement; rutting resistance; cracking rsistance; degranulation and pitted surface; long-period

一、技术应用背景

灌入式半柔性复合路面是近年来新兴的一种改善重载超载路段沥青路面抗车辙性能的筑路技术,通常指在大空隙(空隙率通常为18%~28%)沥青混合料中灌入水泥基砂浆,养护一定时间后形成的一种"半柔半刚"性路面[1]。此路面兼具沥青混凝土路面的"柔性"和水泥混凝土路面的"刚性",彻底改变沥青高温下的流变特性,动稳定度达到SMA沥青路面的5~6倍[2],被广泛应用于公路或市政超载重载路段、红绿灯路口、港口或码头园区等道路。

我国对于灌入式半柔性复合路面的应用开始于1986年,同济大学道路与交通工程研究所林绣贤教授等主持的国家自然科学基金课题《新型路面的半柔性材料——特种沥青混合料的研究》，对掺加水泥砂浆的沥青混合料物理、力学性能进行了研究，并铺筑了试验段，现场应用存在车辙性能良好但开裂严重现象[3]。近 10 年来，国内对于灌入式半柔性路面的研究也在逐渐增加，并且很多企业和高校分别在南京、上海、杭州、山东、河南等地进行了不同程度的应用与试验段总结，主要研究重点为大空隙母体沥青混合料配合比设计及灌浆料的基本性能研究[4-6]，改善灌浆料的流动度、早起强度及收缩开裂性，改善基体沥青混合料的配合比设计，选择最佳空隙率及级配范围以保证灌入后符合路面的灌满度，成型复合路面的高温抗车辙性能、水稳定性等路用性能。而目前国内外研究现状中对于灌入式半柔性复合路面的长寿命的应用跟踪鲜有记载，应用案例多集中于试验段的铺筑时期，缺少对铺筑完成后 3~5 年后的调研跟踪。

本文跟踪自 2018 年开始参与灌入式半柔性复合路面的施工与应用，截至目前已经施工完成山东省、河南省、上海市、江苏省、浙江省等地区近 40 万 m^2 的灌入式半柔性复合路面，连续 7 年不断跟踪其应用及使用状况，对灌入式半柔性路面的长寿命路用性能进行了几点思考，分别从其高温抗车辙性能、抗裂性能、抗磨损性能出发，列出其应用现状，为后期应用提供参考或研究方向。

二、灌入式半柔性复合路面的基本应用性能

（一）抗车辙性能

根据前期调研发现，灌入式半柔性复合路面与普通沥青路面或者 SMA 沥青路面相比，抗车辙性能存在绝对优势。研究表明，基体沥青混合料的最佳空隙率为 25%，此时灌入式复合抗车辙路面的动稳定为 23874 次/mm，为 SMA 沥青路面抗车辙性能的 5 倍以上[7]。

实际应用时，为调研灌入式半柔性路面和 SMA 沥青路面的抗车辙性能并进行对比，通常在同一施工工程的路段上相邻两车道同时铺设灌入式半柔性路面和 SMA 沥青路面，保证交通量与使用场景相同，道路运行一段时间后分别检测道路的车辙深度，跟踪其抗车辙性能。

以 S225 莒阿线莒南板泉路路口大修工程为典型案例，该道路属于山东省第二大路口，日交通量达到 7 万辆/d，且重载、超载车辆占总通行车辆的 60%。该路口维修前原道路结构层为水泥稳定碎石基层＋6cmAC-20 沥青混凝土＋4cmAC-13 沥青混凝土，前期车辙病害严重。2019 年 10 月，对路口进行灌入式半柔性复合路面的铺筑。

分别对 1 年、3 年、5 年的道路车辙病害进行调研，结果见表 1。灌入式半柔性复合路面具有优良的抗车辙性能，实际应用抗车辙性能是 SMA 沥青路面的 3~4 倍，长期使用抗车辙能力强。长寿命使用情况下，一般重载路段车辙深度达到 5~6cm 以上时，为保障道路的行车舒适性与安全性，需及时进行道路面层铣刨重新摊铺，此时，SMA 沥青路面一般在重载路段使用 3 年后便需要重新铺筑，灌入式半柔性复合路面抗车辙性能可延长道路的使用寿命 3~5 年。

S225 莒阿线莒南板泉路路口不同路面的车辙调研　　　表 1

通车时间	1 年	3 年	5 年
灌入式半柔性复合路面车辙深度	0cm	0~2cm	1~3cm
SMA 沥青混凝土路面车辙深度	2~3cm	6~8cm	10~12cm

综上对比，灌入式半柔性复合路面在实际应用过程中，对重载超载路段的抗车辙性能改善良好，可有效抵抗重载交通量下的流变特性，提高高温动稳定度。

（二）抗裂性能

目前总结灌入式半柔性复合路面的裂缝主要有如下三种：交通荷载作用下的疲劳裂缝、灌浆料自身体积收缩引起的收缩裂缝、基层开裂导致的反射裂缝。工程采用了基层表面满铺玄武岩格栅、预切缝等措施降低灌入式半柔性复合路面的开裂病害，并与不做任何防裂措施的路面进行对比，结果如图1、图2所示。

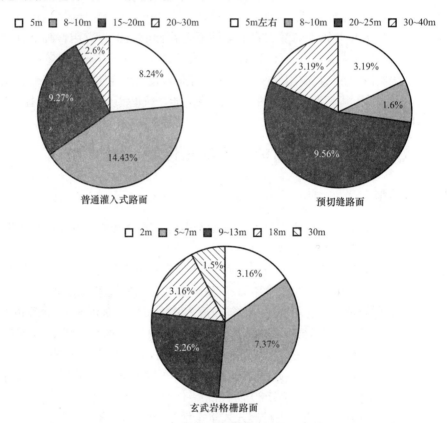

图1　1年使用期后不同抗裂措施下灌入式半柔性复合路面裂缝分布

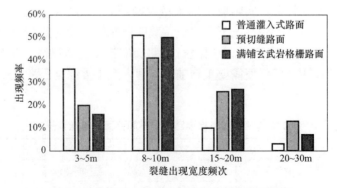

图2　道路使用3年后的裂缝出现频次调研情况

使用 1 年后，道路裂缝类型主要为收缩裂缝、反射裂缝，采用预切缝和玄武岩格栅可有效缓解反射裂缝的出现，预切缝的路面裂缝出现频率比普通灌入式半柔性路面降低 50%，满铺玄武岩格栅后裂缝出现频率降低 64%。道路使用 3 年后，与普通灌入式半柔性复合路面相比，采用预切缝和玄武岩格栅满铺措施后的路面裂缝宽度增加了，3~5m 宽度出现频次的裂缝分别降低了 16% 和 20%。道路横向裂缝主要为 8~10mm 宽度的裂缝，在普通灌入式半柔性路面、预切缝路面、满铺玄武岩格栅路面横向裂缝中，分别占 51%、41%、50%。

综上所述，满铺玄武岩格栅的施工措施与预切缝路面在预防灌入式路面裂缝效果上相差不大，而考虑经济成本，建议后期施工时采用预切缝进行灌入式路面裂缝的维护，每 6m 宽度预切一条横向假缝，切缝时间为灌浆完成并养护 2~4h 后且通车前。

（三）路面抗磨损性能

对前期施工的 $50m^2$ 灌入式半柔性复合路面进行病害调查发现，90% 以上路面出现脱粒（图 3）、麻面病害，多出现在灌入式路面与旧沥青混合料路面接茬处，如图 3 所示。分析原因有两个：一是灌入式半柔性路面由于全部为粗集料，缺少细集料的粘附作用，因此车辆轮胎磨耗作用下，集料易脱落造成坑槽、脱粒现象；二是对于灌入式半柔性路面与沥青路面界面处，由于灌入式半柔性复合路面的偏刚性体系区别于沥青路面柔性体系，所以此处易承受较大的层底拉应力，导致疲劳网裂多引起坑槽病害。

图 3 灌入式半柔性复合路面的脱粒病害

在工程应用过程中采用了基层＋灌入式半柔性路面下面层＋SMA 沥青混凝土路面上面层的结构形式，其反射裂缝与脱粒现象有较大改善，对比效果如图 4 所示。长期观测表明，现有研究的灌入式复合半柔性路面可同时适用于上面层和中下面层的观点有待改善，实际应用情况表明，灌入式半柔性复合路面更适用于中下面层，在中下面层使用更有利于减少路面病害的产生。

图 4 灌入式半柔性复合路面位于上面层与位于下面层的路面外观对比

（四）灌入石板柔性路面层位选择

目前灌入式半柔性路面应用时普遍存在三种结构层：10～14cm灌入式半柔性面层＋水泥稳定碎石基层、5～8cm灌入式半柔性路面上面层＋沥青混合料下面层及沥青混合料上面层＋5～8cm灌入式半柔性路面下面层。采用有限元计算手段，分析灌入式复合路面材料应用于不同层位时的路表弯沉和基层的层底拉应力，如图5、图6所示。

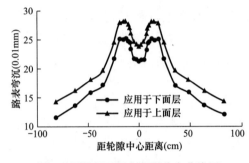

图5　面层顶面竖向变形分布曲线图　　　　图6　基层层底应力

由上图可知，将灌入式半柔性路面材料应用于下面层时，路表最大弯沉比灌入式复合半柔性材料应用于上面层小，降低了10.2%，表明将灌入式半柔性路面应用于下面层时具有更好地抵抗垂直变形的能力。当应力经过了上面层和下面层一定的传播距离后，无论灌入式半柔性路面是应用于上面层还是下面层，其对削弱基层的应力效果相当。因此，从抗车辙角度考虑，认为灌入式半柔性路面应用于上面层和下面层的抗车辙性能相差不大。

而对于路面抗裂性能和抗磨耗性能分析后认为，灌入式半柔性路面应用于中、下面层时，反射裂缝出现频次更低，道路具有更好地延缓反射裂缝出现的能力；由于位于中、下面层时，不直接接触轮胎行车磨耗，因此道路具有更好的耐久性，几乎不发生脱粒、掉粒现象，更适用于中下面层的铺设。

三、未来的应用思考及小结

综合以上调研分析，在后期应用中作者有如下几点建议与思考：

（1）灌入式半柔性复合路面的抗车辙性能优良，可广泛应用于重载、超载路段，有效改善道路的行车质量和维修频率。

（2）目前制约灌入式半柔性复合路面技术应用的两个因素：抗裂性差和抗磨耗性差。对于开裂问题的解决途径，目前可从预切横向假裂缝的措施改善，施工时，以6m/条切缝，切缝时间以灌浆完成后养护2～4h后且通车前为宜；对于抗磨耗性差、脱粒现象严重的问题，建议应用时，可将灌入式半柔性复合路面置于中下面层进行解决。

（3）综合前期应用问题，开裂及脱粒问题产生的另一个原因，作者认为是目前行业内提出的大空隙沥青混合料的最佳空隙率为20%～30%，范围偏大，使得复合路面更趋于刚性，失去了沥青混合料的网状柔性优势，因此，后期应用时是否可降低空隙率的设计范围，真正做到"半柔半刚"。此观点需要进一步验证。

参 考 文 献

[1] 吴国雄,梅迎军,李力. 半柔性复合路面设计与施工 [M]. 北京:人民交通出版社,2009.
[2] Xingmin Liang. Critical appraisal on pavement performance of early-strength irrigated semi-flexible pavement [J]. Xiaoyong Zou, Wenxiu Wu, Wenkun Wu. AIP Conference Proceedings. 2019 (2154): 28-29.
[3] 王素琴. 新型路面的复合材料 [J]. 华东公路. 1986 (2): 76-81.
[4] Wang D. Impact analysis of Carboxyl Latex on the performance of semiflexible pavement using warm-mix technology [J]. Construction & Building Materials,2018 (179): 566-575.
[5] 曹以灿. 半柔性路面的特点及其在广东省高速公路的应用展望 [J]. 科技与生活,2010 (14): 78-78.
[6] 黄智泓. 灌入式半柔性混合料抗裂性能及路面结构层优化研究 [D]. 重庆:重庆交通大学,2023.
[7] 王涛. 灌入式半柔性路面抗车辙性能研究 [J]. 北方交通. 2021 (9): 43-46.

浅埋地铁长距离共线段路基换填施工技术研究

朱帅帅,曾庆元,许柏园,陈志,刘凤军

(五冶集团上海有限公司,上海 201900)

摘 要:基于上海市宝山区陆翔路(鄱阳湖路—杨南路)道路新建工程,对运营地铁隧道正上方长距离共线路基换填施工技术进行了分析与研究,重点介绍了工程难点和工艺特点。工程实践证明,采用 EPS 轻质材料进行荷载平衡换填和分区快速施工,可以缩短施工工期,保证地铁上方新建道路产生的荷载平衡;实时监测数据分析结果显示,施工过程中运营地铁 7 号线的变形满足总体控制要求。文中介绍的相关施工措施,对位于地铁上方或位于地铁保护区内的路基换填施工具有借鉴意义。

关键词:浅埋地铁;长距离共线;EPS 轻质材料;路基换填;施工技术

Construction Technologyof the Subgrade Replacement for Collinear Highway with Long Distance above Shallow Subway Tunnel

Zhu Shuaishuai, Zeng Qingyuan, Xu Baiyuan, Chen Zhi, Liu Fengjun

(Mccs Group Shanghai Corpration Limited, Shanghai 201900)

Abstract: Based on the new construction project of Luxiang Road (Poyanghu Road—Yangnan Road), this paper studies and analyzes the construction technology of long-distance common line foundation replacement and filling above the operating subway tunnel, and introduces the engineering difficulties, process focus, and construction technology. By using EPS lightweight materials for load balancing replacement and rapid construction in zones, the construction period can be shortened, ensuring stable load on the newly built road subgrade above the subway. Based on real-time monitoring data analysis, the deformation of the operating subway line 7 of Shanghai during the construction process meets the control requirements, which has reference significance for the EPS roadbed replacement construction above the subway.

Key words: shallow subway tunnel; collinear highway with long distance; EPS light material; subgrade replacement; construction technology

一、引言

随着我国经济的高速发展,城市建设日趋完善,各类城市交通在地上、地下纵横交错、互相交织,极大缓解了城市居民出行的拥堵现象。但地上设施与地下设施的建设面临着互相干扰的难题,也为相关的工程建设活动提出了更高的要求。尤其是运营中的地铁正上方进行新建道路施工时,二者之间相互扰动,互相制约,面临着既要保证地铁的安全稳定运营,又要保证道路施工正常进行两大问题。为解决此类问题,可采用轻质材料对新建道路路基进行"荷载平衡"换填[1-3]。

孙秉毅[4]通过总结设计经验，对地铁上方道路路基采用EPS轻质材料进行零荷载换填设计进行详细分析；Horvath J S[5]通过EPS立方体块进行无侧限单轴压缩力学试验，对EPS材料应力-应变进行研究分析；Duskov M[6]将EPS材料进行蠕变研究，分析得出EPS材料长期荷载下蠕变速率趋于稳定；张卫兵[7]通过室内试验对EPS的力学性能进行了分析，结合实例验证了EPS在道路工程上应用的可行性；杨少华[8]整理汇总EPS材料在公路路基工程中的应用，证实了EPS在实践中的明显优势和实用性；杜骋[9]详细介绍了EPS各项性能以及EPS在工程应用中的设计和应用；Duskov M[10]提出EPS块体之间连接缝隙要进行处理而形成整体，以提高使用寿命。

本文依托陆翔路（杨南路—鄱阳湖路）道路新建工程，以在地铁共线段上方采用EPS进行"荷载平衡"路基处理施工为例，针对施工的难点、重点，对EPS路基换填施工技术进行介绍，通过实时监测数据分析施工效果，为类似施工提供参考。

二、工程概况

陆翔路（鄱阳湖路—杨南路）道路新建工程，位于上海市宝山区罗店镇，南起现状鄱阳湖路，北至现状杨南路，道路全长约2.452km，规划红线40～50m，标准横断面宽度为40m，布置4快2慢。运营地铁7号线盾构结构为内径5.5m、环宽1.2m的单圆通缝隧道，覆土厚度7.416～10.727m，位于机动车道正下方，共线范围为：桩号K0+000～K1+672.1，长度约1.672km，其中桥梁段长520m，路基段长1152m，如图1所示。

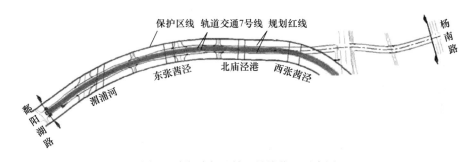

图1 陆翔路与地铁7号线位置示意图

根据前期勘察资料可知：轨道交通7号线的盾构基本位于第④层中，路基换填施工基本位于第①、②层，其中土层参数如表1所示。常年平均水位为0.5～0.7m，地下高水位埋深为0.3m，低水位埋深为1.5m。

土层参数　　　　表1

土层	层厚（m）	μ	M	κ	λ	ρ(kg/m³)	G(×10⁶Pa)
①杂填土	2.22	0.3	1.278	0.0182	0.0728	1750	6.923
②粉质黏土	1.99	0.3	1.264	0.0143	0.0573	1860	6.923
③淤泥质粉质黏土	4.63	0.35	1.259	0.0253	0.1011	1750	5.696
④淤泥质黏土	7.56	0.35	1.101	0.0228	0.0912	1680	8.026
⑤黏土	4.85	0.3	1.106	0.0242	0.0970	1760	16.53
⑥粉质黏土	5.10	0.3	1.264	0.0099	0.0397	1950	21.91

三、EPS 路基换填工艺重点

（一）荷载平衡换填

地铁单位要求"施工完成后地铁结构正上方及其外边线两侧至少各一倍地铁结构底埋深影响范围内的新增附加荷载保持为零"，查阅各种路基换填的资料[11]，本项目选用 EPS 块体对共线段路基进行荷载平衡换填，同时取消水稳基层和级配碎石垫层，减小路面结构自重荷载，使换填前后荷载保持平衡，即：换填后计算基面以上的荷载（中粗砂增加荷载＋EPS 增加荷载＋钢筋混凝土板增加荷载＋新建路面结构增加荷载）＝施工前换填计算基面以上的荷载（原状素土），EPS 换填结构示意图如图 2 所示。

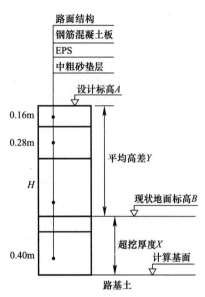

图 2　EPS 换填路基结构示意图

（二）施工区域划分

本项目采用分区快速施工，不仅可以避免区段太小影响施工进度，而且可以避免区段过大影响正下方地铁隧道的运营。现场施工区域合理的划分[12-14]：首先以共线段内四座桥梁为分界点，将共线段路基区段分为 4 大区，从各大区两侧往中间施工，从中间集中往外运出土方；然后沿道路横向以中央分隔带和机非分隔带为分隔线，分成四幅进行 EPS 换填，划分示意图如图 3 所示。

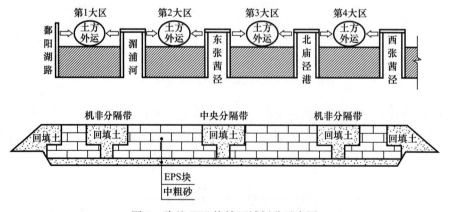

图 3　路基 EPS 换填区域划分示意图

最后针对具体单个 EPS 换填区段长度，采用数值模拟＋试验段进行验证，利用 FLAC3D 软件进行模拟和分析，选用更符合软土变形特征的修正剑桥模型。在建模和分析过程中，为防止模型过小产生边界效应而影响模拟结果，拟定模型垂直隧道方向宽 120m，沿隧道方向长 140m，经 FLAC3D 软件模拟计算得到开挖工况下隧道的竖向位移云图，如图 4 所示。

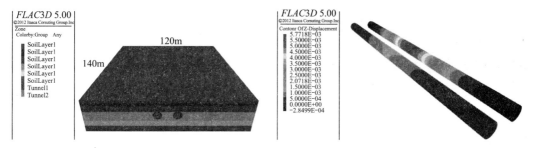

图 4　数值模拟建模和隧道竖向位移云图

通过数值模拟分析结果及试验段的验证，确定了单个 EPS 换填区段按长度 40m、宽度 40m 进行控制，当路基纵横向尺寸较大时，面积最大不应超过 2000m²，满足地铁 7 号线隧道变形控制要求，同时也能很好地保证施工进度。

四、EPS 路基换填施工工艺

(一) 共线段路基

根据上述采用 EPS 块体对共线段路基荷载平衡换填理论，通过数值模拟分析结果及试验段的验证，确定现场施工分区面积，现场 EPS 铺筑前，首先对原地基进行了清表、压实至道路路基设计标高，当路基开挖深度不超过 2m 时，采用 1 次放坡开挖；当深度超过 2m 时，在基坑两侧设置钢板桩支护保护面板，开挖方向为从各 EPS 施工区段两侧往中间施工，并从中间集中往外运出土方。在基底铺设双向拉伸聚丙烯格栅，上方铺透水土工布；再在土工布上方铺 40cm 厚中粗砂垫层，宽度宜超过路基边缘 0.5～1.0m，沿垫层每间隔 20m 设置横向软式透水管，外包土工布反滤层，在齿坎处必须布设软式透水管，纵向透水管与横向透水管用 UPVC 四通管相接，通过排水管接入雨水检查井；中粗砂垫层顶面找平，保持干燥并铺设第二道透水土工布，整体形成路基基底垫层。

现场 EPS 铺筑时，块体拼装缝相互错开，一般间距≥50cm，特殊间距≥30cm（如边缘部位），采用人工或轻型机具从透水土工布上由下向上、由中间向两边分层纵横交错铺设，同时采用无收缩水泥砂浆进行填隙并整平，保证 EPS 块体间的缝隙和平整度分别控制在 20mm 和 10mm 以内，块体间的高差控制在 5mm 以内，如图 5 所示。为使 EPS 块体形成整体，EPS 之间采用双面爪型金属联络件连接固定，EPS 外侧面和顶面采用单面爪型金属联络件连接固定，在施工基面和斜面部位用"Γ"形反钩销钉固定于地基，所有连接构件均进行防锈处理，施工图如图 6 所示。EPS 路堤两边回填土采用防渗土工布回包，与 EPS 铺筑同时进行，包边法向厚度不小于 0.25m，分层压实至设计标高。

现场 EPS 铺筑后，在上方铺设防水土工布，然后设置一层厚度为 28cm 的现浇连续配筋混凝土板；当 EPS 块体与填土邻接时，混凝土板应伸出 EPS 块体至少 0.5m。混凝土板成型后既承受道路上部荷载的扩散，避免应力集中损伤 EPS 块体，又避免 EPS 块体直接与有害物质接触。待现浇连续配筋混凝土板达到强度和龄期后，在其上施工路面结构层。

图5 现场EPS块体铺设

图6 现场EPS连接铺设

（二）共线段桥头路基

该工程共线段涉及四座桥梁，桥梁与路基交界处需进行特殊处理。桥头路基施工时下层EPS换填与共线段路基相同，在桥头EPS上方设置钢筋混凝土滑动端枕梁，枕梁滑动端设置贯穿整个断面全宽；在枕梁上方设薄膜隔层，在薄膜隔层上方进行连续配筋混凝土板的施工，并留有伸缩缝，待伸缩缝处理完成再在上方进行面层施工，如图7所示。

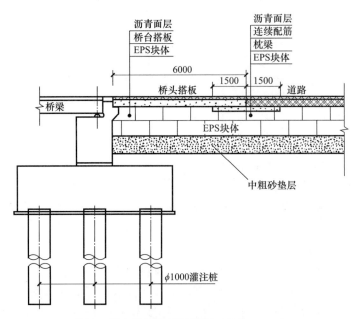
图7 桥台路基换填示意图（单位：mm）

五、EPS路基换填施工效果

施工期间，为严格保证地铁7号线的安全运营，对地铁的扰动变形进行实时监测、实时分析。结合现场实际情况，监测以自动化监测为主、人工复测为辅，自动化监测仪器在地铁 7 号线上下线内每间隔 10m 布设 1 台，人工复测每间隔 10m 布设一组测点[15]，现场自动化监测仪器安装布置如图 8 所示，人工测量测点位置布设如图 9 所示。

图 8　现场自动化监测仪器布置

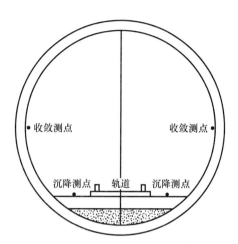

图 9　人工监测测点布置示意图

施工期间按照划分区段快速进行土方开挖，严格执行规定时限内换填 EPS 块体至设计标高的要求。通过对施工期间监测数据进行整理，地铁 7 号线上行线累计沉降最大值与最小值分别为 2.98mm（上浮）、-1.64mm（下沉），累计最大收敛变形值为 2.75mm；下行线累计沉降最大值与最小值分别为 3.42mm（上浮）、-1.93mm（下沉），累计最大收敛变形值为 3.4mm。各监测数据最大值均未超过控制标准（5mm），既确保了施工期间地铁 7 号线的运营安全，又证明了本项目共线段路基采用 EPS 换填施工技术的可行性。

六、结论

本文以陆翔路（鄱阳湖路—杨南路）道路新建工程为背景，对运营地铁隧道正上方长距离 EPS 路基换填施工技术进行了详细的分析。本项目的成功实施也为类似在运营地铁隧道正上方长距离共线道路施工提供参考和借鉴。本文要点如下：

（1）选用 EPS 块体对共线段路基进行荷载平衡换填，减小路面结构自重荷载，使换填前后荷载保持平衡。满足"施工完成后地铁结构正上方及其外边线两侧至少各一倍地铁结构底埋深影响范围内的新增附加荷载保持为零"的施工要求。

（2）为减少施工对运营地铁 7 号线的扰动，采用分区快速施工，合理划分区段不仅可以避免区段太小影响施工进度，而且可以避免区段过大影响正下方地铁隧道的运营。

（3）介绍分析了共线段路基、共线段桥头路基 EPS 换填施工工艺流程以及关键注意事项。

（4）采用自动化监测仪对地铁的扰动变形进行实时监测、实时分析。自动化测量系统采集、储存及分析数据，通过网络与服务器相连将信息传到后台网络版软件，使施工各方可及时了解地铁结构变形情况，从而对施工进行有效指导，确保既有地下轨道交通结构的安全。

参 考 文 献

[1] 董帅. 地铁区间段上方后建道路路基设计方案［J］. 公路，2021（66/12）：82-86.
[2] 徐玉锋. 地铁隧道上方 EPS 轻质泡沫块桥坡填筑施工技术［J］. 城市道桥与防洪，2019（1）：123-126，17.
[3] 刘鹏，李祥祥，王文清，等. 地铁上方气泡轻质土填筑路基施工技术研究［J］. 工程建设与设计，2019（21）：45-48.
[4] 孙秉毅. EPS 路基在地铁上方道路的设计应用［J］. 城市道桥与防洪，2022（1）：44-46，57，13.
[5] Horvath J S. Expanded polystyrene（EPS）geofoam：an introduction to material behavior［J］. Geotextiles and Geomembrances，1994（13/4）：263-280.
[6] Duškov M. Materials research on EPS20 and EPS15 under representative conditions in pavement structures［J］. Geotextiles and Geomembranes，1997（15/1-3）：147-181.
[7] 张卫兵. 聚苯乙烯泡沫（EPS）的特性及其在道路工程中的应用［J］. 公路，2004（5）：146-149.
[8] 杨少华，段冰，姜正晖，等. 轻质土技术在公路建设中的应用与研究［J］. 公路，2011（8）：211-217.
[9] 杜骋，杨军. 聚苯乙烯泡沫（EPS）的特性及应用分析［J］. 东南大学学报：自然科学版，2001（3）：138-142.
[10] Duškov M. Measurements on a flexible pavement structure with an EPS geofoam sub-base［J］. Geotextiles and Geomembranes，1997（15/1-3）：5-27.
[11] 潘栋. 地铁结构变形预测模型与安全评估分析［D］. 南京：东南大学，2016.
[12] 姚泓. 发泡轻质土在地铁上方道路工程中的应用［J］. 市政技术，2013（31/6）：59-61.
[13] 杨云朋，符仁建，冯陆军，等. 基于 ABAQUS 的加筋 EPS 轻质土路基研究［J］. 山西建筑，2023（49/5）：88-90，94.
[14] Meenakshi S. Fuzy-Based Mode for Predicting Strengh of Geogrid- Reinforced Subgrade Soil with Optimal Depth of Geogrid Reinforcement［J］. Ashutosh T，Sanay K S. Tran sportation infrastructure Geotechnology，2020（7）：664-683.
[15] 庞琼文. 地铁隧道上方气泡轻质土填筑施工技术研究［J］. 城市道桥与防洪，2021（8）：223-225，26.

双曲异形镂空超高性能混凝土浇筑工艺控制要点

张瑞宜,田厚仓,李俊楠

(中国建筑第八工程局有限公司,上海 200112)

摘 要:本文主要讨论了一种双曲异形镂空超高性能混凝土浇筑工艺技术,该技术为保证超高性能混凝土构件在双曲异形镂空条件下的工作性能及外观要求,从超高性能混凝土浇筑工艺中原材料、模具、拌合、养护、贮存、运输及检验多个角度分析探讨,形成了一套超高性能混凝土浇筑工艺。

关键词:双曲异形;镂空;超高性能混凝土;浇筑工艺;质量控制

Key Points of Hyperbolic Special-Shaped Hollow Ultra-High Performance Concrete Pouring Process

Zhang Ruiyi, Tian Houcang, Li Junnan

(China Construction Eighth Engineering Division Co., Ltd., Shanghai 200112)

Abstract: This article mainly discusses a hyperbolic, special-shaped, hollow, and ultra-high-performance concrete pouring technology. In order to ensure the working performance and appearance requirements of ultra-high-performance concrete components under the conditions of hyperbolic special-shaped hollows, this technology uses raw materials from the ultra-high-performance concrete pouring process, mold, mixing, curing, storage, transportation and inspection are analyzed and discussed from multiple angles, forming a set of ultra-high performance concrete pouring technology.

Key words: hyperbolic special shape; hollow; ultra-high-performance concrete; pouring process; quality control

一、引言

近年来随着建筑设计理念和工程技术的不断进步,对建筑材料的性能提出了更高的要求,UHPC(超高性能混凝土)因其卓越的强度、耐久性和流动性而被广泛应用于复杂结构的施工中,特别是在双曲异形及镂空结构方面展现出了独特的优势。然而,这种材料的高性能特性同时也对其浇筑工艺提出了极高的要求,正确的工艺控制对于保证结构的质量和性能至关重要。

为满足上述要求,通过以无锡交响音乐厅项目为载体,深入研究了双曲异形镂空超高性能混凝土浇筑工艺控制要点,为后续同类工程提供了借鉴与思路。

二、项目工程概况

无锡交响音乐厅项目(图1)地处无锡市新吴区,占地面积约 6.57 万 m^2,总建筑面积约 10 万 m^2，位于无锡市新吴区广场东路以西、科创路以北、净慧西道以东、清晏路以南。音乐厅两翼建筑外围护为异形 UHPC 镂空幕墙，幕墙立面约 $4910m^2$，根据建筑师要求，构件两侧均为可视面，构件朝室外的表面不能有气泡，同时要实现多孔的粗糙纹理，构件朝室内的表面及侧边为光滑表面。在此基础上，异形 UHPC 的制备、安装及成型质量控制难度较大。

图 1　建筑效果图

三、主要施工工艺

UHPC 板块良好的成型质量是 UHPC 工程品质保证的前提，对此，主要从原材料选择及贮存、模具方案、拌合物生产、浇筑成型、拆模与养护、修补、贮存和运输七个方面对板块加工进行管控。

（一）原材料选择及贮存

首先，基于对原材料的稳定性的考虑，优先采用有研发能力和技术积累的材料供应商提供的预混料进行生产；选定的材料需要具有均质性、稳定性，满足设计和施工的力学要求。UHPC 材料供应商需提供合理的材料性能指标卡及相关参数测试所参照的规范以确保原材料性能。其次，应采用构件实际生产使用的材料进行实验室试配测试；试配性测试需要在与本工程相应的环境条件下进行：

（1）验证拌合物性能，包括纤维是否结团，材料的配合比，坍落扩展度或坍落度，养护条件，材料随温度环境变化可能导致的对工作性损失以及凝结时间变化的说明。

（2）验证硬化后性能，包括抗拉、抗压、抗折强度，弹性模量以及其他设计要求的性能。

以上实验室试配测试，测试满足要求后可采用对应原材。对于原材料贮存，预混料按照品种、规格和生产日期贮存，并采取防尘、防潮、防雨措施。独立包装的外加剂和纤维包装完好，避免污染和腐蚀。

（二）模具方案

根据本项目要求的建筑效果，考虑以下三种模具浇筑方案。

（1）竖向模具浇筑（图2）

模具材料：木模具＋硅胶模具；视觉样板段可采用木模和柔性纹理层，项目批量生产阶段可根据复模具选用钢模具；柔性纹理层可使用硅胶或者聚氨酯材料。

模具构造：外木模板＋硅胶纹理层＋预留方框模块＋模具底板＋模具盖板＋加固木结构＋对穿固定螺栓；模具生产时，需要预留硅胶层的厚度，以实现纹理和平衡材料的早期收缩。

模具原理：闭合模具竖向放置，木模具表面涂隔离剂，入料从侧边一端进入，空气从侧边排除，可最大程度上优化板块正面和反面气泡，需处理侧边的 V 字造型，如图 3 所示。

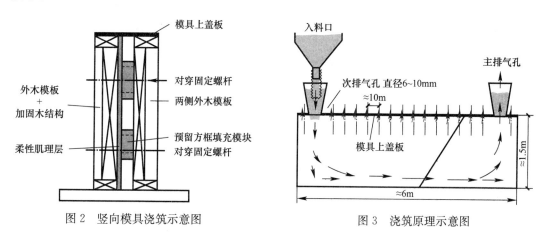

图 2　竖向模具浇筑示意图　　　　图 3　浇筑原理示意图

（2）水平倾斜模具浇筑（长边倾斜，如图 4 所示）

模具材料：木模具＋硅胶模具；视觉样板段可采用木模和柔性纹理层，项目批量生产阶段可根据复模具选用钢模具；柔性纹理层可使用硅胶或者聚氨酯材料。

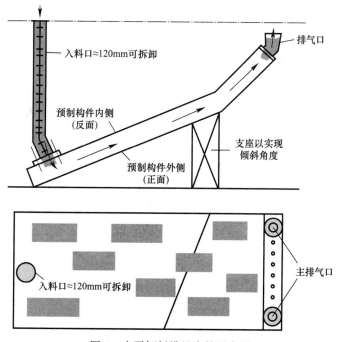

图 4　水平倾斜模具浇筑示意图

模具构造：外木模板＋硅胶纹理层＋预留方框模块＋模具底板＋加固木结构＋对穿固

定螺栓。

模具原理：闭合模具水平倾斜放置（长边倾斜），木模具表面涂隔离剂，入料口从下往上，引导空气向上排除，可尽量优化板面内侧气泡分布情况，再进行少量的修复，可满足建筑师对表皮的要求，最后对浇筑口进行打磨处理。入料口要高于模具的最高点，以通过高度压力把拌合料填充入模具；当排气口和观察孔充满拌合物时，入料导管中仍然要充满材料，静置至少2h后，再对入料管道和排气管进行拆卸，并对入料处和排气孔处进行打磨处理。

（3）水平倾斜模具浇筑（短边倾斜）

模具材料：木模具＋硅胶模具；视觉样板段可采用木模和柔性纹理层，项目批量生产阶段可根据复模具选用钢模具；柔性纹理层可使用硅胶或者聚氨酯材料。

模具构造：外木模板＋硅胶纹理层＋预留方框模块＋模具底板＋加固木结构＋对穿固定螺栓。

模具原理：此方案基本原理与方案二相同，闭合模具水平倾斜放置（短边倾斜），木模具表面涂隔离剂，为了提高入料的效率，入料口可从上往下，浇筑口所在的边缘需要进行必要的修复，对入料处和排气孔处进行打磨处理。这样的浇筑方式导致背面的气泡相对于前两种方案，需要更多的处理。

经多轮试验效果对比及经济测算，综合考虑操作的便利性、板块成型效果以及措施的经济性等多方面因素，确定方案二为最终实施方案。

（三）拌合物生产

计量：原材料应按照厂家提供的配合比，按照质量单独计量，预混料、水、外加剂和纤维的计量偏差不应超出1%。对每一次计量都需要有记录。

搅拌：根据搅拌机的功率、构造以及材料的不同，搅拌的时间一般为15~20min，一次搅拌的量不宜大于搅拌机搅拌额度的70%。

配合比：预混料、水、外加剂和纤维的添加要严格按照厂商提供的试配性测试结果中要求的搅拌流程进行操作，拌合物从粉末状态到黏稠状态是通过搅拌的功率和时间来实现的，而不是通过增加额外的水；拌合物出搅拌机后不可加水。

纤维：为避免纤维结团，纤维投料前要设置散开纤维的下料装置。

坍落度：拌合物的坍落度，在每次搅拌结束后应迅速进行坍落度测试，坍落度不应超过最大值，否则在成型过程中存在金属纤维沉底的风险。

料斗：在搅拌机容量小于待成型的构件体积时，出机的拌合物要存放在合适的料斗中，待所有拌合物出机后，再一次性不间断浇筑。

拌合物运输过程中，应保证拌合物均匀、不分层、离析，从出料、坍塌度测试、运输到模具，要根据浇筑时间以及材料的凝结进行时间限制，一般控制在半个小时内。

气泡：为避免构件产生过多的气泡，材料本身的消泡性能需要材料供应商提供最优的解决方案，拌合物在吊斗中可通过静置或者低频振动来排除气泡（静置的时间需要与材料供应商协调）。

清理：应及时清理残留附着在搅拌机和料斗上的混凝土。

（四）浇筑成型

模具检查：浇筑前，应检查模板内是否积水，闭合模具是否畅通，模板接缝的闭合密封情况，以确保浇筑过程中模具不漏浆。模具是否需要加固或者增加重量，以确保浇筑过程中不移位、不胀模；检查模具中预埋套筒或者其他预埋件的定位。

流动方向：拌合物下料后沿结构主拉应力的方向流动，并只能有一个下料口，以确保纤维的连续性，避免出现流动汇合面。

下料高度：吊斗距离模具不宜超过600mm，自由下落高度超过1m时，增加导流管、斜槽等辅助工装。

连续浇筑：构件必须一次性浇筑成型，不可出现分层、分段浇筑的情况。

排气槽/观察孔：模具上建议每隔100~500mm设置排气孔。

（五）拆模和养护

拆模时，构件表层温度和环境温度之差不应超过25℃。构件拆模时，同条件养护试件抗压强度达到50%以上，才可拆除侧模或者上模；同条件养护试件抗压强度达到70%以上，才可进行脱模；脱模起吊时应严格按照设计要求，使用脱模套筒和吊装方案进行脱模；对局部开孔镂空或者超薄的区域，脱模时应该采取临时加固措施；预制构件吊装应采用慢起、快升、缓放的操作方式，预制构件吊装前应进行试吊，吊钩与限位装置的距离不应小于1m；起吊应依次逐级增加速度，不应越档操作；构件吊装下降时，构件根部应系好缆风绳控制构件转动，保证构件就位平稳。

构件拆模后，以喷雾方式湿润表面，以防止结皮。构件采用自然养护，保证构件在恒温恒湿的环境下进行养护；根据浇筑方式和环境，开放式浇筑后，可立即以薄膜覆盖或者喷洒养护剂进行保湿养护。脱模后的构件需要垫置木料以及橡胶垫块等柔性支撑，以确保边缘不受破坏。对构件镂空、转角等薄弱部位，应采用定型保护垫块或专用式附套件加强保护。

（六）修补

对产品边角多余部分进行切割打磨，打磨要平顺，遵守产品尺寸；对于背面或者侧边气泡以及边角棱角缺陷，可进行以下步骤的修补：①先刷丙乳或者西卡胶黄；②原配比基底材料和丙乳或者胶黄混合成修补料；③初补表面缺陷、边角磕碰、气泡区域；④细修表面，修补浆体要略高于原部位，防止凝固干缩不平或低矮；⑤修补料干后对其进行打磨，打磨要平整顺滑，保证产品的尺寸在误差范围内。

在修补完成后应使用优质的保护剂（与过审样品板相同）；构件所有面都需喷涂保护剂；保护剂的喷涂要严格按照供应商提供的喷涂流程进行。如有微调色差的需求，可对保护剂进行适当的调色，对保护剂的透明度进行测试，调配成设计要求的颜色和透明度。

（七）贮存和运输

预制构件混凝土强度达到设计强度时方可运输。预制构件运输时，车上应设有专用架，且有可靠的稳定构件措施。构件为扁平式构件，运输时，可采用平躺式，构件可平躺叠加，支点与上下层构件的接触点必须设置减震措施，如垫橡胶块或者木块等，禁止硬碰硬方式，且各层垫块必须在同一竖向位置，叠放层数不应大于6层；进行预制构件在翻转、运输、吊运、安装等短暂设计状况下的施工验算时，应将构件自重标准值乘以动力系数后作为等效静力荷载标准值；构件运输、吊运时，动力系数宜取1.5；构件翻转及安装过程中就位、临时固定时，动力系数可取1.2。

现场贮存可采用平放或靠放，堆放架应有足够的刚度和稳定性，并需支垫稳固。堆放在成品区的UHPC构件应采取必要的包装保护措施，应避免淋雨或与土、油、侵蚀性气体、焦油或烟雾直接接触。

四、实施效果

通过对配合比设计、模板选型及安装、浇筑过程以及后期养护等方面的探索及管控，创造性地形成了一套标准化的双曲异形镂空UHPC浇筑方法，UHPC成型板块曲线顺滑、颜色均匀，不同板块间基本无色差，表面肌理观感效果良好；目前完成的样板区域完美实现了设计效果，获得了政府、甲方等社会各界人士的高度认可。

五、结语

上述对双曲异形镂空超高性能混凝土的浇筑方法在细部上仍存在一些不足：

（1）个别金属纤维外漏，分析其原因主要是模具转角处处理不够圆润，边角流动不顺畅，模具密实性不够，导致出现漏浆、纤维外漏，需要对模具板与板之间接缝处进行圆角处理并用密封胶进行密封。

（2）部分区域可能出现反碱，主要是因为预混料搅拌不到位，有干粉料存在，则在搅拌过程中需要将预混料充分搅拌，避免产生过多的游离水。

本套UHPC的浇筑方法攻克了双曲异形、高镂空率、多孔肌理、双面可视四大难题，给建筑穿上了一层华丽的外装，彰显出自然、沉稳的气质，使得UHPC为建筑赋予了独特的魅力，使建筑成为城市中一道亮丽的风景线，为后续异形UHPC的发展开辟了道路，对UHPC的发展技术奠定了基础。

参 考 文 献

[1] 李娜，覃霞. 超高性能混凝土材料在装配式建筑中的应用[J]. 江苏建材，2023（6）.
[2] 李芳涛. 超高性能混凝土制备技术研究[D]. 长沙：湖南工业大学. 2023.

附 录

基于 BIM 及 Midas 的跨高速钢箱梁施工技术应用研究

徐武，刘伟文，邓烨，谭佳佳，马俊

（湖南省第四工程有限公司，湖南 长沙）

摘　要：在上跨高速施工工况下，进行大跨度钢箱梁结构吊装施工，需要对结构施工安全以及安装精度进行系统的控制。本文研究将 BIM 动态模拟和 Midas Civil 力学分析相结合，对施工方案进行优化，有效提高现场管理水平，使钢箱梁安装精度一次到位，通过 Lumion 规划交通组织，使单片钢箱梁吊装时长降低至 10min 以下。实践表明，该关键技术安全可靠性高，能够在跨越高速公路进行大跨度钢箱梁吊装施工，并产生良好的经济社会效益，为后续大跨度钢箱梁施工提供借鉴参考。

关键词：BIM；大跨度钢箱梁；Midas；跨高速施工

Abstract: Under the construction condition of the upper span high speed, the large-span steel box girder structure lifting construction requires systematic control of the structural construction safety as well as the installation precision. In this paper, BIM dynamic simulation and Midas Civil mechanical analysis are combined to optimize the construction scheme, effectively improve the on-site management level, make the steel box girder installation precision in place at one time, and reduce the lifting time of a single steel box girder to less than 10 minutes through Lumion planning traffic organization. Practice shows that this key technology has high safety and reliability, and can carry out large-span steel box girder lifting construction across the highway, and produce good economic and social benefits, and provide references for subsequent large-span steel box girder construction.

Key words: BIM; large-span steel box girders; Midas; cross-highway construction

无人机倾斜摄影在复杂土方测量中的应用

曹飞

（中交一公局集团有限公司，北京）

摘　要：使用全站仪和 GPS、RTK 进行土方测量的方法，效率低且成本高，对于现场有大量弃土和建筑垃圾等情况的复杂场地，野外采集数据较为困难，危险系数大。传统的三角网法、方格网法、断面法等计算土方的方法，都需要依靠一定密度的高程数据来进行计算，计算过程烦琐。本文通过无人机倾斜摄影测量的方法对复杂场地的地形进行三维建模，通过软件直接在三维模型上进行土方量算，并将量算结果与传统三角网法的计算结果进行比较，有效降低了成本，保障了安全，提高了效率。

关键词：无人机；倾斜摄影；土方测量

Abstract: The method of using total station, GPS and RTK for earthwork survey is inefficient and costly, and it is difficult to collect data in the field and the risk factor is high for complex sites with a large amount of spoil and construction waste. The traditional methods of calculating earthwork such as triangulation network method, square grid method, and cross-section method all need to be calculated according to a certain density of elevation data, and the calculation process is cumbersome. In this paper, the terrain of the complex site is modeled by the method of UAV oblique photogrammetry, and the measurement results are directly calculated on the 3D model through the software, and the calculation results are compared with the calculation results of the traditional triangulation method, which effectively reduces the cost, ensures the safety and improves the efficiency.

Key words: drone; oblique photography; earthwork surveys

喀斯特地貌 220kV 光伏升压站防雷接地降阻技术应用

陈凯，庞小强，王伟，孟亚强

（中国水利水电第六工程局有限公司，辽宁 沈阳）

摘 要：防雷接地是电网衡量电站设施安全的一项重要技术指标，接地电阻阻值是否满足设计及规范要求，直接影响后续电站、升压站及电网安全运行。近年来，光伏产业受到土地性质的掣肘，越来越多的光伏电站在山区、荒漠、盐碱地等地方进行建设，此类地质条件给电站防雷接地工程带来很大的挑战。本文以文山地区某光伏电站升压站防雷接地初次检测不合格整改为依据，对喀斯特地貌环境下电站防雷接地降租技术应用进行分析，为后续项目并网安全运行提供可靠依托，减少后期因接地不合格造成设备运行故障。

关键词：喀斯特；防雷接地；升压站；降阻

Abstract: Lightning protection grounding is an important technical index for power grids to measure the safety of power station facilities. Whether the grounding resistance value meets the design and specification requirements directly affects the safe operation of subsequent power stations, booster stations and power grids. In recent years, the photovoltaic industry has been constrained by the nature of land, and more and more photovoltaic power stations have been built in mountainous areas, deserts, saline-alkali land and other places. Such geological conditions bring great challenges to the lightning protection and grounding engineering of power stations. This paper analyzes the application of lightning protection and grounding rent reduction technology in the karst landform environment based on the unqualified lightning protection grounding of a photovoltaic power station in Wenshan area, so as to provide reliable support for the safe operation of subsequent projects and reduce the equipment operation failure caused by unqualified grounding in the later stage.

Key words: karst; grounding for lightening; booster stations; lower resistance

浅析恶劣地质条件下光伏电站接地材料的选择与应用

陈凯，庞小强

（中国水利水电第六工程局有限公司，辽宁 沈阳）

摘 要：光伏发电是一种清洁、便利的发电方式。近年来，土地稀缺是限制光伏产业发展的一个重大难题。为提高土地利用效益，越来越多的光伏电站在山区、荒漠、盐碱地等恶劣条件下进行建设，此类地质条件给电站接地工程带来很大的挑战。防雷接地作为电站安全运行的重要一环，是整个能源项目的重中之重，在防雷接地阻值无法达到设计值时就需要通过各种措施来降低防雷接地网电阻阻值，本文通过对现阶段常用的接地材料性质和施工成本进行对比分析，在保障防雷接地满足设计的情况下，又能达到公司经营效益最大化。

关键词：石墨烯；防雷接地；新材料；新能源发电

Abstract: Photovoltaic power generation is a clean and convenient way to generate electricity. In recent years, land scarcity has been a major problem restricting the development of the photovoltaic industry. In order to improve the efficiency of land use, more and more photovoltaic power stations are built under harsh conditions such as mountainous areas, desert, saline and alkali geological conditions bring great challenges to the grounding project of the power station. Lightning protection grounding as an important part of the safe operation of power station, is the priority of the whole energy project, the lightning protection grounding resistance value fails to design value need through various measures to reduce the lightning protection grounding network resistance value, this paper through the current commonly used grounding material properties and construction cost, in the case of lightning protection grounding meeting design, can achieve the company's management benefit maximization.

Key words: graphene; grounding for lightening; new material; new energy power generation

钢-竹组合工字形梁抗剪性能模拟研究

刘战江，唐颂，袁永朋，刘善凯，国容旋

（中建安装集团有限公司，江苏 南京）

摘 要：以剪跨比、腹板厚度、翼缘厚度、型钢厚度以及截面高度为参数，设计了12根冷弯薄壁型钢-竹组合工字形梁，利用ANSYS有限元分析软件进行了抗剪性能模拟研究。分析了不同参数对组合梁变形性能及承载力性能的影响，得到了组合梁抗剪承载力和跨中挠度的模拟值，提出了钢-竹组合工字形梁的抗剪承载力计算公式，并将模拟值与理论值进行了比较。结果表明，钢-竹组合工字形梁的抗剪性能受剪跨比、腹板厚度、型钢厚度以及截面高度的影响显著，其中剪跨比对组合梁的破坏形态影响最大，组合梁抗剪承载力的模拟值与理论值吻合较好，相对误差均在10%以内。

关键词：钢-竹组合；工字形梁；抗剪性能；模拟研究；剪跨比

Abstract: Taking the shear-span ratio, web thickness, flange thickness, steel thickness and section height as parameters, 12 cold-formed thin-walled steel-bamboo I-shaped beams are designed. The simulation study of shear performance is carried out by ANSYS finite element analysis software. The influence of different parameters on the deformation performance and bearing capacity performance of composite beams is analyzed. The simulated values of shear bearing capacity and mid-span deflection of composite beams are obtained. The shear capacity formula of steel-bamboo composite I-shaped beams is proposed, and the simulated values and theoretical values are compared. The results show that the shear performance of the steel-bamboo composite I-shaped beam is significantly affected by the shear-span ratio, the thickness of the web, the thickness of the section steel and the section height. The shear-span ratio has the greatest influence on the failure form of the composite beam. The simulated value of the shear capacity of the composite beam is in good agreement with the theoretical value, and the relative error is within 10％.

Key words: steel-bamboo composite; I-beam; shear resistance; simulation analysis; shear-to-span ratio

水电站大洞径埋藏式调压井开挖施工技术

马琪琪，王贺，霍雷

（中国水利水电第六工程局有限公司，辽宁 沈阳）

摘　要：针对荒沟抽水蓄能电站大洞径埋藏式调压井开挖，工程技术难度高，施工条件复杂，存在岩爆现象，开挖施工过程中安全隐患大。本文主要介绍了大洞径埋藏式调压井开挖技术研究。通过球冠穹顶采用环形导洞先行，中间预留岩柱支撑，周边环形扩挖的技术、井深扩挖设计标准化的快速提升系统、钻深孔分段爆破扩挖技术、手风钻与液压钻结合技术等新型技术解决了施工难题，确保了大洞径埋藏式调压井球冠穹顶、井深开挖成型质量，并在施工中有效的加快了施工进度、减少了人员投入、降低了安全风险，取得了较好的效果，施工快速安全，提质增效明显。

关键词：大洞径；埋藏式；安全隐患；标准化；分段爆破

Abstract: For the excavation of the large diameter buried surge shaft of Huanggou pumped-storage hydroelectricity, the engineering technology is difficult, the construction conditions are complex, there is rock burst, and there is a great potential safety hazard in the excavation process. This article mainly introduces the research on excavation technology of large diameter buried surge shaft. The construction difficulties have been solved through new technologies such as the use of circular pilot holes in the dome, the reservation of rock pillars in the middle for support, the technology of peripheral circular expansion excavation, the standardized rapid lifting system of well depth expansion design, the technology of drilling deep hole segmented blasting expansion excavation, and the combination of down-the-hole drilling and pneumatic drilling. Good results have been achieved, which are fast, safe, and significantly improve quality and efficiency.

Key words: large cave diameter; buried; safety hazards; standardization; segmented blasting

一种基于 AIGC 的建筑施工辅助管理模型设计

张宏运，张海亮，张思锐，杨腾

（中铁一局集团建筑安装工程有限公司，陕西 西安）

摘 要：在人工智能技术快速发展的今天，面对当前建筑工业化、智能化的发展前景进行思考，文章利用 AIGC 技术（生成式人工智能技术），结合传统建筑施工管理模式，通过对 AIGC 技术的原理和功能进行介绍，提出一种基于 AIGC 的建筑施工辅助管理问答模型设计模式，阐释了其系统主要功能及应用效果，为构建新一代智能建造体系提供了一种可行技术方案。

关键词：生成式人工智能；智能建造；施工管理

Abstract: In today's rapidly developing era of artificial intelligence technology, facing the prospects of industrial and intelligent construction, this paper uses AIGC (Artificial Intelligence Generated Content) technology, combines with traditional construction management mode, to introduce the principles and functions of AIGC technology, and proposes a design pattern for a construction auxiliary management question and answer model based on AIGC. The main functions and application effects of the system are explained, providing a feasible technical solution for building a new generation of intelligent construction system.

Key words: AIGC; intelligent construction; construction management

城市地铁多功能铺轨机走行系统设计技术研究

徐明发

（中铁上海工程局集团（苏州）轨道交通科技研究院有限公司，江苏 苏州）

摘 要：针对城市轨道工程轨排铺设和预制轨道板铺设运输设备不能兼容，影响其铺轨机施工范围的问题，研究设计一种多功能铺轨机，形成两套行走系统，通过轮轨走行系统与履带走行系统的切换，实现铺轨机在正线轨道、结构底板上行走，完成各种断面隧道区间、车站区间、高架区间无障碍轨排法铺轨施工。满足不同工况的铺轨施工环境，提高了施工效率和设备的通用性，具有可借鉴作用，值得推广应用。

关键词：铺轨机；行走系统；结构设计；技术研究

Abstract: In response to the incompatibility of transportation equipment for urban rail engineering track panel laying and prefabricated track slab laying, which affects the construction scope of the track laying machine, a multifunctional track laying machine is studied and designed to form two sets of walking systems. By switching between the wheel rail walking system and the track walking system, the track laying machine can walk on the main track and structural bottom plate, and complete the construction of barrier free track laying method in various tunnel sections, station sections, and elevated sections. The track laying construction environment that meets different working conditions has improved construction efficiency and equipment universality, and has a reference value that is worth promoting and applying.

Key words: track laying machine; walking system; structural design; technical study

镍基合金 N10276 管道焊接特性及质量控制研究

王平

（广东省石油化工建设集团有限公司，广东 广州）

摘　要：本文通过对镍基合金 N10276 管道焊接特性及质量控制方法的研究，探讨了焊接工艺参数对焊接接头质量和性能的影响。结果表明，合理的焊接工艺参数可以有效提高焊接接头的质量和性能，为实际工程应用提供了重要的参考依据。

关键词：镍基合金；N10276 管道；焊接特性；质量控制

Abstract: This paper discusses the influence of welding process parameters on the quality and performance of welding joints. By studying the welding characteristics and quality control methods of nickel-based alloy N10276 pipes. The results show that the reasonable welding process parameters can effectively improve the quality and performance of the welding joints, and provide an important reference basis for practical engineering applications.

Key words: nickel-based alloy; N10276 pipe; welding characteristics; quality control

基于模糊 BP 神经网络的建筑工程造价预测模型

刘仁杰，郭收田，李树静

（中启胶建集团有限公司，山东 青岛）

摘　要：建筑工程造价预测的准确性是影响企业投资决策正确性的关键因素，而现阶段传统的造价估算方法已不适应激烈的市场竞争机制。本文采用层次分析法选取影响工程造价的主要特征因素，通过模糊数学法的贴近度原则筛选样本，将筛选后的样本导入 MATLAB 中进行网络训练，从而建立起基于模糊 BP 神经网络的建筑工程造价预测模型。最后，结合实例进行造价预测，发现误差在可接受范围内。该造价预测模型改进了传统的工程造价方法，有助于企业在激烈建筑市场竞争中赢得先机。

关键词：模糊数学法；BP 神经网络；建筑工程；造价预测

Abstract: The accuracy of construction project cost forecasting is a key factor affecting the correctness of enterprise investment decisions, but the traditional cost estimation methods have been no longer suitable for the fierce market competition mechanism in the current stage. In this paper, the main characteristic factors affecting the construction project cost are selected by the analytic hierarchy process, and the sample is screened by the principle of proximity in fuzzy mathematics. The selected samples are imported into MAT-LAB for network training, thus establishing a construction project cost forecasting model based on fuzzy BP neural network. Finally, the cost forecast is carried out by combining an example, and it is found that the error is within an acceptable range. The cost forecasting model improves the traditional construction project method and helps enterprises to gain an advantage in the fierce competition in the construction market.

Key words: fuzzy mathematical method; BP neural network; construction engineering; cost prediction

装配式 HDC 叠合板综合分析及应用实践

韩晓亮

(中国化学工程第十三建设有限公司,河北 沧州)

摘 要:以实际在建项目应用装配式混凝土叠合板为背景,从产品性能、整体成本、施工技术三大方面进行高延性混凝土叠合板与一般混凝土叠合板进行对比分析,得出了高延性混凝土叠合板目前的主要技术优势及经济效果,同时总结出高延性叠合板施工的主要流程及操作要点。

关键词:高延性混凝土;叠合板;力学性能;降本增效;深化设计

Abstract: Based on the application of assembly concrete composite slab in the actual project under construction, the high ductility concrete composite slab and the general concrete composite slab are compared and analyzed from three aspects of product performance, overall cost and construction technology. The main technical advantages and economic effects of high ductility concrete composite slabs are obtained, and the main process and operation points of high ductility composite slab construction are summarized.

Key words: high ductility concrete; composite floor slabs; mechanical properties; reduce cost and increase efficiency; deepening design

高应变动力检测技术在大直径灌注桩检测应用分析

王乐威[1],彭柱[1],徐逸鸣[2],余锲[1]

(1. 湖南建工集团有限公司;2. 湖南华城检测技术有限公司,湖南 长沙)

摘 要:通过选取总部大楼代表桩——31号桩进行单桩竖向抗压静载试验与高应变动力检测技术试验进行对比分析。通过收集到的数据分析,两个检测结果一致满足设计要求,并详细介绍了高应变动力检测技术在本工程桩基承载力质量检测中的应用情况,尤其是针对不适宜做静载试验的5000t级超大型桩应用了高应变动力检测技术的优势较显著,表明高应变动力检测试验具一定的可靠性和科学性,为后续工程桩检测评价提供了参考依据。

关键词:大直径;桩基;静载试验;高应变动力检测

Abstract: The article makes a comparison with two kinds of tests between static load test and the vertical compressive static load test of a single pile via selection of 31# pile in the headquarters building. From the analysis of data got from tests, conclusion can be reached that pile meets the requirement of design. The paper gives a vivid description of the application of high-strain dynamic testing in the bearing capacity of piled foundation, especially the comparing advantages of those 5000t-ultra large piles which are not suitable for static load test. It indicates that high-strain dynamic testing is reliable and scientific. The testing provides a reference frame for the subsequent piled foundation tests.

Key words：large diameter；piled foundation；static load test；high-strain dynamic testing

钢-混连续梁多工作面波形钢腹板超前安装施工技术

周淼，陆海军，肖槐平

（中交一公局集团有限公司，北京）

摘　要：波形钢腹板钢-混连续梁施工方法主要有"顶底板异步平行施工、错位法施工、全断面施工"等方式，本文以鸡商高速项目鲇鱼山水库特大桥为依托，充分挖掘波形钢腹板主梁异步平行施工的优势，拓展主梁施工作业空间，对主梁异步平行施工进行合理优化，并对波形钢腹板的安装工序在传统方法上进行改进，提出波形钢腹板超前安装一个节段，由 $N+1$ 钢腹板安装、N 梁段底板施工、$N-1$ 梁段顶板施工同时进行，优化提升为基于 $N+2$ 梁段的波形钢腹板异步平行施工，避免作业面流水施工干扰，提高施工工效 25%，保障了作业安全，降低了施工成本。

关键词：波形钢腹板；异步平行；超前安装

Abstract：In recent years, the application of steel-concrete continuous beams with corrugated steel web plates has gradually increased in China. The main construction methods for the main beams of this bridge type structure include "asynchronous parallel construction of top and bottom plates", "displacement construction method", and "full-section construction". Based on Nianyushan Reservoir Extra Large Bridge on Jishang section of Dabie Mountain Expressway, combined with the characteristics of the bridge type, the asynchronous hanging basket construction of the main beam is optimized, and the installation process of the corrugated steel web plates is improved. Instead of simultaneously installing $N+1$ sections of corrugated steel web plates, constructing the bottom plate for N sections, and constructing the top plate for $N-1$ sections as in traditional operations, it is optimized to simultaneously install $N+2$ sections of corrugated steel web plates, construct the bottom plate for N sections, and construct the top plate for $N-1$ sections. Multiple work surfaces can be constructed in a flow without interference, effectively reducing the turnover time for hanging basket construction, further improving construction efficiency, ensuring construction safety, and reducing construction costs.

Key words：corrugated steel web；asynchronous parallel；install ahead of time

穿越倾斜煤层瓦斯隧道安全岩柱厚度取值研究

蔡梓建，付弦，梁隆飞

（中国十九冶集团有限公司，四川 成都）

摘　要：瓦斯隧道由于煤体强度低且开挖后围岩受力复杂，容易引发煤与瓦斯突出事故。本文以达州胡家坡隧道为依托，结合场区工程地质条件，通过理论分析明确岩土体弹模 E、安全岩柱厚度 L、开挖高

度 H 等影响因素对安全岩柱稳定性的影响，并采用 FLAC3D 建立数值模拟模型，对不同围堰等级下倾斜煤层台阶法施工安全岩柱厚度取值进行研究，得到在倾斜煤层下不同地层条件的瓦斯压力对安全岩柱厚度取值的影响，形成穿越倾斜煤层瓦斯隧道安全施工技术，为类似隧道工程建设提供技术支撑和参考。

关键词：瓦斯隧道；安全岩柱厚度；围岩等级；倾斜煤层

Abstract: Gas tunnel is easy to cause coal and gas outburst accident because of the low strength of coal and complex force of surrounding rock after excavation. Based on Hujiapo tunnel in Dazhou City and combined with the engineering geological conditions of the site, this paper identifies the influence of rock and soil body elastic model E, safety rock pillar thickness L, excavation height H and other influencing factors on the stability of safety rock pillar through theoretical analysis, and uses FLAC3D to establish a numerical simulation model to study the value of safety rock pillar thickness under the construction of inclined coal seam step method under different cofferdam grades. The influence of gas pressure under different formation conditions under inclined coal seam on the thickness of safe rock pillar is obtained, and the safe construction technology of gas tunnel through inclined coal seam is formed, which provides technical support and reference for similar tunnels construction.

Key words: gas tunnel; safe rock column thickness; surrounding rock grade; inclined seam

采用不同方式维护沉水植物比较效果
——以武汉墨水湖为例

杨诚，付超，王利林，唐家齐，苏婉

（武汉致远建设集团有限公司，湖北 武汉）

摘 要：在城市建设过程中给湖泊造成了严重污染严重威胁，尤其是城市内湖泊，大多数湖泊都处于富营养化状态。沉水植物是湖泊生态系统的主要组成部分，修复沉水植物群落是恢复湖泊生态系统重要环节。以在武汉市墨水湖采用试验为例，采用不同方式对沉水植物进行维护，试验实施后，沉水植物长势较好，水生植物覆盖度可达 50% 以上，并且对水体营养盐有一定的降低作用。

关键词：沉水植物；营养盐；生物除藻剂；化学除藻剂

Abstract: In the process of urban construction, serious pollution and threats have been caused to lakes, especially in urban lakes where most lakes are in an eutrophic state. Submerged plants are the main component of lake ecosystems, and repairing submerged plant communities is an important link in restoring lake ecosystems. Taking the experiment conducted at Ink Lake in Wuhan as an example, different methods were used to maintain submerged plants. After the experiment, the submerged plants grew well, and the coverage of aquatic plants reached over 50%, which also had a certain effect on reducing the nutrient content of the water body.

Key words: submerged plants; nutrients; biological algae removal agents; chemical algae removal agents

高层建筑火灾安全管理与控制技术研究

王向,张志勇

(盛豪建设集团有限公司,山东 滨州)

摘 要:伴随着各地区城市化进程的不断发展,我国民用高层建筑数量呈现出不断增加的趋势。但是与之相伴的是消防安全问题越来越突出,文章就高层民用建筑火灾的特点、问题以及防治措施展开了深入探究,目的在于给有关方面以借鉴。

关键词:高层民用建筑;火灾预防;控制;治理;城市化

Abstract: With the continuous development of urbanization in various regions, the number of civil high-rise buildings in China is showing a trend of increasing. However, it is accompanied by increasingly prominent fire safety issues. The paper delves into the characteristics, problems, and prevention measures of high-rise civil building fires, with the aim of providing reference for relevant parties.

Key words: high-rise civil buildings; fire prevention; control; governance; urbanization

大厚度自重湿陷性黄土场地超长钻孔灌注桩施工

李磊,雷拓,姜其凡,徐国樘,张兆吉

(中建新疆建工(集团)有限公司西北分公司,陕西 西安)

摘 要:针对甘肃省疾病预防控制公共卫生中心项目桩基工程,总结了大厚度自重湿陷性黄土场地超长钻孔灌注桩施工工艺。综合采用2m×2 m梅花型布孔增湿+高能级强夯、沉管成孔素土挤密桩的地基处理方式以及99m超长钻孔灌注桩泥浆护壁成孔、后注浆的灌注桩施工技术;通过现场对比试验确定施工过程中关键参数,并结合现场监测及检测技术控制施工质量。现场试验结果表明,灌注桩施工满足设计承载力及变形要求。本文的方法可为类似项目超长钻孔灌注桩施工提供参考。

关键词:自重湿陷性黄土;超长钻孔灌注桩;布孔增湿;后注浆

Abstract: In response to the pile foundation project of the Public Health Center for Disease Control and Prevention of Gansu Province, the construction technology of super-long bored cast-in-place piles in large thickness self-weight collapsible loess site is summarized. The foundation treatment method of 2m×2m plum hole humidification, high-energy level dynamic compaction and sinking pipe pore-forming soil compaction pile is comprehensively adopted. Also, the mud protection wall drilling technology for 99m super-long bored pile and post grouting technology are used. The key parameters in the construction process are determined through the field comparison test, and the construction quality is controlled by combining the field monitoring and testing technology. The on-site test results indicate that the construction of cast-in-place piles meets the requirements of engineering design bearing capacity and deformation. This method can provide reference for the construction of super-long bored piles in similar projects.

Key words: self-weight collapsible loess; super-long bored pile; humidification dynamic compaction; post grouting

地下综合管廊穿越地裂缝场地关键技术研究

张兆吉，陈俊杰，曹海良，李磊，栾蔚

（中建新疆建工（集团）有限公司西北公司陕西分公司，陕西 西安）

摘 要：目前，已经探明的西安城区地裂缝多达14条，整体沿东北-西南方向呈现带状分布，管廊穿越地裂缝区域可能会因为地裂缝上、下盘发生错动变形，导致管廊廊体结构及防水发生破坏；以西安市沣经三路管廊穿越f11地裂缝为研究对象，通过现场踏勘走访、地质资料查阅，研究f11地裂缝的活动状态及变形规律，采用数值模拟探究该地裂缝在发生不同变化时，管廊的受力状态及变形情况；根据有限元分析结果，创新发明了"缩短管节、局部加强、柔性设缝、二次注浆"的处理方法及"地下综合管廊变形缝处的防水节点构造"（专利技术），有效解决了地裂缝作用下管节及防水易发生破坏等难题。

关键词：地下综合管廊；西安地裂缝；有限元数值模拟；方案优化

Abstract: At present, as many as 14 ground cracks have been proved in Xi'an city, and the overall distribution of the cracks along the northeast-southwest direction is in the shape of a belt, and the area where the pipeline corridor passes through the ground cracks may be deformed due to the faulty deformation of the upper and lower disks of the cracks, which will lead to the destruction of the structure of the corridor and the waterproofing of the corridor body. The activity state and deformation law of the f11 ground crack are studied through on-site investigation and visit, and numerical simulation is used to investigate the force state and deformation of the pipe corridor when different changes of the ground crack occur; according to the finite element analysis results, the treatment method of "shortening pipe section, local reinforcement, flexible joints, and secondary grouting" and the treatment method of "underground comprehensive pipe corridor" are innovated and invented. Waterproof node structure at deformation joints (patented technology), which effectively solves the problems of pipe joints and waterproofing easily damaged under the action of ground cracks.

Key words: integrated underground pipeline corridor; Xi'an ground cracks; finite element numerical simulation; scheme optimization

浅谈弧形道口透水砂基整体现浇施工技术

宗耀，张平，李卫民，刘成，闫革

（武汉钟鑫建设集团有限公司，湖北 武汉）

摘 要：通过分析弧形道口透水砂基整体现浇施工特点，概述了砂基路面施工技术流程及操作要点，并针对性提出质量控制措施。弧形道口透水砂基整体现浇技术解决了传统成品砖材料损耗量大、整体效果较差、对缝施工等难题，有效地提高弧形道口整体施工的建设质量，确保工程品质和绿色施工。

关键词：弧形道口；透水砂基；整体现浇；施工技术

Abstract：Based on the analysis of the characteristics of the integral cast-in-place construction of the permeable sand foundation at the curved entrance, this paper summarizes the technical process and operation points of the construction of the sand foundation pavement, and puts forward some quality control measures. The integral cast-in-place technology of Permeable Sand Foundation for the arc-shaped crossing solves the problems of the traditional finished brick, such as the great material loss, the poor integral effect and the joint construction, and effectively improves the construction quality of the arc-shaped crossing integral construction, ensures engineering quality and green construction.

Key words：curved crossing；permeable sand foundation；integral cast-in-place；construction technology

建筑工程钢筋精益化管控

郭峰

（中建新疆建工集团第一建筑工程有限公司，新疆 乌鲁木齐）

摘　要：钢筋作为建筑工程中至关重要的材料，其管理质量直接影响着工程施工的质量和安全。本文旨在探讨建筑工程钢筋精益化管控的相关内容，分析了钢筋管理中存在的问题，并提出了相应的优化策略。通过引入现代化技术手段、加强人员培训与技术支持以及精益化施工管理等措施，可以有效提高钢筋工程的施工质量和安全性，推动建筑行业的可持续发展。

关键词：建筑工程；钢筋管理；精益化管控；施工质量；安全性

Abstract：As a vital material in construction engineering, the quality of steel bar management directly affects the quality and safety of engineering construction. This paper aims to discuss the relevant contents of lean control of steel reinforcement in construction engineering, analyze the existing problems in steel reinforcement management, and put forward the corresponding optimization strategies. By introducing modern technical means, strengthening personnel training and technical support, as well as lean construction management and other measures, the construction quality and safety of steel bar engineering can be effectively improved and the sustainable development of the construction industry can be promoted.

Key words：construction engineering；steel bar management；lean control；construction quality；safety

悬索桥主缆预制平行钢丝索股厂内预整形技术及优越性

马利刚，王海涛

（中交建筑集团有限公司，北京）

摘　要：悬索桥适用于大跨径桥梁，一跨跨越江河、沟谷，对泄洪及通航无影响，其主缆承受巨大的拉力，素有桥梁"脊梁"之称。主缆架设在悬索桥上部结构施工中，工序连续性强、施工难度大，主缆架设施工方法应结合施工设备、工艺情况，考虑成缆形式及经济性等因数综合分析、选择，目前国内外悬索桥主缆索股通常采用预制平行钢丝索股法架设,架设过程中尤以锚头牵引到位后的整形、入鞍工序劳动强度大、质量标准高,而塔顶操作空间狭小,此时索股尚处于"游离"状态,高空作业安全风险也极大,故探索一种适用、快速、高质量的索股整形、入鞍方法有重大意义。本文基于索股厂内预整形技术的研究及施工实例、工艺技术进行阐述、探讨,并分析其优越性。

关键词:悬索桥;主缆索股;架设;厂内预整形;优越性

Abstract: Suspension bridge is suitable for long-span bridges, a span across rivers, valleys, no impact on flood discharge and navigation, its main cable to withstand huge tension, known as the bridge "backbone". In the construction of suspension bridge superstructure, the construction method of main cable erection should be combined with construction equipment, technology, cable form and economic factors, comprehensive analysis and selection. At present, the main cable strands of suspension bridges at home and abroad are usually erected by prefabricated parallel wire strand method. In the erection process, especially after the anchor head is pulled in place, the shaping and saddling process has high labor intensity and high quality standards, and the operation space on the top of the tower is narrow, the rope is still in the "free" state, and the safety risk of high-altitude operation is also great, so it is of great significance to explore a fast, applicable and high-quality method of rope shaping and saddling. Based on the research and construction examples of the pre-shaping technology in Suo stock plant, this paper expounds and discusses its advantages.

Key words: suspension bridge; main cable stock; erect; pre-shaping in the factory; superiority.

"双碳"背景下低碳建造技术在居住建筑项目中的综合应用

马利刚,李壮壮

(中建方程投资发展集团有限公司,北京)

摘 要:在"双碳"背景下,为实现居住建筑建造过程及全生命周期碳排放量的降低,本文以位于北京延庆区的居住建筑项目为实践案例,分析和应用了多项低碳建造技术,主要包含建筑被动式设计、采用高效节能的设备、太阳能光热利用、装配式建筑技术和BIM等,这些技术经项目实践和综合应用显著降低了建筑在建造和运行阶段的碳排放,可以为建筑行业的绿色低碳转型提供有效路径参考,对于加快实现"双碳"目标具有重要的借鉴意义。

关键词:低碳技术;全生命周期;碳排放;居住建筑

Abstract: In the context of "dual carbon", in order to achieve a reduction in carbon emissions during the construction process and the entire life cycle of residential buildings, this paper takes a residential building project located in Yanqing District, Beijing as a practical case, analyzes and applies multiple low-carbon construction technologies, mainly including passive design of buildings, the use of high-efficiency and energy-saving equipment, solar thermal utilization, prefabricated building technology, and BIM. These technologies have significantly reduced carbon emissions during the construction and operation stages of buildings through project practice and comprehensive application, providing effective path references for the green and low-carbon transformation of the construction industry, and have important reference significance for accelerating the achievement of the "dual carbon" goal.

Key words: low carbon technology; full lifecycle; carbon emissions; residential building

基于BIM技术的110kV变电站全装配式建造深化应用技术研究

那昱，仇志斌，董竞成，吕康立，鲁占荣

（上海送变电工程有限公司，上海）

摘　要：深入分析了变电站工程装配式建造BIM全过程应用面临的问题及所需条件，并通过BIM精细化建模技术对变电站建筑结构进行装配式深化建造，形成了精细化模型。结合场地特点，通过数字化模拟技术，实现了装配式构件的全过程施工模拟，并总结出了实施过程中的技术及经济指标，实现了输变电工程的全装配绿色建造，为输变电工程的高质量建设提供了新的理论基础和实践方法。

关键词：精细化建模；全装配；BIM；绿色建造

Abstract: This paper delves into the issues and prerequisites faced in the BIM application throughout the prefabricated construction process of substation engineering. Through BIM-based fine modeling techniques, the prefabricated construction of substation building structures is further developed, resulting in a fine-grained model. Incorporating site characteristics, digital simulation technology is utilized to simulate the entire construction process of prefabricated components. Additionally, technical and economic indicators are summarized during the implementation process, enabling the fully prefabricated green construction of power transmission and transformation projects. This provides a new theoretical foundation and practical approach for high-quality construction in power transmission and transformation projects.

Key words: detailed modeling; fully assembled; BIM; green construction

含斜墙的核心筒整体钢平台模架设计计算研究

刘佳明，汪钲东，孙笛，万松岭

（中交建筑集团第一工程有限公司，江苏　南京）

摘　要：厦门白鹭西塔为框架-核心筒结构体系，核心筒采用钢柱式整体钢平台模架先行施工。本工程核心筒体形复杂，外墙四边于27～31层向内斜收，为适应斜墙施工，整体钢平台模架需在高空拆改及加固。通过分析不同阶段模架的体形特点，充分考虑施工过程中四边超大悬挑、牛腿单侧支撑等不利工况，对模架的典型体形状态进行计算分析。计算结果表明，整体钢平台模架在整个施工过程中均安全可靠，不利工况下的加固措施安全有效。

关键词：超高层建筑；核心筒；斜墙；钢平台；设计计算

Abstract: Xiamen Egret West Tower is a frame-core tube structure system, and the core tube is constructed with steel column type integral steel platform mold frame. The core cylinder of this project is complex, and the four sides of the external wall are drawn inward from the 27th to the 31st floor. In order to adapt to the construction of the inclined wall, the overall steel platform mold frame needs to be dismantled and strengthened at high altitude. By analyzing the shape characteristics of the mold frame in different stages, the typical shape state of the mold frame is calculated and analyzed, considering the unfavorable conditions such as the four-sided overhang and the unilateral support of the bull leg during construction. The calculation results show that the whole steel platform die frame is safe and reliable in the whole construction process, and the strengthening measures are safe and effective under unfavorable working conditions.

Key words: supertall building; core barrel formwork; sloping wall; steel platform; design calculation

分布式微电网发电系统的施工技术研究

马建军,包亚程,叶尔波勒,房建东,周鑫宇

(中建新疆建工集团第一建筑工程有限公司,新疆 乌鲁木齐)

摘 要：分布式微电网发电系统的施工技术研究是面向当前新能源发展趋势的一个重要领域，本文针对该领域中存在的一些问题展开了深入研究和探索。该研究通过实地调查和案例分析，揭示了分布式微电网发电系统施工过程中存在的一些问题和挑战，并提出了相应的解决方案和工程实施方法。研究结果表明，合理选择适合的施工技术和方案可以提高分布式微电网发电系统的效率和可靠性，从而更好地满足新能源需求和环境保护的要求。本研究对相关领域的研究者和从业人员提供了有益的指导和参考，也为该领域未来的研究和发展提供了新的思路和方向。

关键词：分布式微电网；发电系统；施工技术；清洁能源；效率提升

Abstract: The research on construction technology of distributed microgrid power generation system is an important field facing the current trend of new energy development. This paper conducts in-depth research and exploration on some problems existing in this field. This study reveals some problems and challenges in the construction process of distributed microgrid power generation systems through field investigations and case analysis, and proposes corresponding solutions and engineering implementation methods. The research results indicate that selecting appropriate construction techniques and schemes can improve the efficiency and reliability of distributed microgrid power generation systems, thereby better meeting the requirements of new energy demand and environmental protection. This study provides useful guidance and reference for researchers and practitioners in related fields, as well as new ideas and directions for future research and development in this field.

Key words: distributed microgrid; generation system; construction technology; clean energy; efficiency improvement

圆形抗滑桩与矩形抗滑桩施工工艺应用分析研究

王庆华

(中交一公局集团有限公司,北京)

摘 要：近年来，圆形抗滑桩与矩形抗滑桩相结合的防护形式经常可见，在开挖方式、桩间挂板、施工

工期和经济效益等多种因素的综合影响之下，边坡防护采用两种形式的抗滑桩相结合的工艺也愈演愈烈，这是随着我国机械工艺的快速发展和因地制宜、以人为本的施工理念进一步深入的必然结果。本文结合中交一公局集团有限公司广西平容高速公路项目四标段施工范围内的抗滑桩组合形式，收集数据，分析不同结构抗滑桩的边坡支护效果，为高速公路路基边坡防护稳定性研究提供参考。

关键词：圆形抗滑桩；矩形抗滑桩；边坡稳定

Abstract：In recent years, the combination of circular anti-slide pile and rectangular anti-slide pile is often seen in the form of protection, in the excavation mode, pile hanging plate, construction period and economic benefits of a variety of factors under the comprehensive influence, the combination of two kinds of anti-slide piles for slope protection is becoming more and more popular, which is the inevitable result of the further development of our mechanical technology and the construction concept of human-oriented. Based on the combination of anti-slide piles in Guangxi Pingrong Expressway project, this paper collects data and analyzes the effect of anti-slide piles with different structures on slope support, it provides a reference for the research on the protection stability of expressway subgrade slope.

Key words：circular anti-slide pile；rectangular anti-slide pile；slope stability

资源化利用视角下的河道清淤工程优化策略

王刚

（中国水利水电第六工程局有限公司，辽宁 沈阳）

摘 要：清淤工程通常涉及大量的河底淤泥清理，战线长且工程量大，因此堆土场的使用面积紧张，给淤泥处理带来了巨大挑战。在这种情况下，有效利用河底淤泥并减少堆土场的使用压力，成为河道清淤施工的关键和难点。经过现场考察和测算，发现将河底淤泥全部堆存在规划弃土场已无法满足现场实施的条件要求。为了解决这个问题，采用了泥砂分离资源化利用的方案。这种方案不仅有助于减少堆土场的使用压力，还能将淤泥转化为有价值的资源，实现了资源的再利用。通过采用泥砂分离技术，可以将河底淤泥进行分类处理，将其中的有害物质分离出来，并将其转化为可利用的资源。这样既可以减少对自然资源的消耗，也能为工程提供必要的建筑材料，实现了资源的可持续利用。

关键词：清淤工程；淤泥处理；堆土场使用；泥砂分离资源化利用

Abstract：Dredger engineering usually involves a large number of river bottom silt cleaning, long front and large amount of engineering, so the use of the landfill area is tight, bringing great challenges to silt treatment. In this case, the effective use of river bottom silt and reducing the use of the landfill pressure, has become the key and difficulty of river dredging construction. After field investigation and calculation, it is found that the river bottom silt all piled in the planning of the abandoned landfill has been unable to meet the requirements of the site implementation. In order to solve this problem, the scheme of the separation of sand and silt resources is adopted. This scheme not only helps to reduce the use of the landfill pressure, but also can turn the silt into valuable resources, realizing the reuse of resources. By using the separation technology of sand and silt, the river bottom silt can be classified and processed, the harmful substances can be separated out, and they can be converted into available resources. This can not only reduce the consumption of natural resources, but also provide necessary building materials for the project, and realize the sustainable use of resources.

Key words: dredging engineering; silt treatment; the use of the dump; the separation of sand and mud resource utilization

机载点云数据精细化处理及大比例尺地形图测绘应用研究

胡鑫康,席嘉龙,李洋,杨征,颜金丰

(陕西正诚路桥工程研究院有限公司,陕西 西安)

摘　要：为探究精细化机载点云数据在大比例尺地形图测绘中的应用效益,提高依据机载点云数据绘制数字地形图的精确性,本文选取建模难度较大的带状地形作为试验区获取点云模型,使用LIDAR360软件对点云数据进行精细化预处理,提高点云模型的地面拟合度,并将点云模型和三维实景模型结合应用于1∶500的大比例尺地形图绘制中,最后依据使用GPS-RTK获取的100个校核点对地形图精度进行分析。研究表明：经依据模型质量和测绘专项需求精细化处理方法可提高点云模型的地面拟合度,据此绘制的地形图完全能够满足1∶500大比例尺地形图绘制的要求。

关键词：机载激光雷达；点云数据；地表拟合度；数字地形图；精度分析

Abstract: To explore the application benefits of refined airborne point cloud data in large-scale topographic mapping and to improve the accuracy of digital topographic maps based on airborne point cloud data, this paper selects the banded terrain, which is more difficult to model, as the test area to obtain the point cloud model, and uses the LIDAR360 software to pre-process the point cloud data in a refined manner to improve the surface fitting degree of the point cloud model, and combines the point cloud model and the three-dimensional live model to apply in the 1∶500 large-scale topographic mapping. The point cloud model is combined with the three-dimensional model and applied to 1∶500 large-scale topographic mapping, and finally, the accuracy of the topographic map is analyzed based on 100 checkpoints obtained by GPS-RTK. The study shows that the ground fit of the point cloud model can be improved by the refined processing method based on the quality of the model and the special needs of surveying and mapping, and the topographic maps drawn accordingly can fully meet the requirements of 1∶500 large-scale topographic mapping.

Key words: airborne LiDAR; point cloud data; surface fit; digital topographic map; accuracy analysis

隧道激光图像测量仪在城市地铁隧道机械开挖中的应用研究

包世波,董海龙,夏华华,蔡剑,刘继祥

(中国交通建设股份有限公司轨道交通分公司,北京)

摘　要：目前隧道施工测量定位多数还是采用全站仪+人工画点的方式,这种方式存在动用人工多,工作时间长、安全风险高等缺陷，且若是机械开挖，则开挖过程中将缺乏测量指导。文章采用隧道激光图像测量仪，通过自动化激光测量对断面轮廓及拱架净空可全程实时放样，针对性地解决了城市地铁隧道机械开挖施工中超挖大、放样时间长、工作面放样危险性高等三个问题，并在重庆市轨道交通15号线二期多个项目中获得实践验证

关键词：隧道激光图像测量仪；机械开挖；测量放样；超挖

Abstract：At present, most of the tunnel construction measurement and positioning still adopts the method of total station plus manual point drawing, which has the defects of using more labor, long working time and high safety risk, and if it is mechanical excavation, there will be a lack of measurement guidance in the excavation process. In this paper, the tunnel laser image measuring instrument is used to loft the section contour and arch clearance in real time through automatic laser measurement, which solves the three problems of large over-excavation, long lofting time and high risk of lofting at the working face in the mechanical excavation construction of urban subway tunnels, and has been verified in practice in many projects of the second phase of Chongqing Rail Transit Line 15.

Key words：tunnel laser image measuring instrument; mechanical excavation; measurement lofting; over-digging

城市轨道交通集约穿透式安全管理研究

包世波，王胜，任浩，韩刚杰，董海龙

（中国交通建设股份有限公司轨道交通分公司，北京）

摘　要：直属项目集约穿透式管理是实现从源头防范化解重大安全风险和防范化解系统性风险的有效手段，是安全生产改革创新的重要举措。本文通过分析轨道交通施工安全管理现状，追溯本质安全及集约穿透管理的概念，明确了集约穿透式安全管理的定义，探索构建了集约穿透式安全管理模型，明晰了集约穿透式安全管理的特征；通过在重庆市轨道交通15号线的探索实践，从实践角度系统提出了提升本质安全水平的措施建议。

关键词：集约穿透；风险防控；本质安全；安全管理模型

Abstract：The intensive and penetrating management of directly subordinate projects is an effective means to prevent and resolve major safety risks from the source and prevent and resolve systemic risks, and is an important measure for safety production reform and innovation. This paper analyzes the current situation of rail transit construction safety management, traces the concepts of intrinsic safety and intensive penetrating management, clarifies the definition of intensive penetrating safety management, explores and constructs an intensive penetrating safety management model, clarifies the characteristics of intensive penetrating safety management, and systematically puts forward measures and suggestions to improve the level of intrinsic safety from a practical perspective through the exploration and practice of Chongqing Rail Transit Line 15.

Key words：intensive penetration; risk prevention and control; intrinsic safety; safety management model

复合模壳剪力墙铝模协同加固体系技术研究

刘瑾，许庆祥，陈夫，杨晰清

（中交建筑集团有限公司，北京）

摘　要：通过对江东新区高校区安居房项目已安装的复合模壳剪力墙的安装方式进行研究，在复合模壳剪力墙安装完成后使用斜撑杆对其进行临时固定，再进行约束边缘构件的钢筋绑扎施工，钢筋施工验收完成后，在充分考虑各环节施工关系的前提下，采用铝合金模板结合小方钢对复合模壳剪力墙及端部约束边缘构件进行加固，实现本项目的复合模壳剪力墙与铝合金模板的协同，保证复合模板剪力墙与约束边缘构件交界处的混凝土成型质量。

关键词：装配式剪力墙；模壳；铝模协同

Abstract：Through the research on the installation mode of the composite form-shell shear wall installed in the resettlement housing project in the university area of Jiangdong New District, after the installation of the composite form-shell shear wall is temporarily fixed by the inclined strut, the reinforcement binding construction of the constraint edge members is carried out. After the completion of the reinforcement construction acceptance, under the premise of fully considering the construction relationship of each link, The aluminum alloy formwork combined with small square steel is used to strengthen the composite formwork shear wall and the constrained edge members at the end, so as to realize the cooperation between the composite formwork shear wall and the aluminum alloy formwork, and ensure the concrete forming quality at the junction of the composite formwork shear wall and the constrained edge members.

Key words：prefabricated shear wall; mold shell; aluminum mold coordination

低碳建造技术在建筑行业的应用与发展研究

王金平

（中启胶建集团有限公司，山东 青岛）

摘　要：本论文系统性地探讨了低碳建造技术在建筑行业中的应用与发展。首先，通过文献综述总结了过去关于低碳建造技术在建筑行业的研究成果和学术观点，概述了目前领域的研究现状；其次，详细介绍了低碳建造技术的概念、原理、分类以及在建筑行业中的意义和作用；再次，通过具体案例分析探讨了低碳建造技术在实际项目中的应用效果、成功案例、挑战和经验总结，并针对未来发展趋势进行了展望，包括技术创新、政策导向和市场需求等方面的预测和分析；最后，总结全文研究成果，提出未来低碳建造技术在建筑行业中的应用方向和发展趋势，并可能的进一步研究方向，为建筑行业的可持续发展提供了重要参考。

关键词：低碳建造技术；建筑行业；技术创新；绿色建筑

Abstract：This paper systematically discusses the application and development of low-carbon construction technology in the construction industry. Firstly, through literature review, the past research achievements and academic views on low-carbon construction technology in the construction industry are summarized, and the current research status in the field is summarized. Secondly, the concept, principle and classification of low-carbon construction technology as well as its significance and function in the construction industry are introduced in detail. Then, through specific case analysis, the application effect, successful cases, challenges and experience summary of low-carbon construction technology in practical projects are discussed. Fourthly, the future development trend is forecasted and analyzed, including technological innovation, policy orientation and market demand. Finally, the paper summarizes the research results, puts forward the application direction and development trend of low-carbon construction technology in the construction industry in the future, and the possible further research direction, which provides an important reference for the sustainable development of the construction industry.

Key words: low-carbon construction technology; construction industry; technological innovation; green building

带连接体的超限高层办公楼结构设计与分析

任阳

(中建三局第三建设工程有限责任公司,湖北 武汉)

摘　要：超限高层结构的设计与施工需要制定专项方案，且需要在施工前预先进行结构力学性能的分析，以确保结构的使用安全。目前关于高空连接体结构有扭转的情况且连体两端塔楼动力特性相差较大，尚无太多研究成果，也无成熟的施工技术。

武汉某带连接体的超限高层建筑在空中通过连廊进行相连的单体工程，存在4个一般不规则项、1个局部不规则项，存在复杂连接特殊不规则项，属于超限高层结构，给施工带来了困难。为此，通过对结构多遇地震弹性、楼板应力、构件性能化、连体钢结构专项、弹塑性时程等计算分析结构抗震性能，提出相应技术措施加强结构薄弱部位，保证了地震作用下结构的安全可靠。

关键词：连接体结构；超限分析；结构加强；施工模拟

Abstract: The design and construction of over limit high-rise structures require the development of a special plan, and a preliminary analysis of the structural mechanical properties must be conducted before construction to ensure the safety of the structure's use. At present, there are not many research results or mature construction techniques regarding the twisting of high-altitude connecting structures and the significant difference in dynamic characteristics between the connected tower ends.

A super high-rise building with connecting elements in Wuhan is a single unit project connected by corridors in the air. There are four general irregular items, one local irregular item, and complex connection special irregular items, which belong to the super high-rise structure and bring difficulties to construction. To this end, corresponding technical measures are proposed to strengthen the weak parts of the structure and ensure its safety and reliability under earthquake action, through calculation and analysis of the seismic performance of the structure, including elastic analysis of frequent earthquakes, stress analysis of floor slabs, performance-based analysis of components, special analysis of connected steel structures, and elastic-plastic time history analysis.

Key words: connector structure; overlimit analysis; structural strengthening; construction simulation

城镇小区新型石墨烯采暖研究与应用

耿攀炜

(中建新疆建工集团第一建筑工程有限公司,新疆 乌鲁木齐)

摘　要:石墨烯作为一种新型的纳米材料,具有很强的力学强度、导热性、电学性等优异的物理性质。同时,其特殊的二维结构和高比表面积也使得它成为一种理想的导热材料。基于这些独特的性质,石墨烯采暖技术被广泛应用于各个领域。原理是利用石墨烯高导热性的优势,将其作为传热介质,实现建筑物内部热量的传输和分配。在新型城镇小区中,应用石墨烯采暖技术在提高采暖效率、减少能源消耗、降低环境污染等方面都可以发挥很好的作用。

与传统城市建筑相比,新型城镇小区自身的热传导特性有所不同。由于新型城镇小区通常采用新型的建筑材料、结构和保温设计,其热传导性能也会有所变化。因此,在考虑石墨烯采暖技术在新型城镇小区的应用时,需要对新型城镇小区的热传导特性进行详细的分析和研究。通过石墨烯材料在新型城镇小区热传导特性方面的应用,可以更加全面地了解石墨烯采暖技术在新型城镇小区中的应用潜力。

关键词:石墨烯采暖;新型城镇小区;能源利用;热传导;节能减排;环保技术

Abstract: In this paper, the application prospect and practical research of graphene heating are discussed in view of the demand of energy utilization and environmental protection technology in new urban district. Firstly, the physical properties and heating technology principle of graphene are introduced. Secondly, the heat conduction characteristics of new urban district are analyzed, and the application of graphene heating technology in it is discussed. Thirdly, the preparation and performance test of external wall insulation materials and heating panels are studied. Practice shows that graphene heating technology not only saves energy and reduces emissions, but also has good environmental performance and has broad application prospects. Finally, the significance and limitations of this research are summarized, and the future research direction is prospected.

Key words: Graphene heating; new urban communities; energy utilization; thermal conduction; energy conservation and emission reduction; environmental protection technology

岩石地基静力破碎技术

郑云周

(中国化学工程第十一建设有限公司,河南 开封)

摘　要:常规的炸药爆破是爆破工程应用最广泛的一种爆破方法,本文以广州LNG应急调峰储气库接收站LNG项目取水池为例,介绍了一种和常规炸药爆破完全不同的施工方法——"静力破碎法",即化学膨胀破碎,依据广州项目的经验总结,对地下质地坚硬岩石破碎技术进行详解,其中重点介绍静力破碎的优势及静力破碎技术施工流程。

关键词:静力破碎;岩体;药剂

Abstract:Conventional explosive blasting is the most widely used blasting method in blasting engineering, this paper introduces a completely different construction method from conventional explosive blasting - "static crushing method", that is, chemical expansion and crushing, according to the experience summary of Guangzhou project, the underground texture hard rock crushing technology is explained in detail, which focuses on the advantages of static crushing and the construction process of static crushing technology.

Key words:static crushing;rock mass;agentia

基于卫星影像的建筑施工项目坐标转换方法与应用

任阳,沈旷

(中建三局第三建设工程有限责任公司,湖北 武汉)

摘　要:在建筑工程项目中,如何快速精确的将已知坐标转换对于实现高精度呈现尤为重要。本文旨在寻求一种基于卫星影像的坐标换带转换方法,以提供更匹配准确的定位结果。我们将分析不同区域建设工程在不同坐标系文件与卫星影像地图之间的关联性。通过深入研究不同地区的常用坐标系,并结合卫星影像地图技术,我们将探索如何有效地将不同坐标系的建设项目定位文件转换为卫星影像上的准确位置信息。通过分析不同坐标系文件转换到卫星影像的处理方法,研究如何实现高精度、实时的建筑施工项目定位,并探索其在实际建设工程应用中的价值和潜力。

关键词:建筑工程;卫星影像;大地坐标系;坐标换带

Abstract:In construction projects, it is particularly important to quickly and accurately convert known coordinates to achieve high-precision presentation. This study aims to seek a coordinate transformation method based on satellite imagery to provide more matching and accurate positioning results. We will analyze the correlation between different coordinate system files and satellite image maps for different regional construction projects. By conducting in-depth research on commonly used coordinate systems in different regions and combining them with satellite image mapping technology, we will explore how to effectively convert construction project positioning files from different coordinate systems into accurate positioning information on satellite images. By analyzing the processing methods of converting files from different coordinate systems to satellite images, this study explores how to achieve high-precision and real-time positioning of construction projects, and explores their value and potential in practical construction engineering applications.

Key words:construction engineering;satellite imagery;geodetic coordinate system;coordinate exchange band

局部换填工况下大厚度湿陷性黄土中基桩竖向承载特性研究

王志中,张兆吉,刘浩,陈卫明,李延京

(中建新疆建工(集团)有限公司西北公司,陕西 西安)

摘　要:以甘肃省疾病预防控制中心项目和延安会议中心项目为背景,通过数值模拟的方法分析了局部换填大厚度湿陷性黄土中桩基的受力与变形规律，探究了换填前后的桩-土相互作用。研究表明：物理力学性能优越的换填土具有比原有黄土更高的侧摩阻力承载性能，并且换填区在一定范围内的深度会显著影响桩基的承载力，而换填宽度则需要超过某一数值之后才会影响到换填的效果。对比单桩模型与群桩模型之后得出结论：换填法基本不受群桩效应的影响。

关键词：湿陷性黄土；局部换填；数值模拟；桩基；竖向承载力

Abstract：Based on the projects of Gansu Provincial Center for Disease Control and Prevention and Yan'an Convention Center, a numerical simulation was conducted to analyze the loading and deformation characteristics of pile foundations in large-thickness collapsible loess. The study investigated the interaction between piles and soil before and after filling. The findings indicate that the replaced soil with superior physical and mechanical properties exhibits higher side friction resistance bearing capacity compared to the original loess. Additionally, within a certain range, the depth of the replaced fill area significantly affects the bearing capacity of pile foundations, while only exceeding a certain value does filling width impact the effectiveness of replacement fill. Furthermore comparing single pile models with pile group models reveals that the replacement filling method is minimally influenced by pile group effects.

Key words：ollapsible loess; partial replacement; numerical simulation; pile foundation; vertical bearing capacity

建筑场所构成要素的消隐式设计探索

郎路光[1]，张晓炎[2]，朱旭城[1]，戴文彪[1]

（1. 中建三局集团有限公司，湖北 武汉；2. 华东建筑设计研究院有限公司，上海）

摘　要：以复杂双曲荷叶形场馆构成要素为背景的消隐式建筑场所研究总结及应用实施，为济宁市美术馆工程施工提供关键技术支撑。系统地对消隐式建筑场所设计进行技术研究，运用消隐式环境映射、文化融合、界面设计等分析方法，通过结构选型、材料比选、构造推敲、类管廊设置及地域文化延续等设计手段，针对建筑场所形态、空间、界面等构成要素的消隐设计进行探索。实现了建筑场所总体构思和平面布局形态的消隐目标，营造了建筑场所空间组织和机电设备安装的消隐意境，体现了建筑场所围护材料界面的消隐特征。

关键词：建筑场所构成要素；消隐式设计理念；形态、空间、界面构造策略；极简流动空间展现

Abstract：This paper summarizes the research and application implementation of vanishing architectural space with complex hyperbolic lotus-shaped venues as the background, providing key technical support for the construction of Jining Art Museum. This paper systematically studies the technical design of vanishing architectural space, applies the analysis methods of vanishing environmental mapping, cultural integration, and interface design, and explores the vanishing design of architectural space elements such as form, space, and interface through design means such as structural selection, material comparison, structural deliberation, pipe gallery setting, and regional cultural continuation. It achieves the goal of vanishing design of the overall concept and plane layout of architectural space, creates a vanishing artistic conception of architectural space organization and mechanical and electrical equipment installation, and reflects the vanishing characteristics of the interface of architectural space enclosure materials.

Key words: architectural space constituents; vanishing design concept; form, space, and interface design strategy; minimalist and flowing space exhibition

广湛高速铁路简支箱梁工厂化预制施工技术

张帆

（中铁七局集团郑州工程有限公司，河南 郑州）

摘 要：广湛高速铁路桥预制箱梁为单箱室等高度简支双线箱梁结构，标准梁长32.6m、24.6m、非标准梁长31.5m、30.1m、28.84m、28.6m、25.05m，梁宽12.6m、梁高3.052m；C50混凝土强度设计等级。箱梁采用工厂化预制施工，利用世界首条高铁预制箱梁钢筋骨架智能建造生产线进行U形筋、钢筋网、钢带网、定位网和其他部品装配式拼装，预应力管道橡胶棒预留后整体吊装至预制台座上，安装钢模系统，进行箱梁一次性整体浇筑，橡胶棒抽拔、拆除内模系统、钢铰线穿束和预初张拉，将箱梁移至中间站进行养生，待混凝土达到一定设计强度后进行终张拉、压浆和封锚施工，完成箱梁预制。目前，已全部完成箱梁1201榀的工厂化预制施工，施工质量良好。

关键词：铁路梁桥；简支箱梁；工厂化；预制技术

Abstract: The precast box girder of Guangzhou-Zhanjiang high-speed railway bridge is the structure of simple-supported double-line box girder with single box room, with standard beam length of 32.6m, 24.6m, non-standard beam length of 31.5m, 30.1m, 28.84m, 28.6m, 25.05m, beam width of 12.6m, beam height of 3.052m; C50 concrete design strength grade. Box girder using factory precast construction, using the world's first high iron precast box girder steel frame intelligent construction production line for U reinforcement, steel mesh, steel belt network, positioning network and other parts of the assembly assembly, prestressed pipeline rubber rod set up to the prefabricated platform, installation of steel mold system, box girder overall casting, dismantling inner mold system, rubber rod extraction system, steel hinge thread, and pretension, move the box girder to the middle station for health, after the concrete reach a certain design strength for final tension, grouting and anchor construction, complete the box girder precast. At present, the factory prefabrication construction of the box girder (1201 trusses of design) has been completed, and the construction quality is good.

Key words: railway girder bridge; simple support box girder; factory; prefabrication technology

明敷设消防配电线路防火保护关键建造技术研究总结

刘会彬

（北京城建六建设集团有限公司，北京）

摘 要：本文对明敷设的消防配电线路防火保护关键建造技术进行了梳理、探讨、研究，得出了明敷设消防配电线路的防火保护方式、防火保护时间和具体的防火保护措施，填补了标准图集空白，为设计单位和施工总承包企业提供科学、合理的技术要求和具体措施，方便民用建筑业同行参考使用，进一步提升了我国明敷设的消防配电线路防火安全。

关键词：消防配电；防火保护方式；防火保护时间；防火保护措施

Abstract: In this paper, the key construction technologies of fire protection for fire distribution lines laid in the open are sorted out, discussed and studied, and the fire protection methods, fire protection time and specific fire protection measures for fire distribution lines laid in the open are obtained, filling the gap in the standard map, and providing scientific and reasonable technical requirements and measures for design units and construction general contractors. It is convenient for reference in the civil construction industry, and further enhances the fire safety of exposed fire protection power distribution lines in our country.

Key words: fire power distribution; fire protection mode; fire protection time; fire protection measures

考虑核心筒混凝土收缩徐变效应影响的分析方法

钟亚军，李娜，孟亮，王红玉，周海鹏

（浙江省建设投资集团股份有限公司，浙江 杭州）

摘　要：本文以一超高层钢框架-钢筋混凝土核心筒结构模型作为试算案例，研究施工顺序和混凝土收缩、徐变对外框架内力的影响，探索简单可用的设计方法。研究结果表明，对于钢框架-混凝土核心筒结构体系，预估施工顺序与施工模拟三对外框柱的内力变化影响较小，可忽略不计，对外框梁的内力则存在一定程度的影响。核心筒混凝土收缩、徐变效应对钢框架构件内力的影响，可通过折减混凝土核心筒轴向刚度，使得框架构件内力放大的方法来实现，折减系数建议取 0.5。

关键词：框架-核心筒结构体系；收缩；徐变；混凝土核心筒轴向刚度

Abstract: The influences of construction sequence and concrete shrinkage and creep on the force of external frame are studied by using a trial case - the super tall steel frame-reinforced concrete core tube structure model, and try to find a simple and usable design method based on the studies. The trial calculation results show that in the steel frame-concrete core tube structure system, the construction sequence causes the negligible influence on the force variation of external frame column, which can be ignored. Also, for the external frame beam, it can only cause a measure of influence. However, concrete shrinkage and creep can obviously increase the force of steel frame member. Based on the trial calculation, this situation can be realized by reducing the axial stiffness of the concrete core cylinder to enlarge the force of the frame member, and the reduction coefficient can be chosen as 0.5.

Key words: frame-core tube structure system; contract; creep; axial stiffness of concrete core

装饰设计在建筑中的应用与研究

张鸿雁

（陕西省建筑业协会，陕西 西安）

摘　要：建筑装饰行业处于产业链后端，公装业务竞争壁垒在于设计，住宅精装修业务在于施工。千百来年，装饰设计在建筑中起到争辉添彩的效果，使建筑放射出更加耀眼的光芒，它是人类艺术与物质文明的结合。如果说建筑艺术是人类文明史上的辉煌乐章，那么装饰设计则是乐章中最动人的音符。装饰设计是人们的一种心理需要，是人们通过装饰设计把自己的生活空间和精神世界与周围的环境连接起来，使建筑空间不仅具有使用价值，还展现出不同地域的文化、风格、气氛等精神因素，同时满足了功能需求。装饰设计是一门科学，有其自身的特点与规律。

关键词：建筑；装饰；设计；绿色建造

Abstract：Building decoration industry is the end of the industrial chain. The barrier of publc decoration business competition depends on its design. Housing fine decoration is decided by construction. Decoration design, a combination of human art and material civilization, has made the building shine brightly and added radiance and colour for the building. If the construction art is glorious movement in the history of human civilization, the decoration design will be the most moving movement. Decoration design is a kind of psychological Needs for people. People can connect their own life space and inner world with their surrounding environment. They can make building space have utility, show its culture, style, atmosphere of different regions and satisfy function needs by decoration design which has its own special characteristic and law. It is a science.

Key words：architecture；decoration；design；green construction

核电站仪表管弯制改进

商旺旺

（中国电建集团核电工程有限公司，山东 济南）

摘 要：由于核电"冗余设计"原则，造成测量信号及保护设备的取样管路规格型号繁多、数量大，与火电机组相比，在同等级压力下，设计管道壁厚。因此，机组能否保证长期运行可靠，测量信号和保护设备的取样管路安装，成为重中之重。仪表管理安装组合装配上仍存在着一些技术难度，常规仪表管弯管工艺采用手工冷煨弯管法，弯制成型后需二次调整，工序烦琐，而本文对仪表管弯制困难、安全、制作效率低，易划伤手臂进行了分析，提出了研制方案，经过对比，选取最佳方案，研制出新型电动仪表管弯管器，并推广应用，解决了仪表管路安装精度不高施工难题。

关键词：电动弯管器；即时观察；即时控制；弯曲半径

Abstract：Due to the principle of "redundant design" in nuclear power, there are numerous specifications, models, and quantities of sampling pipelines for measuring signals and protection equipment. Compared with thermal power units, the wall thickness of the pipeline is designed for the same level of pressure. Whether the unit can ensure long-term reliable operation, the installation of sampling pipelines for measuring signals and protection equipment has become a top priority. There are still some technical difficulties in the combined assembly of instrument management and installation. The conventional instrument tube bending process adopts manual cold bending method, which requires secondary adjustment after bending and forming, and the process is complicated. This paper analyzes the difficulties, safety, low production efficiency, and easy scratching of the arm of the instrument tube bending, proposes a development plan, and after comparative analysis, selects the best plan to develop a new type of electric instrument tube bending device, which is promoted and applied to solve the problem. The installation accuracy of instrument

基建工程施工噪声抑制器研究应用

苗晓鹏,周颖,周庆发,赵延文,胥欣欣

(国网山东省电力公司河口供电公司,山东 东营)

摘 要:为解决基建工程施工过程中因大型机械应用导致的施工噪声超标,针对超标部分大部分为低频噪声的特点,提出了"抑制低频噪声"这一根源需求,研制出了一种可以有效治理低频噪声的基建工程施工噪声抑制器。新型噪声抑制器分为收集模组、识别处理模组、抑制模组三大部分,由磁电式互感器、主动放大器、有限脉冲滤波器等设备组成,具有研制容易、布置难度小、成本低廉等优点,已在多项变电站新建及改扩建项目实施推广应用,有效解决了传统施工技术难题,节约了工程建设成本,提高了安全系数。

关键词:基建工程;低频噪声;噪声抑制;施工技术难题

Abstract: In order to solve the problem of excessive construction noise caused by the application of large machinery during the construction process of infrastructure construction. This paper proposes the root requirement of "suppressing low-frequency noise". A construction noise suppressor that can effectively control low-frequency noise in infrastructure construction has been developed. The new noise suppressor consists of three main parts: a collection module, a recognition processing module, and a suppression module, composed of magneto-electric transformers, active amplifiers, finite pulse filters and other equipments, respectively. It has the advantages of easy development, low layout difficulty, low cost, and so on, and has been popularized and applied in many new and expanded substation projects, effectively solving the technical problems of traditional construction, saving construction costs, and improving safety factors.

Key words: infrastructure engineering; low frequency noise; noise suppression; technical problems in construction

PP模块在雨水调蓄系统中的运用探讨

郭树春,梁昕彤,邵文奎,李山,乔启智

(中建新疆建工集团第一建筑工程有限公司,新疆 乌鲁木齐)

摘 要:随着城市发展、人口递增、资源短缺问题日益严峻,如何循环利用自然资源成为当下热门课题,雨水收集利用能快速收集地表径流雨水,对水资源形成补充,减少洪涝灾害的发生概率。其中PP模块雨水调蓄系统设施适用范围广、可周转性强、结构稳固,能有效缓解排水压力,实现存蓄雨水合理化再利用。为促进PP模块在雨水调蓄系统中的运用,本文探讨了PP模块的材质特征与技术优势,结合苏地2016-WG-62号地块9号子地块项目-1号雨水回用工程这一实际项目,在分析雨水收集利用系统工艺流程的基础上,详细探讨了PP模块雨水调蓄系统的工艺原理、施工流程以及施工要点。

关键词：PP 模块；雨水调蓄；工艺原理；施工流程；施工要点

Abstract: With the development of cities, increasing population, and the worsening shortage of resources, how to recycle natural resources has become a popular topic. Rainwater collection and utilization can quickly collect surface runoff rainwater and supplement water resources, reducing the probability of flood disasters. Among them, the PP module rainwater retention system facilities have a wide range of applications, strong reusability, and stable structure, which can effectively alleviate drainage pressure and achieve the rational reuse of stored rainwater. In order to promote the application of PP modules in rainwater retention systems, this paper discusses the material characteristics and technical advantages of PP modules and combines the actual project of the 1st rainwater reuse project of Subject Lot 9 # of Su Di 2016-WG-62, analyzing the process flow of rainwater collection and utilization system, and in detail discusses the process principle, construction process and construction key points of the PP module rainwater retention system.

Key words: PP module; rainwater regulation and storage; process principle; construction process; key points of construction

浅埋暗挖大断面隧道悬吊法与双侧壁导坑法初支阶段施工沉降对比分析

张强[1]，剌宝成[2]

（1. 中国交通建设股份有限公司轨道交通分公司，北京；
2. 中交二公局铁路建设有限公司，陕西 西安）

摘　要：哈尔滨地铁 3 号线二期工程进乡街站—汽轮机厂站区间属于浅埋暗挖大断面地铁隧道，区间隧道紧邻汽轮机精密仪器厂房，原设计采用双侧壁导坑法施工，为保证浅埋暗挖大断面隧道自身、精密仪器厂房不会发生沉降变形较大导致的安全事故，同时降低施工成本，本文基于工程实际问题，选取精密仪器厂房周边范围内大断面区间作为试验段，首次提出了将浅埋暗挖大断面隧道拱顶荷载通过吊杆传递到地面梁桩体系的"悬吊法"施工创新技术，并以此试验段为工程背景，采用数值模拟方法，对比两种工法在开挖初支阶段引起的地表沉降及拱顶沉降，再结合现场监测数据进行对比分析，结果表明悬吊法能有效减小施工沉降，较传统双侧壁导坑法引起的地表沉降和拱顶沉降控制效果显著，为后续同类工程施工提供参考。

关键词：浅埋暗挖大断面隧道；悬吊法；数值模拟；地表沉降；拱顶沉降

Abstract: The section between Jinxiang Street Station and Steam Turbine Factory Station in the second phase of Harbin Metro Line 3 belongs to a shallow buried and concealed excavation large-section subway tunnel, which is adjacent to the precision instrument plant of the steam turbine. The original design used the double-sided wall guide pit method for construction. In order to ensure that the shallow buried and concealed excavation large-section tunnel itself and the precision instrument plant will not experience safety accidents caused by large settlement deformation, and to reduce construction costs, based on practical engineering problems, a large cross-section section around the precision instrument plant is selected as the experimental section. For the first time, an innovative construction technology called "suspension method" is proposed to transfer the arch load of the shallow buried and concealed excavation large-section tunnel to the ground beam pile system through suspension rods. Taking this experimental section as the engineering background, numerical simulation methods are used to compare the two methods in the initial support of excavation. Taking surface settlement and arch settlement caused by stages, and combined with on-site monitoring data for comparative analysis, the results show that the suspension method can effectively reduce construction settlement, and has a significant control effect on surface settlement and arch settlement caused by traditional double-sided wall guide pit method, providing references for similar engineering construction in the future.

Key words: shallow buried and excavated large cross-section tunnel; suspension method; numerical simulation; surface subsidence; arch settlement